新工科应用型人才培养系列教材·计算机类

大数据技术实战案例教程

主　编　徐鲁辉

副主编　于长青　王黎光

主　审　张良均

西安电子科技大学出版社

内 容 简 介

本书系统地介绍了 Hadoop、Spark、Flink 等开源大数据组件的相关知识和实践技能。全书共 9 章，涉及大数据采集、大数据存储与管理、大数据处理与分析等大数据应用生命周期中各阶段典型组件的部署、使用和基本编程方法，内容包括部署全分布模式 Hadoop 集群、HDFS 实战、MapReduce 编程、部署 ZooKeeper 集群和 ZooKeeper 实战、部署本地模式 Hive 和 Hive 实战、Flume 实战、Kafka 实战、Spark 集群部署和基本编程、Flink 集群部署和基本编程等。

本书内容翔实，案例丰富，操作过程详尽，面向高等院校计算机、大数据、人工智能等相关专业的研究生、本科生，可以作为大数据技术类课程的教材，也可以作为实验指导书或教学辅助用书，同时也可供相关技术人员参考。

图书在版编目（CIP）数据

大数据技术实战案例教程/徐鲁辉主编. —西安：西安电子科技大学出版社，2022.11
ISBN 978-7-5606-6679-2

Ⅰ. ①大…　Ⅱ. ①徐…　Ⅲ. ①数据处理软件—教材　Ⅳ. ①TP274

中国版本图书馆 CIP 数据核字(2022)第 178608 号

策　　划　李惠萍
责任编辑　孟秋黎
出版发行　西安电子科技大学出版社(西安市太白南路 2 号)
电　　话　(029)88202421　88201467　　邮　　编　710071
网　　址　www.xduph.com　　电子邮箱　xdupfxb001@163.com
经　　销　新华书店
印刷单位　陕西精工印务有限公司
版　　次　2022 年 11 月第 1 版　2022 年 11 月第 1 次印刷
开　　本　787 毫米×1092 毫米　1/16　　印　　张　17
字　　数　395 千字
印　　数　1～2000 册
定　　价　42.00 元
ISBN 978-7-5606-6679-2/TP
XDUP　6981001-1

前　言

目前，大数据技术已经深入渗透到社会各行各业，并深刻影响着社会生产和人民生活的方方面面。世界各国政府均高度重视大数据技术的研究与产业发展，纷纷把发展大数据产业上升为国家战略加以重点推进。大数据已经成为社会和企业关注的重要战略资源，越来越多的行业面临着需要对海量数据进行存储和分析的挑战，社会对大数据技术人才的需求不断上升。据研究显示，至2025年我国大数据人才缺口将达到200万人，因此，培养大数据技术人才对于未来适应新一代信息技术的发展具有重要意义。

本书以企业需求为导向，紧密围绕大数据开发流程展开讲述，涵盖 Hadoop、Spark、Flink 等主流大数据技术，每章配有“综合实战”，理论与实践相结合，逐步推进，使读者能够深入学习和实践大数据核心技术。

本书共 9 章，涉及大数据采集、大数据存储、大数据计算等大数据开发相关各阶段典型组件的部署、使用和编程方法。第 1 章介绍了 Hadoop 的基本知识，详细演示了部署全分布模式 Hadoop 集群的实战过程；第 2 章介绍了 HDFS 的功能、特点、体系架构、文件存储原理、HDFS 高可用机制等知识，详细演示了如何使用 HDFS Web UI、HDFS Shell、HDFS Java API 接口操作和管理 HDFS 文件的实战过程；第 3 章介绍了 MapReduce 的功能、作业执行流程、入门案例 WordCount、接口等知识，详细演示了一个 MapReduce 应用程序的编写过程；第 4 章介绍了 ZooKeeper 的功能、应用场景、体系架构、工作原理、配置文件、接口等知识，详细演示了部署 ZooKeeper 集群、使用 ZooKeeper Shell 的实战过程；第 5 章介绍了 Hive 的功能、体系架构、数据类型、数据模型、函数、运行模式、配置文件、HiveQL 等知识，详细演示了部署本地模式 Hive、综合运用 HiveQL 语句进行海量结构化数据离线分析的实战过程；第 6 章介绍了 Flume 的功能、体系架构、运行环境、配置文件、Flume Shell 命令等知识，详细演示了部署单机模式 Flume、创建 Agent 属性文件和使用 Flume Shell 命令进行实时日志收集的实战过程；第 7 章介绍了 Kafka 功能、体系架构、运行环境、配置文件、Kafka Shell 命令等知识，详细演示了部署 Kafka 集群、使用 Kafka Shell 命令的实战过程；第 8 章介绍了 Spark 功能、运行架构、RDD 设计思想和操作、运行环境、配置文件、Spark 编程等基本知识，详细演示了部署 Spark 集群，使用 RDD 编程、Spark Streaming 编程来实现海量数据的离线、实时处理的实战过程；第 9 章介绍了 Flink 功能、技术栈、运行架构、DataStream/DataSet API 编程模型、运行环境、配置文件等知识，详细演示了部署 Flink Standalone 集群，使用 DataSet API 编程、DataStream API 编程来实现海量数据的离线、实时处理的实战过程。

本书的编写工作由校企联合完成。第 1 章由西京学院于长青编写，第 4 章由西京学院王黎光编写，第 2、3 章及第 5～9 章由西京学院徐鲁辉编写。全书由广东泰迪智能科技股份有限公司董事长张良均主审，由徐鲁辉策划、审校和定稿。

本书拥有完整的立体化教学资源，包括教学大纲、教学课件、习题集、源代码、实验指导等，提供全方位的免费服务，读者可通过西安电子科技大学出版社官网免费下载其配套资源。

本书中所使用软件的名称、版本、发布日期、下载地址及安装文件名如表1所示。

表1　本书使用软件的名称、版本、发布日期、下载地址及安装文件名

序号	软件名称	软件版本	发布日期	下载地址	安装文件名
1	VMware Workstation Pro	VMware Workstation 12.5.7 Pro for Windows	2017.6.22	https://www.vmware.com/products/workstation-pro.html	VMware-workstation-full-12.5.7-5813279.exe
2	CentOS	CentOS 7.6.1810	2018.11.26	https://www.centos.org/download/	CentOS-7-x86_64-DVD-1810.iso
3	Java	Oracle JDK 8u191	2018.10.16	http://www.oracle.com/technetwork/java/javase/downloads/index.html	jdk-8u191-linux-x64.tar.gz
4	Hadoop	Hadoop 2.9.2	2018.11.19	http://hadoop.apache.org/releases.html	hadoop-2.9.2.tar.gz
5	Eclipse	Eclipse IDE 2018-09 for Java Developers	2018.9	https://www.eclipse.org/downloads/packages	eclipse-java-2018-09-linux-gtk-x86_64.tar.gz
6	ZooKeeper	ZooKeeper 3.4.13	2018.7.15	http://zookeeper.apache.org/releases.html	zookeeper-3.4.13.tar.gz
7	MySQL Connector/J	MySQL Connector/J 5.1.48	2019.7.29	https://dev.mysql.com/downloads/connector/j/	mysql-connector-java-5.1.48.tar.gz
8	MySQL Community Server	MySQL Community 5.7.27	2019.7.22	http://dev.mysql.com/get/mysql57-community-release-el7-11.noarch.rpm	mysql57-community-release-el7-11.noarch.rpm(Yum Repository)
9	Hive	Hive 2.3.4	2018.11.7	https://hive.apache.org/downloads.html	apache-hive-2.3.4-bin.tar.gz
10	Flume	Flume 1.9.0	2019.1.8	http://flume.apache.org/download.html	apache-flume-1.9.0-bin.tar.gz
11	Kafka	Kafka 2.1.1	2019.2.15	http://kafka.apache.org/downloads	kafka_2.12-2.1.1.tgz
12	Python	Python 3.6.7	2018.10.20	https://www.python.org/downloads/source/	Python-3.6.7.tgz
13	Spark	Spark 2.4.7	2020.9.12	https://spark.apache.org/downloads.html	spark-2.4.7-bin-without-hadoop-scala-2.12.tgz
14	Flink	Flink 1.11.6	2021.12.16	https://flink.apache.org/downloads.html	flink-1.11.6-bin-scala_2.12.tgz

本书是西京学院2020年研究生自编教材项目孵化项目(2020YJC-13)、2021年研究生自编教材项目公开出版项目(2021YJC-06)的成果，感谢我的工作单位——西京学院。另外，在编写本书的过程中得到了很多人的帮助，广东泰迪智能科技股份有限公司董事长张良均

在教材编写方面提供了帮助，西京学院电子信息学院院长郭建新、计算机学院院长乌伟在学院政策方面提供了支持，在此表示衷心的感谢。

本书在撰写过程中参考了大量国内外教材、专著、论文和开源社区资源，在此向这些作者一并致谢。由于大数据技术发展迅速，相关技术组件繁多，书中难免有疏漏与不足之处，衷心希望广大同行和读者提出意见和建议。

徐鲁辉

2022 年 8 月于陕西西安

目　录

第 1 章　部署全分布模式 Hadoop 集群

学习目标

- 了解 Hadoop 功能、起源和版本；
- 理解 Hadoop 生态系统组成及各组件作用；
- 理解 Hadoop 体系架构；
- 掌握 Hadoop 部署要点，包括运行环境、运行模式、主要配置文件等；
- 熟练掌握在 Linux 环境下部署全分布模式 Hadoop 集群的相关知识与方法。

1.1　初识 Hadoop

Hadoop 是 Apache 开源组织提供的一个分布式存储和计算的软件框架，它具有高可用、弹性可扩展的特点，非常适合处理海量数据。

Hadoop 是由 Apache Lucence 创始人道格 · 卡丁创建的，Lucence 是一个应用广泛的文本搜索系统库。Hadoop 起源于开源的网络搜索引擎 Apache Nutch，它是 Lucence 项目的一部分。

第一代 Hadoop(Hadoop 1.0)的核心由分布式文件系统 HDFS 和分布式计算框架 MapReduce 组成，为了克服 Hadoop 1.0 中 HDFS 和 MapReduce 的架构设计和应用性能方面的各种问题，人们提出了第二代 Hadoop(Hadoop 2.0)，Hadoop 2.0 的核心包括分布式文件系统 HDFS、统一资源管理和调度框架 YARN 以及分布式计算框架 MapReduce。HDFS 是谷歌文件系统 GFS 的开源实现，是面向普通硬件环境的分布式文件系统，适用于大数据场景的数据存储，提供了高可靠、高扩展、高吞吐率的数据存储服务。MapReduce 是谷歌 MapReduce 的开源实现，是一种简化的分布式应用程序开发的编程模型，允许开发人员在不了解分布式系统底层细节和缺少并行应用开发经验的情况下快速轻松地编写出分布式并行程序，并将其运行于计算机集群上，完成对大规模数据集的存储和计算。YARN 是将 MapReduce 1.0 中 JobTracker 的资源管理功能单独剥离出来而形成的，它是一个纯粹的资源管理和调度框架，解决了 Hadoop 1.0 中只能运行 MapReduce 框架的限制，且在 YARN 上可运行各种不同类型的计算框架，包括 MapReduce、Spark、Storm 等。

Hadoop 的发行版本有两类：一类是由社区维护的免费开源的 Apache Hadoop；另一类是一些商业公司发行的，如 Cloudera、Hortonworks、MapR 等推出的 Hadoop 商业版。截至目前，Apache Hadoop 版本分为三代，分别称为 Hadoop 1.0、Hadoop 2.0 和 Hadoop 3.0。Hadoop 商业版主要提供了对各项服务的支持，高级功能要收取一定费用，这对一些研发能力不太强的企业来说是非常有利的，公司只要出一定的费用就能使用到一些高级功能。每个发行版都有自己的特点，目前使用最多的是 Cloudera Distribution Hadoop(CDH)和 Hortonworks Data Platform(HDP)。

注意：若无特别强调，本章均是围绕 Apache Hadoop 2.0 展开描述和实验的。

1.2　Hadoop 生态系统

经过十几年的发展，目前 Hadoop 已经成长为一个庞大的体系。从狭义上来说，Hadoop 是一个适合大数据的分布式存储和分布式计算平台，Hadoop 2.0 主要由三部分构成，即分布式文件系统 HDFS、统一资源管理和调度框架 YARN、分布式计算框架 MapReduce；从广义上来讲，Hadoop 是指以 Hadoop 为基础的生态系统，是一个庞大体系，Hadoop 仅是其中最基础、最重要的部分，生态系统中每个组件只负责解决某一特定问题。

Hadoop 2.0 生态系统如图 1-1 所示。

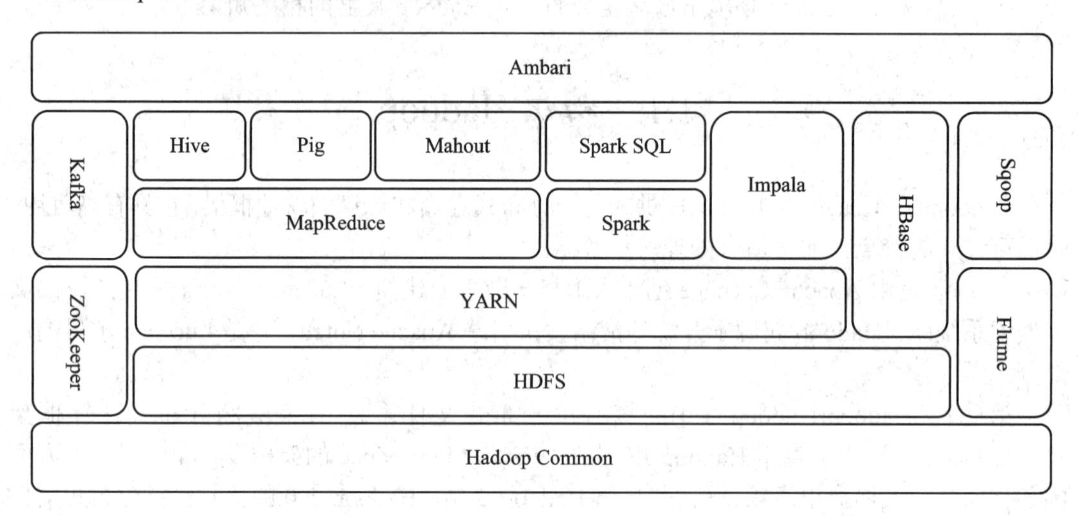

图 1-1　Hadoop 2.0 生态系统

1. Hadoop Common

Hadoop Common 是 Hadoop 体系中最底层的一个模块，为 Hadoop 各子项目提供各种工具，如系统配置工具 Configuration、远程过程调用 RPC、序列化机制和日志操作，是其他模块的基础。

2. HDFS

HDFS(Hadoop Distributed File System)是 Hadoop 分布式文件系统，也是 Hadoop 三大核心之一，是针对谷歌文件系统(Google File System，GFS)的开源实现。HDFS 是一个具有高容错性的文件系统，适合部署在廉价的机器上，HDFS 能提供高吞吐量的数据访问，非常适合大规模数据集上的应用。大数据处理框架 MapReduce、Spark 等要处理的数据源大部分都存储在 HDFS 上，Hive、HBase 等框架的数据通常也存储在 HDFS 上。简而言之，HDFS 为大数据的存储提供了保障。

3. YARN

YARN(Yet Another Resource Negotiator)是统一资源管理和调度框架，它解决了 Hadoop 1.0 资源利用率较低和不能兼容异构计算框架等多种问题，实现了资源隔离和双调度器。YARN 上可运行各种不同类型的计算框架，包括 MapReduce、Spark、Flink、Storm、Tez 等。

4. MapReduce

Hadoop MapReduce 是一个分布式的、并行处理的编程模型，是针对 Google MapReduce 的开源实现。开发人员可以在不了解分布式系统底层设计原理和缺少并行应用开发经验的情况下，就能使用 MapReduce 计算框架快速轻松地编写出分布式并行程序，完成对大规模数据集(大于 1 TB)的并行计算。MapReduce 利用函数式编程思想，将复杂的、运行于大规模集群上的并行计算过程高度抽象为两个函数——Map 和 Reduce，其中 Map 对可以并行处理的小数据集进行本地计算并输出中间结果，Reduce 对各个 Map 的输出结果进行汇总计算得到最终结果。

5. Spark

Spark 是加州伯克利大学 AMP 实验室开发的新一代基于内存的计算框架，在迭代计算方面很有优势，它和 MapReduce 计算框架相比，其性能明显得到提升，并且可以与 YARN 进行集成。

6. HBase

HBase 是一个分布式的、面向列族的开源数据库，一般采用 HDFS 作为底层存储。HBase 是针对 Google Bigtable 的开源实现，二者采用相同数据模型，具有强大的非结构化数据存储能力。HBase 使用 ZooKeeper 进行管理，它保障查询速度的一个关键因素就是 RowKey 的设计必须合理。

7. ZooKeeper

ZooKeeper 是 Google Chubby 的开源实现，是一个分布式的、开放源码的分布式应用程序协调框架，为大型分布式系统提供了高效且可靠的分布式协调服务，提供了统一命名服务、配置管理、分布式锁等分布式基础服务，并广泛应用于大型分布式系统 Hadoop、HBase、Kafka 等开源系统。例如，HDFS NameNode HA 自动切换、HBase 高可用以及 Spark Standalone 模式下 Master HA 机制都是通过 ZooKeeper 来实现的。

8. Hive

Hive 是一个基于 Hadoop 的数据仓库工具，最早由 Facebook 开发并使用。Hive 可以让不熟悉 MapReduce 的开发人员直接编写 SQL 语句来实现对大规模离线数据的统计分析操作，Hive 可以将 SQL 语句转换为 MapReduce 作业，并提交到 Hadoop 集群上运行。Hive 大大降低了学习门槛，同时也提升了开发效率。

9. Pig

Pig 与 Hive 类似，也是对大型数据集进行分析和评估的工具，不过与 Hive 提供 SQL 接口不同的是，它提供了一种高层的、面向领域的抽象语言 Pig Latin。和 SQL 相比，Pig Latin 更加灵活，但学习成本稍高。

10. Impala

Impala 由 Cloudera 公司开发，提供了与存储在 HDFS、HBase 上的海量数据进行交互式查询的 SQL 接口，其优点是查询速度快，其性能大幅领先于 Hive。Impala 并没有基于 MapReduce 的计算框架，这也是 Impala 可以大幅领先 Hive 的原因。

11. Mahout

Mahout 是一个机器学习和数据挖掘库，它包含许多实现，包括聚类、分类、推荐过滤等。

12. Flume

Flume 是由 Cloudera 提供的一个高可用、高可靠和分布式的海量日志采集、聚合和传输的框架。Flume 支持在日志系统中定制各类数据发送方，用于收集数据；同时，Flume 可对数据进行简单处理并写到各种数据接收方。

13. Sqoop

Sqoop 是 SQL to Hadoop 的缩写，主要用于关系数据库和 Hadoop 之间的数据双向交换。可以借助 Sqoop 完成关系型数据库 MySQL、Oracle、PostgreSQL 等到 Hadoop 生态系统中 HDFS、HBase、Hive 等的数据导入导出操作，整个导入导出过程都是由 MapReduce 计算框架实现的，非常高效。Sqoop 项目开始于 2009 年，最早是作为 Hadoop 的一个第三方模块存在的，后来为了让使用者能够快速部署，也为了让开发人员能够更快速地迭代开发，Sqoop 就独立成为一个 Apache 项目。

14. Kafka

Kafka 是一种高吞吐量的、分布式的发布订阅消息系统，可以处理消费者在网站中的所有动作流数据。Kafka 最初由 LinkedIn 公司开发，于 2010 年被贡献给 Apache 基金会，并于 2012 年成为 Apache 顶级开源项目。它采用 Scala 和 Java 语言编写，是一个分布式的、支持分区的、多副本的、基于 ZooKeeper 协调的分布式消息系统。它适合应用于以下两大类场景：一是构造实时流数据管道，在系统或应用之间可靠地获取数据；二是构建实时流式应用程序，对这些流数据进行转换。

15. Ambari

Apache Ambari 是一个基于 Web 的工具，支持 Apache Hadoop 集群的安装、部署、配置和管理，目前已支持大多数 Hadoop 组件，包括 HDFS、MapReduce、Hive、Pig、HBase、ZooKeeper、Oozie、Sqoop 等。Ambari 由 Hortonworks 主导开发，具有 Hadoop 集群自动化安装、中心化管理、集群监控、报警等功能，使得安装集群的时间从几天缩短到几小时，运维人员也从数十人减少到几人，极大地提高了集群管理的效率。

1.3 Hadoop 体系架构

Hadoop 集群采用主从(Master/Slave)架构，NameNode 与 ResourceManager 为 Master，DataNode 与 NodeManager 为 Slaves，守护进程 NameNode 和 DataNode 负责完成 HDFS 的工作，守护进程 ResourceManager 和 NodeManager 则负责完成 YARN 的工作。Hadoop 2.0

集群架构如图 1-2 所示。

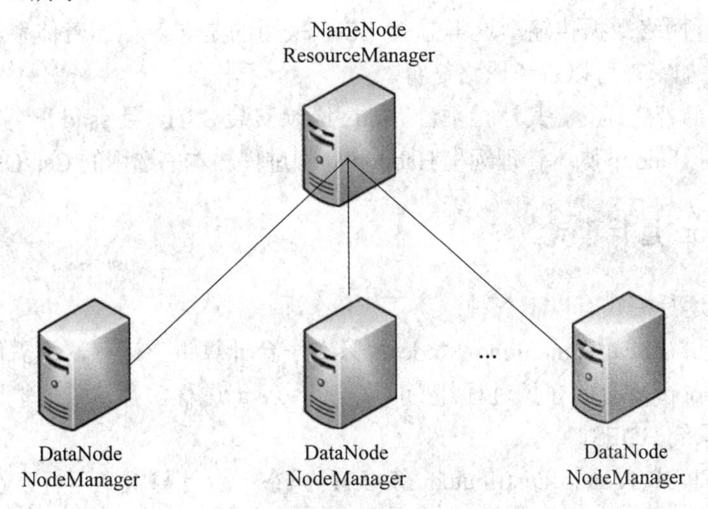

图 1-2　Hadoop 2.0 集群架构

1.4　Hadoop 部署要点

1.4.1　Hadoop 运行环境

对于大部分 Java 开源产品而言，在对其进行部署与运行之前，总是需要搭建一个合适的环境，通常包括操作系统和 Java 环境两方面。Hadoop 的部署与运行所需要的系统环境，同样包括操作系统和 Java 环境。另外，Hadoop 集群若要运行，其运行平台还必须安装 SSH。

1．操作系统

Hadoop 运行平台支持以下两种操作系统：

(1) Windows：Hadoop 支持 Windows 操作系统，但由于 Windows 操作系统本身不太适合作为服务器操作系统，所以在这里对 Windows 下安装和配置 Hadoop 的方法不作介绍，读者如有兴趣可自行学习 https://wiki.apache.org/hadoop/Hadoop2OnWindows 中介绍的相关方法。

(2) GNU/Linux：Hadoop 的最佳运行环境无疑是开源操作系统 Linux。Linux 的发行版本众多，常见的有 CentOS、Ubuntu、Red Hat、Debian、Fedora、SUSE、openSUSE 等。

本书采用的操作系统为 Linux 发行版 CentOS 7。

2．Java 环境

Hadoop 使用 Java 语言编写，因此它的运行环境需要 Java 环境的支持。Hadoop 3.x 需要 Java 8，Hadoop 2.7 及以后版本需要 Java 7 或 Java 8，Hadoop 2.6 及早期版本需要 Java 6。本书采用的 Java 为 Oracle JDK 1.8。

3．SSH

对于远程管理其他机器，一般使用 Windows 的远程桌面连接或者远程登录 Telnet。Linux 安装时自带了 Telnet，但是 Telnet 的缺点是明文传送用户名和密码，存在不安全因素，只适合内网访问。为解决这个问题，人们推出了安全通信协议 SSH(Secure Shell)，通过 SSH 可以安全地进行网络数据传输，这得益于 SSH 采用的是非对称加密体系，传输内容使用 RSA 或者 DSA 加密，可以避免网络窃听。

Hadoop 集群若想运行，其运行平台 Linux 必须安装 SSH，且 sshd 服务必须运行，只有这样，才能使用 Hadoop 脚本管理远程 Hadoop 守护进程。本书选用的 CentOS 7 自带 SSH。

1.4.2 Hadoop 运行模式

Hadoop 的运行模式有以下三种：

(1) 单机模式(Local/Standalone Mode)：只在一台计算机上运行，不需任何配置，在这种模式下，Hadoop 所有的守护进程都变成了一个 Java 进程，存储采用本地文件系统，而非分布式文件系统 HDFS。

(2) 伪分布模式(Pseudo-Distributed Mode)：只在一台计算机上运行，在这种模式下，Hadoop 所有守护进程都运行在一个节点上，在一个节点上模拟了一个具有 Hadoop 完整功能的微型集群，存储采用分布式文件系统 HDFS，但是 HDFS 的名称节点和数据节点都位于同一台计算机上。

(3) 全分布模式(Fully-Distributed Mode)：在多台计算机上运行，在这种模式下，Hadoop 的守护进程运行在多个节点上，形成一个真正意义上的集群，存储采用分布式文件系统 HDFS，且 HDFS 的名称节点和数据节点位于不同的计算机上。

以下三种运行模式各有优缺点。单机模式配置最简单，但它与用户交互的方式不同于全分布模式；对于节点数目受限的初学者可以采用伪分布模式，虽然只有一个节点支撑整个 Hadoop 集群，但是 Hadoop 在伪分布模式下的操作方式与在全分布模式下的操作方式几乎完全相同；全分布模式是使用 Hadoop 的最佳方式，真实 Hadoop 集群的运行均采用该模式，但它需要最多的配置工作和架构所需要的机器集群。

1.4.3 Hadoop 配置文件

Hadoop 的配置文件位于$HADOOP_HOME/etc/hadoop 目录下，所有配置文件如图 1-3 所示。

```
[root@master local]# ls /usr/local/hadoop-2.9.2/etc/hadoop
capacity-scheduler.xml        httpfs-env.sh              mapred-env.sh
configuration.xsl             httpfs-log4j.properties    mapred-queues.xml.template
container-executor.cfg        httpfs-signature.secret    mapred-site.xml.template
core-site.xml                 httpfs-site.xml            slaves
hadoop-env.cmd                kms-acls.xml               ssl-client.xml.example
hadoop-env.sh                 kms-env.sh                 ssl-server.xml.example
hadoop-metrics2.properties    kms-log4j.properties       yarn-env.cmd
hadoop-metrics.properties     kms-site.xml               yarn-env.sh
hadoop-policy.xml             log4j.properties           yarn-site.xml
hdfs-site.xml                 mapred-env.cmd
[root@master local]# █
```

图 1-3 查看 Hadoop 配置文件

Hadoop 配置文件很多，关键的几个配置文件如表 1-1 所示，伪分布模式和全分布模式下的 Hadoop 集群所需修改的配置文件是不同的。

表 1-1　Hadoop 主要配置文件

文件名称	格　式	描　　述
hadoop-env.sh	Bash 脚本	记录运行 Hadoop 要用的环境变量
yarn-env.sh	Bash 脚本	记录运行 YARN 要用的环境变量(覆盖 hadoop-env.sh 中设置的变量)
mapred-env.sh	Bash 脚本	记录运行 MapReduce 要用的环境变量(覆盖 hadoop-env.sh 中设置的变量)
core-site.xml	Hadoop 配置 XML	Hadoop Core 的配置项，包括 HDFS、MapReduce 和 YARN 常用的 I/O 设置等
hdfs-site.xml	Hadoop 配置 XML	HDFS 守护进程的配置项，包括 NameNode、SecondaryNameNode、DataNode 等
yarn-site.xml	Hadoop 配置 XML	YARN 守护进程的配置项，包括 ResourceManager、NodeManager 等
mapred-site.xml	Hadoop 配置 XML	MapReduce 守护进程的配置项，包括 JobHistoryServer
slaves	纯文本	运行 DataNode 和 NodeManager 的从节点机器列表，每行 1 个主机名

Hadoop 的配置项种类繁多，读者可以根据需要设置 Hadoop 的最小配置，其余配置选项都采用默认配置文件中指定的值。Hadoop 默认的配置文件在“$HADOOP_HOME/share/doc/hadoop”路径下，找到默认配置文件所在的文件夹，这些文档可以起到查询手册的作用。这个文件夹存放了所有关于 Hadoop 的共享文档，因此被细分了很多子文件夹，下面列出即将修改的配置文件的默认值配置文档的所在位置，如表 1-2 所示。

表 1-2　Hadoop 默认配置文件位置

配置文件名称	默认配置文件所在位置
core-site.xml	share/doc/hadoop/hadoop-project-dist/hadoop-common/core-default.xml
hdfs-site.xml	share/doc/hadoop/hadoop-project-dist/hadoop-hdfs/hdfs-default.xml
yarn-site.xml	share/doc/hadoop/hadoop-yarn/hadoop-yarn-common/yarn-default.xml
mapred-site.xml	share/doc/hadoop/hadoop-mapreduce-client/hadoop-mapreduce-client-core/mapreduce-default.xml

读者可以在 Hadoop 共享文档的路径下找到一个导航文件 share/doc/hadoop/index.html，这个导航文件是一个宝库，除了左边列出上述四个默认配置文件的超级链接(如图 1-4 所示)，还有 Hadoop 的学习教程，值得读者细读。

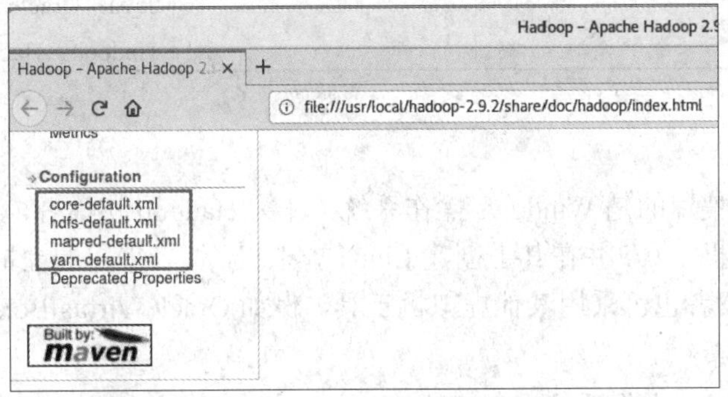

图 1-4　Hadoop 共享文档中导航文件界面

1.5 综合实战：部署全分布模式 Hadoop 集群

1.5.1 规划部署

1. Hadoop 集群部署规划

在全分布模式下部署 Hadoop 集群时，最少需要两台机器，分别用于一个主节点和一个从节点。本章拟将 Hadoop 集群运行在 Linux 上，将使用三台安装有 Linux 操作系统的机器，主机名分别为 master、slave1、slave2，其中 master 作为主节点，slave1 和 slave2 作为从节点。具体 Hadoop 集群部署规划详情如表 1-3 所示。

表 1-3 全分布模式 Hadoop 集群部署规划表

主机名	IP 地址	运行服务	软硬件配置
master(主节点)	192.168.18.130	NameNode SecondaryNameNode ResourceManager JobHistoryServer	内存：4 GB CPU：1 个 2 核 硬盘：40 GB 操作系统：CentOS 7.6.1810 Java：Oracle JDK 8u191 Hadoop：Hadoop 2.9.2
slave1(从节点 1)	192.168.18.131	DataNode NodeManager	内存：1 GB CPU：1 个 1 核 硬盘：20 GB 操作系统：CentOS 7.6.1810 Java：Oracle JDK 8u191 Hadoop：Hadoop 2.9.2
slave2(从节点 2)	192.168.18.132	DataNode NodeManager	内存：1 GB CPU：1 个 1 核 硬盘：20 GB 操作系统：CentOS 7.6.1810 Java：Oracle JDK 8u191 Hadoop：Hadoop 2.9.2

2. 软件选择

1) 虚拟机工具

鉴于多数用户使用的是 Windows 操作系统，作为 Hadoop 初学者，建议在 Windows 操作系统上安装虚拟机工具，并在其上创建 Linux 虚拟机。编者采用的虚拟机工具为 VMware Workstation Pro，读者也可采用其他虚拟机工具，例如 Oracle VirtualBox 等。

2) Linux 操作系统

编者采用的 Linux 操作系统为免费的 CentOS(Community Enterprise Operating System，

社区企业操作系统)，CentOS 是 Red Hat Enterprise Linux 依照开放源代码规定释出的源代码编译而成的，读者也可以使用其他 Linux 操作系统，例如 Ubuntu、Red Hat、Debian、Fedora、SUSE、openSUSE 等。

3) Java

Hadoop 使用 Java 语言编写，因此它的运行环境需要 Java 环境的支持。由于 Hadoop 2.7 及以后版本需要 Java 7 或 Java 8，而本章采用 Hadoop 2.9.2 版本，因此采用的 Java 为 Oracle JDK 1.8。

4) SSH

由于 Hadoop 控制脚本需要依赖 SSH 来管理远程 Hadoop 守护进程，因此 Hadoop 集群的运行平台 Linux 必须安装 SSH，且 sshd 服务必须运行。本书选用的 CentOS 7 自带有 SSH。

5) Hadoop

Hadoop 起源于 2002 年的 Apache 项目 Nutch，2004 年道格·卡丁开发了现在 HDFS 和 MapReduce 的最初版本，2006 年 Apache Hadoop 项目正式启动，以支持 MapReduce 和 HDFS 的独立发展。Apache Hadoop 的版本经历了 1.0、2.0、3.0，目前最新稳定版本是 2022 年 5 月 17 日发布的 Hadoop 3.3.3，编者采用的是 2018 年 11 月 19 日发布的稳定版 Hadoop 2.9.2。

本节部署 Hadoop 集群所使用的各种软件的名称、版本、发布日期及下载地址如表 1-4 所示。

表 1-4　本节部署 Hadoop 集群使用的软件名称、版本、发布日期及下载地址

软件名称	软件版本	发布日期	下载地址
VMware Workstation Pro	VMware Workstation 12.5.7 Pro for Windows	2017 年 6 月 22 日	https://www.vmware.com/products/workstation-pro.html
CentOS	CentOS 7.6.1810	2018 年 11 月 26 日	https://www.centos.org/download/
Java	Oracle JDK 8u191	2018 年 10 月 16 日	http://www.oracle.com/technetwork/java/javase/downloads/index.html
Hadoop	Hadoop 2.9.2	2018 年 11 月 19 日	http://hadoop.apache.org/releases.html

1.5.2　准备机器

编者使用 VMware Workstation Pro 共安装了三台 CentOS 虚拟机，分别为 hadoop2.9.2-master、hadoop2.9.2-slave1 和 hadoop2.9.2-slave2，其中 hadoop2.9.2-master 的内存为 4096 MB，CPU 为 1 个 2 核，hadoop2.9.2-slave1 和 hadoop2.9.2-slave2 的内存均为 1024 MB，CPU 为 1 个 1 核。关于如何使用 VMware Workstation 安装 CentOS 虚拟机，可参见配套教学资源“使用 VMware Workstation 安装 CentOS 虚拟机过程详解”。

1.5.3　准备软件环境

Hadoop 集群中部署的三台 CentOS 虚拟机的软件环境准备过程相同，下文以 Hadoop 集群主节点的虚拟机 hadoop2.9.2-master 为例进行讲述，作为从节点的虚拟机

hadoop2.9.2-slave1 和 hadoop2.9.2-slave2 的软件环境准备不再赘述。

1. 配置静态 IP

机器不同，CentOS 版本不同，网卡配置文件也不尽相同。编者使用的 CentOS 7.6.1810 对应的网卡配置文件为/etc/sysconfig/network-scripts/ifcfg-ens33，读者可自行查看个人 CentOS 的网卡配置文件。

(1) 切换到 root 用户，使用命令“vim /etc/sysconfig/network-scripts/ifcfg-ens33”修改网卡配置文件，为该机器设置静态 IP 地址。网卡配置文件 ifcfg-ens33 较之原始内容，变动的内容如下所示。

```
BOOTPROTO=static
ONBOOT=yes

IPADDR=192.168.18.130
NETMASK=255.255.255.0
GATEWAY=192.168.18.2
DNS1=192.168.18.2
```

(2) 使用“reboot”命令重启机器或者“systemctl restart network.service”命令重启网络方可使得配置生效。如图 1-5 所示，使用命令“ip address”，或者简写命令“ip addr”，查看到当前机器的 IP 地址已被设置为静态 IP“192.168.18.130”。

```
[xuluhui@localhost ~]$ ip addr
1: lo: <LOOPBACK,UP,LOWER_UP> mtu 65536 qdisc noqueue state UNKNOWN group defaul
t qlen 1000
    link/loopback 00:00:00:00:00:00 brd 00:00:00:00:00:00
    inet 127.0.0.1/8 scope host lo
       valid_lft forever preferred_lft forever
    inet6 ::1/128 scope host
       valid_lft forever preferred_lft forever
2: ens33: <BROADCAST,MULTICAST,UP,LOWER_UP> mtu 1500 qdisc pfifo_fast state UP g
roup default qlen 1000
    link/ether 00:0c:29:6d:5d:c9 brd ff:ff:ff:ff:ff:ff
    inet 192.168.18.130/24 brd 192.168.18.255 scope global noprefixroute ens33
       valid_lft forever preferred_lft forever
    inet6 fe80::6bb8:6e80:d029:10f2/64 scope link noprefixroute
       valid_lft forever preferred_lft forever
3: virbr0: <NO-CARRIER,BROADCAST,MULTICAST,UP> mtu 1500 qdisc noqueue state DOWN
 group default qlen 1000
    link/ether 52:54:00:0b:74:1b brd ff:ff:ff:ff:ff:ff
    inet 192.168.122.1/24 brd 192.168.122.255 scope global virbr0
       valid_lft forever preferred_lft forever
4: virbr0-nic: <BROADCAST,MULTICAST> mtu 1500 qdisc pfifo_fast master virbr0 sta
te DOWN group default qlen 1000
    link/ether 52:54:00:0b:74:1b brd ff:ff:ff:ff:ff:ff
[xuluhui@localhost ~]$
```

图 1-5　使用命令“ip addr”查看机器 IP 地址

同理，将虚拟机 hadoop2.9.2-slave1 和 hadoop2.9.2-slave2 的 IP 地址依次设置为静态 IP 地址“192.168.18.131”“192.168.18.132”。

2. 修改主机名

切换到 root 用户，通过修改配置文件/etc/hostname，可以修改 Linux 主机名，该配置文件中原始内容为：

```
localhost.localdomain
```

按照部署规划，主节点的主机名为“master”，将配置文件/etc/hostname 中原始内容替换为：

```
master
```

使用“reboot”命令重启机器方可使得配置生效，使用命令“hostname”验证当前主机名是否已修改为“master”。

同理，将虚拟机 hadoop2.9.2-slave1 和 hadoop2.9.2-slave2 的主机名依次设置为“slave1”“slave2”。

3. 编辑域名映射

为协助用户便捷访问该机器而无须记住 IP 地址串，需要编辑域名映射文件/etc/hosts，在原始内容的最后追加三行，内容如下所示。

```
192.168.18.130 master
192.168.18.131 slave1
192.168.18.132 slave2
```

使用“reboot”命令重启机器方可使得配置生效。

同理，编辑虚拟机 hadoop2.9.2-slave1 和 hadoop2.9.2-slave2 的域名映射文件，内容同虚拟机 hadoop2.9.2-master。

至此，三台 CentOS 虚拟机的静态 IP、主机名和域名映射均已修改完毕，用 ping 命令来检测各节点间是否通信正常，可按“Ctrl+C”组合键终止数据包的发送，设置成功且通信正常后的效果如图 1-6 所示。

```
[xuluhui@master ~]$ ping master
PING master (192.168.18.130) 56(84) bytes of data.
64 bytes from master (192.168.18.130): icmp_seq=1 ttl=64 time=0.047 ms
64 bytes from master (192.168.18.130): icmp_seq=2 ttl=64 time=0.059 ms
64 bytes from master (192.168.18.130): icmp_seq=3 ttl=64 time=0.047 ms
64 bytes from master (192.168.18.130): icmp_seq=4 ttl=64 time=0.050 ms
^C
--- master ping statistics ---
4 packets transmitted, 4 received, 0% packet loss, time 2999ms
rtt min/avg/max/mdev = 0.047/0.050/0.059/0.010 ms
[xuluhui@master ~]$ ping slave1
PING slave1 (192.168.18.131) 56(84) bytes of data.
64 bytes from slave1 (192.168.18.131): icmp_seq=1 ttl=64 time=0.602 ms
64 bytes from slave1 (192.168.18.131): icmp_seq=2 ttl=64 time=0.253 ms
64 bytes from slave1 (192.168.18.131): icmp_seq=3 ttl=64 time=0.825 ms
64 bytes from slave1 (192.168.18.131): icmp_seq=4 ttl=64 time=0.502 ms
^C
--- slave1 ping statistics ---
4 packets transmitted, 4 received, 0% packet loss, time 3000ms
rtt min/avg/max/mdev = 0.253/0.545/0.825/0.206 ms
[xuluhui@master ~]$ ping slave2
PING slave2 (192.168.18.132) 56(84) bytes of data.
64 bytes from slave2 (192.168.18.132): icmp_seq=1 ttl=64 time=0.639 ms
64 bytes from slave2 (192.168.18.132): icmp_seq=2 ttl=64 time=0.810 ms
64 bytes from slave2 (192.168.18.132): icmp_seq=3 ttl=64 time=0.805 ms
64 bytes from slave2 (192.168.18.132): icmp_seq=4 ttl=64 time=0.811 ms
^C
--- slave2 ping statistics ---
4 packets transmitted, 4 received, 0% packet loss, time 3002ms
rtt min/avg/max/mdev = 0.639/0.766/0.811/0.076 ms
[xuluhui@master ~]$
```

图 1-6　ping 命令检测各节点间通信是否正常

4. 安装和配置 Java

1) 卸载 Oracle OpenJDK

首先，通过命令“java -version”查看是否已安装 Java。由于 CentOS 7 自带了 Oracle OpenJDK，而更建议使用 Oracle JDK，因此将 Oracle OpenJDK 卸载。

其次，使用“rpm -qa|grep jdk”命令查询 jdk 软件，如图 1-7 所示。

```
[xuluhui@master ~]$ rpm -qa|grep jdk
copy-jdk-configs-3.3-10.el7_5.noarch
java-1.8.0-openjdk-headless-1.8.0.181-7.b13.el7.x86_64
java-1.7.0-openjdk-1.7.0.191-2.6.15.5.el7.x86_64
java-1.8.0-openjdk-1.8.0.181-7.b13.el7.x86_64
java-1.7.0-openjdk-headless-1.7.0.191-2.6.15.5.el7.x86_64
[xuluhui@master ~]$ 
```

图 1-7 使用 rpm 命令查询 jdk 软件

最后，切换到 root 用户下，分别使用命令“yum -y remove java-1.8.0*”和“yum -y remove java-1.7.0*”卸载 openjdk 1.8 和 openjdk 1.7。

同理，卸载节点 slave1 和 slave2 上的 Oracle OpenJDK。

2) 下载 Oracle JDK

根据机器所安装的操作系统和位数选择相应的 JDK 安装包并进行下载，可以使用命令“getconf LONG_BIT”来查询 Linux 操作系统是 32 位还是 64 位；也可以使用命令“file /bin/ls”来显示 Linux 版本号。由于编者安装的是 CentOS 64 位，因此下载的 JDK 安装包为 2018 年 10 月 16 日发布的 jdk-8u191-linux-x64.tar.gz，并存放在目录/home/xuluhui/Downloads 下。

同理，在节点 slave1 和 slave2 上也下载相同版本的 Oracle JDK，并存放在目录/home/xuluhui/Downloads 下。

3) 安装 Oracle JDK

使用 tar 命令解压进行安装，例如安装到目录/usr/java 下，依次使用如下命令完成。

```
[root@master ~]# cd /usr
[root@master usr]# mkdir java
[root@master usr]# cd java
[root@master java]# tar -zxvf /home/xuluhui/Downloads/jdk-8u191-linux-x64.tar.gz
```

同理，在节点 slave1 和 slave2 上也安装 Oracle JDK。

4) 配置 Java 环境

通过修改/etc/profile 文件完成环境变量 JAVA_HOME、PATH 和 CLASSPATH 的设置，在配置文件/etc/profile 的最后添加如下内容：

```
# set java environment
export JAVA_HOME=/usr/java/jdk1.8.0_191
export PATH=$JAVA_HOME/bin:$PATH
export CLASSPATH=.:$JAVA_HOME/lib/dt.jar:$JAVA_HOME/lib/tools.jar
```

使用命令“source /etc/profile”重新加载配置文件或者重启机器，使配置生效，Java 环境变量配置成功后的系统变量“PATH”值如图 1-8 所示。

```
[root@master java]# echo $PATH
/usr/java/jdk1.8.0_191/bin:/usr/local/bin:/usr/local/sbin:/usr/bin:/usr/sbin:/bi
n:/sbin:/home/xuluhui/.local/bin:/home/xuluhui/bin
[root@master java]# 
```

图 1-8　系统变量“PATH”值

同理，在节点 slave1 和 slave2 上也配置 Java 环境。

5) 验证 Java

再次使用命令“java -version”，查看 Java 是否安装配置成功及其版本，如图 1-9 所示。

```
[root@master java]# java -version
java version "1.8.0_191"
Java(TM) SE Runtime Environment (build 1.8.0_191-b12)
Java HotSpot(TM) 64-Bit Server VM (build 25.191-b12, mixed mode)
[root@master java]# 
```

图 1-9　查看 Java 是否安装配置成功及其版本

5. 安装和配置 SSH 免密登录

需要注意的是，Hadoop 并不是通过 SSH 协议进行数据传输的，而是 Hadoop 控制脚本需要依赖 SSH 来执行针对整个集群的操作。Hadoop 在启动和停止 HDFS、YARN 时，需要主节点上的进程通过 SSH 协议启动或停止从节点上的各种守护进程。也就是说，如果不配置 SSH 免密登录对 Hadoop 的使用没有任何影响，只需在启动和停止 Hadoop 时输入每个从节点的用户名和密码即可。试想，若管理成百上千个节点组成的 Hadoop 集群，连接每个从节点时都输入密码将是一项繁杂的工作。因此，配置 Hadoop 主节点到各个从节点的 SSH 免密登录是有必要的。

1) 安装 SSH

使用命令“rpm -qa|grep ssh”查询 SSH 是否已经安装，如图 1-10 所示。

```
[root@master java]# rpm -qa|grep ssh
openssh-clients-7.4p1-16.el7.x86_64
openssh-7.4p1-16.el7.x86_64
openssh-server-7.4p1-16.el7.x86_64
libssh2-1.4.3-12.el7.x86_64
[root@master java]# 
```

图 1-10　查询 SSH 是否安装

从图 1-10 中可以看出，CentOS 7 已安装好 SSH 软件包，若没有安装好，则使用命令“yum”安装，命令如下所示。

```
[root@master java]# yum -y install openssh
[root@master java]# yum -y install openssh-server
[root@master java]# yum -y install openssh-clients
```

2) 修改 sshd 配置文件

使用命令“vim /etc/ssh/sshd_config”修改 sshd 配置文件，原始第 43 行内容为：

```
PubkeyAuthentication yes
```

修改后为：

```
RSAAuthentication yes
PubkeyAuthentication yes
```

同理，在节点 slave1 和 slave2 上也修改 sshd 配置文件。

3) 重启 sshd 服务

使用如下命令重启 sshd 服务，同理，在节点 slave1 和 slave2 上也需要重启 sshd 服务。

```
systemctl restart sshd.service
```

4) 生成公钥和私钥

首先，利用“cd ~”命令切换到普通用户 xuluhui 的家目录下，使用命令“ssh-keygen”在家目录中生成公钥和私钥，如图 1-11 所示。图 1-11 中，文件 id_rsa 是私钥，文件 id_rsa.pub 是公钥。

```
[xuluhui@master ~]$ ssh-keygen -t rsa -P ''
Generating public/private rsa key pair.
Enter file in which to save the key (/home/xuluhui/.ssh/id_rsa):
Created directory '/home/xuluhui/.ssh'.
Your identification has been saved in /home/xuluhui/.ssh/id_rsa.
Your public key has been saved in /home/xuluhui/.ssh/id_rsa.pub.
The key fingerprint is:
SHA256:Rv05+qE7BfBC9H5TOIxLHtMcFVVMcuYoFARzwoyaGZI xuluhui@master
The key's randomart image is:
+---[RSA 2048]----+
|     . ..++o*o+=B|
|    E . +ooX o *.|
|     . *.oB B o .|
|      +..+o= =   |
|        S.+.*    |
|        .   o.o  |
|            ...  |
|            .o . |
|            oo.  |
+----[SHA256]-----+
[xuluhui@master ~]$
```

此处输入回车键，即保存密钥到默认指定目录下

图 1-11　使用命令“ssh-keygen”生成公钥和私钥

其次，使用以下命令把公钥 id_rsa.pub 的内容追加到 authorized_keys 授权密钥文件中。

```
[xuluhui@master ~]$ cat ~/.ssh/id_rsa.pub >> ~/.ssh/authorized_keys
```

最后，使用以下命令修改密钥文件的相应权限。

```
[xuluhui@master ~]$ chmod 0600 ~/.ssh/authorized_keys
```

5) 共享公钥

经过共享公钥后，就不再需要输入密码。因为只有 1 主 2 从节点，所以直接复制公钥比较方便，将 master 的公钥直接复制给 slave1、slave2 就可以解决主节点连接从节点时需要密码的问题，过程如图 1-12 所示。

从图 1-12 中可以看出，已能从 master 机器通过“ssh”命令免密登录到 slave1 机器上。同理，将 master 的公钥首先通过命令“ssh-copy-id -i ~/.ssh/id_rsa.pub xuluhui@slave2”复制给 slave2，然后测试是否可以通过“ssh”命令免密登录 slave2。

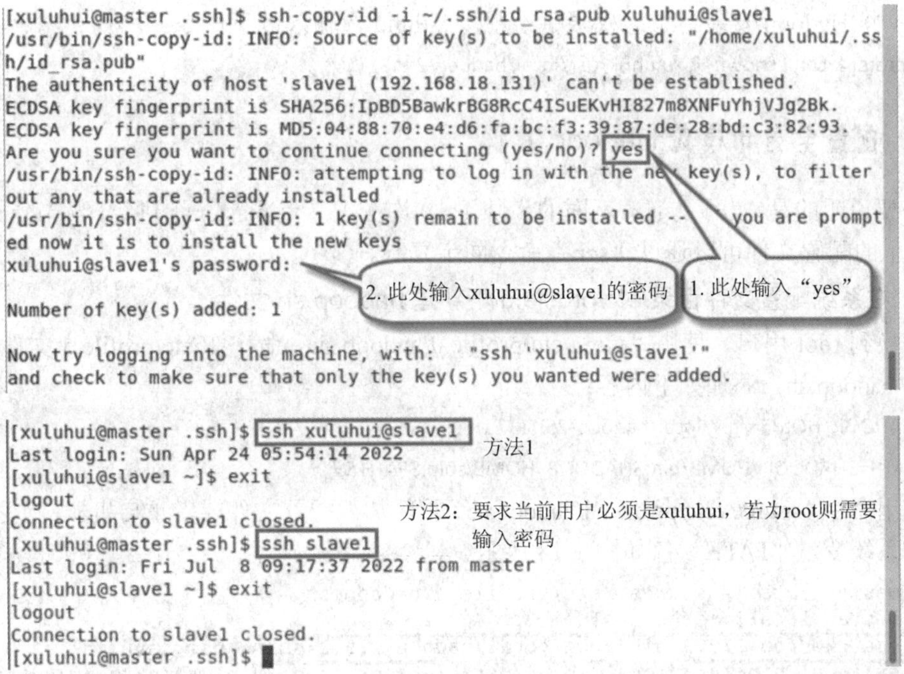
[xuluhui@master .ssh]$ ssh-copy-id -i ~/.ssh/id_rsa.pub xuluhui@slave1
/usr/bin/ssh-copy-id: INFO: Source of key(s) to be installed: "/home/xuluhui/.ssh/id_rsa.pub"
The authenticity of host 'slave1 (192.168.18.131)' can't be established.
ECDSA key fingerprint is SHA256:IpBD5BawkrBG8RcC4ISuEKvHI827m8XNFuYhjVJg2Bk.
ECDSA key fingerprint is MD5:04:88:70:e4:d6:fa:bc:f3:39:87:de:28:bd:c3:82:93.
Are you sure you want to continue connecting (yes/no)? yes
/usr/bin/ssh-copy-id: INFO: attempting to log in with the new key(s), to filter out any that are already installed
/usr/bin/ssh-copy-id: INFO: 1 key(s) remain to be installed -- if you are prompted now it is to install the new keys
xuluhui@slave1's password:
2. 此处输入xuluhui@slave1的密码
1. 此处输入“yes”
Number of key(s) added: 1
Now try logging into the machine, with: "ssh 'xuluhui@slave1'"
and check to make sure that only the key(s) you wanted were added.
[xuluhui@master .ssh]$ ssh xuluhui@slave1
方法1
Last login: Sun Apr 24 05:54:14 2022
[xuluhui@slave1 ~]$ exit
logout
Connection to slave1 closed.
方法2：要求当前用户必须是xuluhui，若为root则需要输入密码
[xuluhui@master .ssh]$ ssh slave1
Last login: Fri Jul 8 09:17:37 2022 from master
[xuluhui@slave1 ~]$ exit
logout
Connection to slave1 closed.
[xuluhui@master .ssh]$

图 1-12　将 master 公钥复制给 slave1 并测试 ssh 免密登录 slave1

为了使主节点 master 能通过“ssh”命令免密登录自身，使用“ssh master”命令尝试登录自身，第 1 次连接时需要人工干预，输入“yes”，然后会自动将 master 的 key 加入/home/xuluhui/.ssh/know_hosts 文件中，此时即可登录到自身。第 2 次执行命令“ssh master”时就可以免密登录到自身。

至此，可以从 master 节点通过“ssh”命令免密登录到自身、slave1 和 slave2 了，这对于 Hadoop 已经足够了，但是若想达到所有节点之间都能免密登录，还需要在 slave1、slave2 上各执行三次，也就是说两两共享密钥，这样累计共执行九次。

1.5.4　获取和安装 Hadoop

以下步骤需要在 master、slave1 和 slave2 三个节点上分别完成。

1. 获取 Hadoop

Hadoop 官方下载地址为 http://hadoop.apache.org/releases.html，本章选用的 Hadoop 版本是 2018 年 11 月 19 日发布的稳定版 Hadoop 2.9.2，其安装包文件 hadoop-2.9.2.tar.gz 存放在相应的目录下，如目录/home/xuluhui/Downloads。

2. 安装 Hadoop

(1) 切换到 root 用户，将 hadoop-2.9.2.tar.gz 解压到目录/usr/local 下，具体命令如下所示。

```
[xuluhui@master ~]$ su root
[root@master ~]# cd /usr/local
[root@master local]# tar -zxvf /home/xuluhui/Downloads/hadoop-2.9.2.tar.gz
```

(2) 将 Hadoop 安装目录的权限赋给用户 xuluhui，输入以下命令：

```
[root@master local]# chown -R xuluhui /usr/local/hadoop-2.9.2
```

1.5.5　配置全分布模式 Hadoop 集群

需要说明的是，为了方便，下面的步骤 1～9 均在主节点 master 上进行，从节点 slave1、slave2 上的配置文件可以通过“scp”命令同步复制。

1. 在系统配置文件目录/etc/profile.d 下新建 hadoop.sh 文件

切换到 root 用户，使用“vim /etc/profile.d/hadoop.sh”命令在/etc/profile.d 文件夹下新建文件 hadoop.sh，添加如下内容：

```
export HADOOP_HOME=/usr/local/hadoop-2.9.2
export PATH=$HADOOP_HOME/bin:$HADOOP_HOME/sbin:$PATH
```

使用命令“source /etc/profile.d/hadoop.sh”重新加载配置文件或者重启机器，使之生效，则当前系统变量“PATH”值如图 1-13 所示。

```
[root@master local]# source /etc/profile.d/hadoop.sh
[root@master local]# echo $PATH
/usr/local/hadoop-2.9.2/bin:/usr/local/hadoop-2.9.2/sbin:/usr/java/jdk1.8.0_191/
bin:/usr/local/bin:/usr/local/sbin:/usr/bin:/usr/sbin:/bin:/sbin:/home/xuluhui/.
local/bin:/home/xuluhui/bin
[root@master local]# 
```

图 1-13　当前系统变量“PATH”值

此步骤可省略。之所以将 Hadoop 安装目录下 bin 和 sbin 加入系统环境变量 PATH 中，是为了当输入启动和管理 Hadoop 集群命令时，无须再切换到 Hadoop 安装目录下的 bin 目录或者 sbin 目录，否则会出现错误信息“bash: ****: command not found...”。

由于上文已将 Hadoop 安装目录的权限赋给用户 xuluhui，所以接下来的步骤 2～9 均在普通用户 xuluhui 下完成即可。

2. 配置 hadoop-env.sh 文件

环境变量配置文件 hadoop-env.sh 主要配置 Java 的安装路径 JAVA_HOME、Hadoop 日志存储路径 HADOOP_LOG_DIR 及添加 SSH 的配置选项 HADOOP_SSH_OPTS 等。本书中关于 hadoop-env.sh 配置文件的修改步骤具体如下：

(1) 将第 25 行“export JAVA_HOME=${JAVA_HOME}”修改为：

```
export JAVA_HOME=/usr/java/jdk1.8.0_191
```

(2) 在第 26 行空行处加入：

```
export HADOOP_SSH_OPTS='-o StrictHostKeyChecking=no'
```

这里需要说明的是，SSH 的选项“StrictHostKeyChecking”用于控制当目标主机尚未认证时，是否显示信息“Are you sure you want to continue connecting (yes/no)?”。所以当登录其他机器时，只需要设置参数“HADOOP-SSH-OPTS”的值为“-o StrictHostKeyChecking=no”就可以直接登录，且不会出现上面的提示信息，不需要人工干预输入“yes”，而且还会将目标主机 key 加到~/.ssh/known_hosts 文件中。

(3) 第 113 行“export HADOOP_PID_DIR=${HADOOP_PID_DIR}”指定 HDFS 守护进

程号的保存位置，默认为“/tmp”，由于该文件夹用于存放临时文件，系统会定时自动清理，因此这里将“HADOOP_PID_DIR”设置为 Hadoop 安装目录下的 pids 目录，如下所示。其中 pids 目录会随着 HDFS 守护进程的启动而由系统自动创建，无须用户手工创建。

```
export HADOOP_PID_DIR=${HADOOP_HOME}/pids
```

3. 配置 mapred-env.sh 文件

环境变量配置文件 mapred-env.sh 主要配置 Java 安装路径 JAVA_HOME、MapReduce 日志存储路径 HADOOP_MAPRED_LOG_DIR 等，之所以再次设置 JAVA_HOME，是为了保证所有进程使用的是同一个版本的 JDK。这里关于 mapred-env.sh 配置文件的修改步骤具体如下：

(1) 将第 16 行注释“# export JAVA_HOME=/home/y/libexec/jdk1.6.0/”修改为：

```
export JAVA_HOME=/usr/java/jdk1.8.0_191
```

(2) 第 28 行指定 MapReduce 守护进程号的保存位置，默认为“/tmp”，同以上“HADOOP_PID_DIR”，此处将注释“#export HADOOP_MAPRED_PID_DIR=”修改为 Hadoop 安装目录下的 pids 目录，如下所示。其中目录 pids 会随着 MapReduce 守护进程的启动而由系统自动创建，无须用户手工创建。

```
export HADOOP_MAPRED_PID_DIR=${HADOOP_HOME}/pids
```

4. 配置 yarn-env.sh 文件

YARN 是 Hadoop 的资源管理器，环境变量配置文件 yarn-env.sh 主要配置 Java 安装路径 JAVA_HOME、YARN 日志存放路径 YARN_LOG_DIR 等。关于 yarn-env.sh 配置文件的修改步骤具体如下：

(1) 将第 23 行注释“# export JAVA_HOME=/home/y/libexec/jdk1.6.0/”修改为：

```
export JAVA_HOME=/usr/java/jdk1.8.0_191
```

(2) yarn-env.sh 文件中并未提供 YARN_PID_DIR 配置项，用于指定 YARN 守护进程号的保存位置，在该文件最后添加一行，其内容如下所示。其中目录 pids 会随着 YARN 守护进程的启动而由系统自动创建，无须用户手工创建。

```
export YARN_PID_DIR=${HADOOP_HOME}/pids
```

5. 配置 core-site.xml 文件

core-site.xml 是 hadoop core 配置文件，如 HDFS 和 MapReduce 常用的 I/O 设置等，其中包括很多配置项。但实际上，大多数配置项都有默认项，也就是说，很多配置项即使不配置，也无关紧要，只是在特定场合下，有些默认值无法工作，这时再找出来配置特定值。对配置文件 core-site.xml 做如下修改：

```
<configuration>
        <property>
                <name>fs.defaultFS</name>
                <value>hdfs://192.168.18.130:9000</value>
        </property>
        <property>
                <name>hadoop.tmp.dir</name>
```

```
            <value>/usr/local/hadoop-2.9.2/hdfsdata</value>
        </property>
        <property>
            <name>io.file.buffer.size</name>
            <value>131072</value>
        </property>
</configuration>
```

core-site.xml 中几个重要配置项的参数名、功能、默认值和设置值如表 1-5 所示。

表 1-5　core-site.xml 重要配置项参数说明

配置项参数名	功　能	默　认　值	设置值
fs.defaultFS	HDFS 的文件 URI	file:///	hdfs://192.168.18.130:9000
io.file.buffer.size	IO 文件的缓冲区大小	4096	131072
hadoop.tmp.dir	Hadoop 的临时目录	/tmp/hadoop-${user.name}	/usr/local/hadoop-2.9.2/hdfsdata

关于 core-site.xml 更多配置项的说明，读者可参考本地帮助文档 share/doc/hadoop/hadoop-project-dist/hadoop-common/core-default.xml，或者官网 https://hadoop.apache.org/docs/r2.9.2/hadoop-project-dist/hadoop-common/core-default.xml 中的内容。

6. 配置 hdfs-site.xml 文件

hdfs-site.xml 配置文件主要配置 HDFS 分项数据，如命令空间元数据、数据块、辅助节点的检查点的存放路径等。可根据需要对配置项进行修改，也可不做任何修改而采用默认值，这里对 hdfs-site.xml 的配置文件未做任何修改。

hdfs-site.xml 中几个重要配置项的参数名、功能、默认值和设置值如表 1-6 所示。

表 1-6　hdfs-site.xml 重要配置项参数说明

配置项参数名	功　能	默　认　值	设置值
dfs.namenode.name.dir	元数据存放位置	file://${hadoop.tmp.dir}/dfs/name	未修改
dfs.datanode.data.dir	数据块存放位置	file://${hadoop.tmp.dir}/dfs/data	未修改
dfs.namenode.checkpoint.dir	辅助节点的检查点存放位置	file://${hadoop.tmp.dir}/dfs/namesecondary	未修改
dfs.blocksize	HDFS 文件块大小	134217728	未修改
dfs.replication	HDFS 文件块副本数	3	未修改
dfs.namenode.http-address	NameNode Web UI 地址和端口	0.0.0.0:50070	未修改

由于在上一步对 core-site.xml 的修改中将 Hadoop 的临时目录设置为"/usr/local/hadoop-2.9.2/hdfsdata"，故这里将元数据存放在主节点的"/usr/local/hadoop-2.9.2/hdfsdata/dfs/name"目录下，数据块存放在从节点的"/usr/local/hadoop-2.9.2/hdfsdata/dfs/data"目录下，辅助节点的检查点存放在主节点的"/usr/local/hadoop-2.9.2/hdfsdata/dfs/namesecondary"目录下，这些目录都会随着 HDFS 的格式化、HDFS 守护进程的启动而由系统自动创建，无须用户手工创建。

关于 hdfs-site.xml 更多配置项的说明，读者可参考本地帮助文档 share/doc/hadoop/

hadoop-project-dist/hadoop-hdfs/hdfs-default.xml，或者官网 https://hadoop.apache.org/docs/r2.9.2/hadoop-project-dist/hadoop-hdfs/hdfs-default.xml 中的内容。

7. 配置 mapred-site.xml 文件

mapred-site.xml 配置文件是有关 MapReduce 计算框架的配置信息，Hadoop 配置文件中没有 mapred-site.xml，但有 mapred-site.xml.template，读者使用命令“cp mapred-site.xml.template mapred-site.xml”将其复制并重命名为“mapred-site.xml”即可，然后用 vim 编辑相应的配置信息。在配置文件 mapred-site.xml 中添加如下内容：

```
<configuration>
        <property>
                <name>mapreduce.framework.name</name>
                <value>yarn</value>
        </property>
</configuration>
```

mapred-site.xml 中几个重要配置项的参数名、功能、默认值和设置值如表 1-7 所示。

表 1-7　mapred-site.xml 重要配置项参数说明

配置项参数名	功　能	默认值	设置值
mapreduce.framework.name	MapReduce 应用程序的执行框架	local	yarn
mapreduce.jobhistory.webapp.address	MapReduce Web UI 端口号	19888	未修改
mapreduce.job.maps	每个 MapReduce 作业的 map 任务数目	2	未修改
mapreduce.job.reduces	每个 MapReduce 作业的 reduce 任务数目	1	未修改

关于 mapred-site.xml 更多配置项的说明，读者可参考本地帮助文档 share/doc/hadoop/hadoop-mapreduce-client/hadoop-mapreduce-client-core/mapreduce-default.xml，或者官网 https://hadoop.apache.org/docs/r2.9.2/hadoop-mapreduce-client/hadoop-mapreduce-client-core/mapred-default.xml 中的内容。

8. 配置 yarn-site.xml 文件

yarn-site.xml 是有关资源管理器的 YARN 配置信息，这里对于 yarn-site.xml 的添加内容如下所示。

```
<configuration>
        <property>
                <name>yarn.resourcemanager.hostname</name>
                <value>master</value>
        </property>
        <property>
                <name>yarn.nodemanager.aux-services</name>
                <value>mapreduce_shuffle</value>
        </property>
</configuration>
```

yarn-site.xml 中几个重要配置项的参数名、功能、默认值和设置值如表 1-8 所示。

表 1-8　yarn-site.xml 重要配置项参数说明

配置项参数名	功　能	默　认　值	设置值
yarn.resourcemanager.hostname	提供 ResourceManager 服务的主机名	0.0.0.0	master
yarn.resourcemanager.scheduler.class	启用的资源调度器主类	org.apache.hadoop.yarn.server.resourcemanager.scheduler.capacity.CapacityScheduler	未修改
yarn.resourcemanager.webapp.address	ResourceManager Web UI http 地址	${yarn.resourcemanager.hostname}:8088	未修改
yarn.nodemanager.local-dirs	中间结果存放位置	${hadoop.tmp.dir}/nm-local-dir	未修改
yarn.nodemanager.aux-services	NodeManager 上运行的附属服务		mapreduce_shuffle

由于之前步骤已将 core-site.xml 中 Hadoop 的临时目录设置为“/usr/local/hadoop-2.9.2/hdfsdata”，故这里未修改配置项“yarn.nodemanager.local-dirs”，中间结果的存放位置为“/usr/local/hadoop-2.9.2/hdfsdata/nm-local-dir”，这个目录会随着 YARN 守护进程的启动而由系统自动在所有从节点上创建，无须用户手工创建。另外，“yarn.nodemanager.aux-services”需配置成“mapreduce_shuffle”，才可运行 MapReduce 程序。

关于 yarn-site.xml 更多配置项的说明，读者可参考本地帮助文档 share/doc/hadoop/hadoop-yarn/hadoop-yarn-common/yarn-default.xml，或者官网 https://hadoop.apache.org/docs/r2.9.2/hadoop-yarn/hadoop-yarn-common/yarn-default.xml 中的内容。

9. 配置 slaves 文件

配置文件 slaves 用于指定从节点主机名列表，在该文件中，需要添加所有的从节点主机名，每一个主机名占一行。slaves 文件的内容如下：

```
slave1
slave2
```

需要注意的是，在 slaves 文件中，有一个默认值“localhost”，该默认值一定要被删除，若不删除，虽然后面添加了所有的从节点主机名，Hadoop 还是无法逃脱“伪分布模式”的命运。

10. 同步配置文件

以上配置文件要求 Hadoop 集群中每个节点都“机手一份”，快捷的方法是在主节点 master 上配置好，然后利用“scp”命令将配置好的文件同步到从节点 slave1、slave2 上。

scp 是 secure copy 的缩写，该命令用于在 Linux 系统下进行远程文件的拷贝，可以在 Linux 服务器之间复制文件和目录。

1) 同步 hadoop.sh

切换到 root 用户下，将 master 节点上的文件 hadoop.sh 同步到其他两台从节点上，命令如下所示。

```
[root@master hadoop]# scp /etc/profile.d/hadoop.sh root@slave1:/etc/profile.d/
```

```
[root@master hadoop]# scp /etc/profile.d/hadoop.sh root@slave2:/etc/profile.d/
```

2) 同步 Hadoop 配置文件

切换到普通用户 xuluhui 下，将 master 上/usr/local/hadoop-2.9.2/etc/hadoop 目录下的配置文件同步到其他两个从节点上。

首先，通过如下命令将主节点 master 上的 Hadoop 配置文件同步到从节点 slave1 上，具体执行效果如图 1-14 所示。

```
[xuluhui@master hadoop]$ scp -r /usr/local/hadoop-2.9.2/etc/hadoop/* xuluhui@slave1:/usr/local/hadoop-2.9.2/etc/hadoop/
```

```
[xuluhui@master hadoop]$ scp -r /usr/local/hadoop-2.9.2/etc/hadoop/* xuluhui@sla
ve1:/usr/local/hadoop-2.9.2/etc/hadoop/
capacity-scheduler.xml                          100% 7861     2.8MB/s   00:00
configuration.xsl                               100% 1335   543.1KB/s   00:00
container-executor.cfg                          100% 1211   525.8KB/s   00:00
core-site.xml                                   100% 1060   490.1KB/s   00:00
hadoop-env.cmd                                  100% 4133     2.9MB/s   00:00
hadoop-env.sh                                   100% 5033     4.2MB/s   00:00
hadoop-metrics2.properties                      100% 2598     2.0MB/s   00:00
hadoop-metrics.properties                       100% 2490     1.0MB/s   00:00
hadoop-policy.xml                               100%   10KB   4.2MB/s   00:00
hdfs-site.xml                                   100%  775   607.5KB/s   00:00
httpfs-env.sh                                   100% 2230     2.3MB/s   00:00
httpfs-log4j.properties                         100% 1657     2.2MB/s   00:00
httpfs-signature.secret                         100%   21    27.5KB/s   00:00
httpfs-site.xml                                 100%  620   318.9KB/s   00:00
kms-acls.xml                                    100% 3518     3.4MB/s   00:00
kms-env.sh                                      100% 3139     3.3MB/s   00:00
kms-log4j.properties                            100% 1788     3.4MB/s   00:00
kms-site.xml                                    100% 5939     7.0MB/s   00:00
log4j.properties                                100%   14KB   8.3MB/s   00:00
mapred-env.cmd                                  100% 1076     1.0MB/s   00:00
mapred-env.sh                                   100% 1520   782.1KB/s   00:00
mapred-queues.xml.template                      100% 4113   925.6KB/s   00:00
mapred-site.xml                                 100%  844   482.5KB/s   00:00
mapred-site.xml.template                        100%  758     1.2MB/s   00:00
slaves                                          100%   14    21.6KB/s   00:00
ssl-client.xml.example                          100% 2316     3.6MB/s   00:00
ssl-server.xml.example                          100% 2697     3.4MB/s   00:00
yarn-env.cmd                                    100% 2250     3.0MB/s   00:00
yarn-env.sh                                     100% 4911     5.0MB/s   00:00
yarn-site.xml                                   100%  888     1.1MB/s   00:00
[xuluhui@master hadoop]$
```

图 1-14　同步 Hadoop 配置文件到从节点 slave1

其次，通过相同方法将主节点 master 上的 Hadoop 配置文件同步到从节点 slave2 上，具体命令如下所示。此处略去执行效果的图片。

```
[xuluhui@master hadoop]$ scp -r /usr/local/hadoop-2.9.2/etc/hadoop/* xuluhui@slave2:/usr/local/hadoop-2.9.2/etc/hadoop/
```

至此，一个主节点和两个从节点的 Hadoop 全分布模式集群全部配置结束，重启三台机器，使得上述配置生效。

1.5.6　关闭防火墙

为了方便 Hadoop 集群间相互通信，建议关闭防火墙。若防火墙没有关闭，可能会导致 Hadoop 虽然可以启动，但是数据节点 DataNode 无法连接名称节点 NameNode。如图 1-15 所示，Hadoop 集群启动正常，但数据容量为 0 B，数据节点数量也是 0。

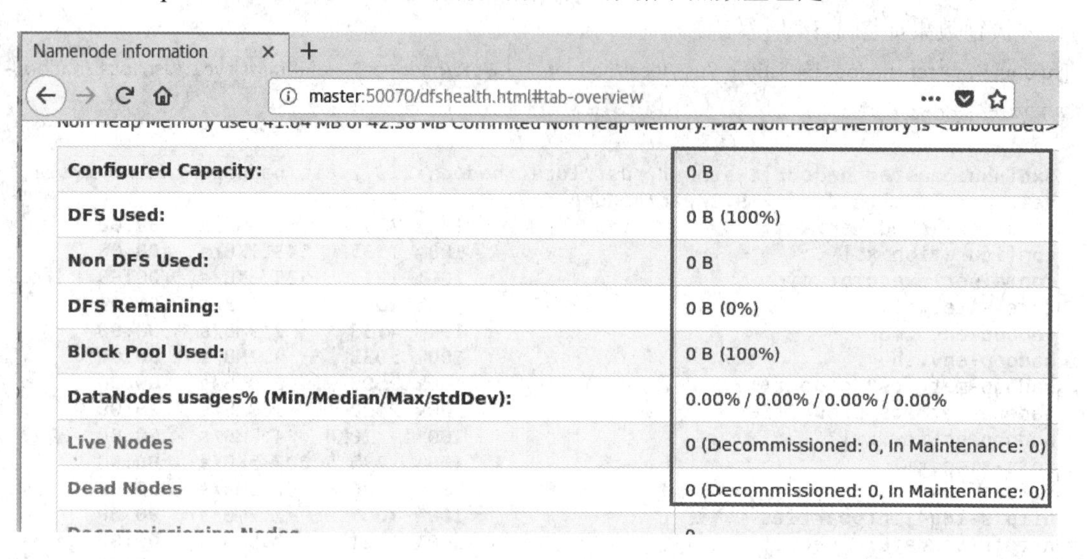

图 1-15　未关闭防火墙导致 Hadoop 集群的数据容量和数据节点数量均为 0

在 CentOS 7 下关闭防火墙的方式有两种：命令“systemctl stop firewalld.service”用于临时关闭防火墙，重启机器后又会恢复到默认状态；命令“systemctl disable firewalld.service”用于永久关闭防火墙。编者采用在 master 节点上以 root 身份使用第 2 个命令关闭防火墙，具体效果如图 1-16 所示。

```
[root@master xuluhui]# systemctl status firewalld.service
● firewalld.service - firewalld - dynamic firewall daemon
   Loaded: loaded (/usr/lib/systemd/system/firewalld.service; disabled; vendor p
reset: enabled)
   Active: active (running) since Fri 2022-07-08 09:52:55 EDT; 3s ago
     Docs: man:firewalld(1)
 Main PID: 20367 (firewalld)
    Tasks: 2
   CGroup: /system.slice/firewalld.service
           └─20367 /usr/bin/python -Es /usr/sbin/firewalld --nofork --nopid

Jul 08 09:52:55 master systemd[1]: Starting firewalld - dynamic firewall da.....
Jul 08 09:52:55 master systemd[1]: Started firewalld - dynamic firewall daemon.
Hint: Some lines were ellipsized, use -l to show in full.
[root@master xuluhui]# systemctl disable firewalld.service
```

图 1-16　关闭防火墙

重启机器，使用命令“systemctl status firewalld.service”查看防火墙状态，如图 1-17 所示，防火墙状态为“inactive (dead)”。

```
[xuluhui@master ~]$ systemctl status firewalld.service
● firewalld.service - firewalld - dynamic firewall daemon
   Loaded: loaded (/usr/lib/systemd/system/firewalld.service; disabled; vendor p
reset: enabled)
   Active: inactive (dead)
     Docs: man:firewalld(1)
[xuluhui@master ~]$
```

图 1-17　命令“systemctl disable firewalld.service”关闭防火墙后再重启机器后的效果

同理，关闭所有从节点 slave1、slave2 的防火墙。

1.5.7　格式化文件系统

在主节点 master 上以普通用户 xuluhui 身份输入以下命令，进行 HDFS 文件系统的格式化。注意，此命令必须在主节点 master 上执行，切勿在从节点上执行。

```
[xuluhui@master ~]$ hdfs namenode -format
```

值得注意的是，HDFS 格式化命令执行成功后，按照以上方法对 Hadoop 进行配置，会在主节点 master 的 Hadoop 安装目录下自动生成名为 hdfsdata/dfs/name 的 HDFS 元数据目录，如图 1-18 所示。此时，两个从节点上 Hadoop 安装目录下的文件不发生变化。

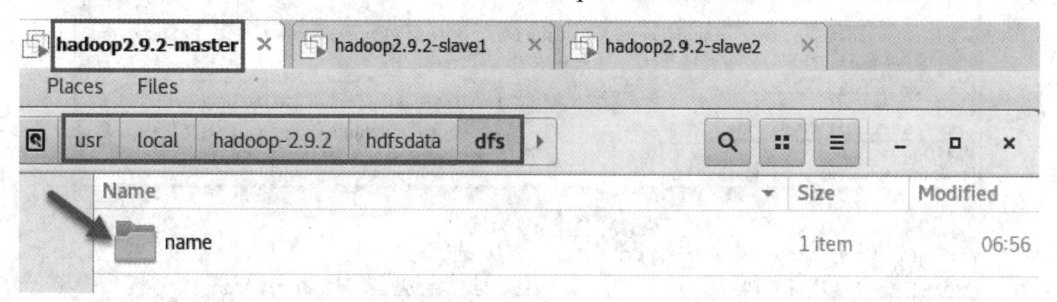

图 1-18　格式化 HDFS 后主节点上自动生成的目录及文件

1.5.8　启动和验证 Hadoop

启动全分布模式 Hadoop 集群的守护进程，只需在主节点 master 上依次执行以下三条命令：

```
start-dfs.sh
start-yarn.sh
mr-jobhistory-daemon.sh start historyserver
```

“start-dfs.sh”命令会在节点上启动 NameNode、DataNode 和 SecondaryNameNode 服务。“start-yarn.sh”命令会在节点上启动 ResourceManager、NodeManager 服务。“mr-jobhistory-daemon.sh start historyserver”命令会在节点上启动 JobHistoryServer 服务。注意，即使对应的守护进程没有启动成功，Hadoop 也不会在控制台上显示错误消息，读者可以利用“jps”命令一步一步查询，逐步核实对应的进程是否启动成功。

1. 执行命令 start-dfs.sh

若全分布模式 Hadoop 集群部署成功，且执行命令 start-dfs.sh 后，NameNode 和 SecondaryNameNode 就会出现在主节点 master 上，DataNode 则会出现在所有从节点 slave1、slave2 上，运行结果如图 1-19 所示。这里需要注意的是，第一次启动 HDFS 集群时，由于之前步骤中在配置文件 hadoop-env.sh 中添加了一行“HADOOP_SSH_OPTS='-o StrictHostKeyChecking=no'”，所以在连接 0.0.0.0 主机时并未出现提示信息“Are you sure you want to continue connecting (yes/no)?”，而且还会将目标主机 key 加到/home/xuluhui/.ssh/known_hosts 文件里。

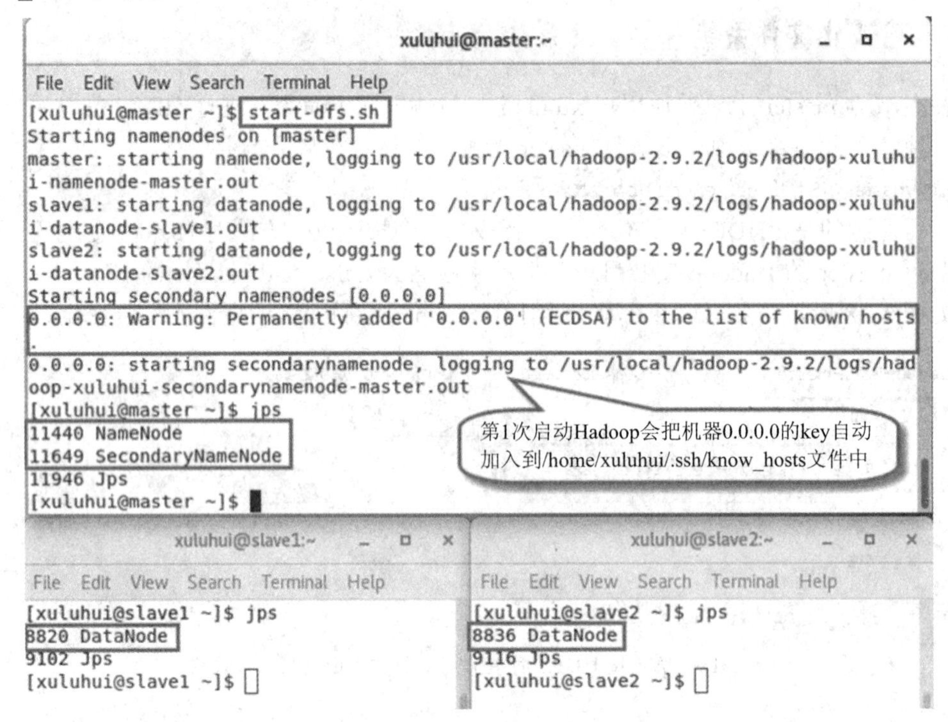

图 1-19　执行命令 start-dfs.sh 及 jps 结果

执行命令“start-dfs.sh”后，按照以上关于全分布模式 Hadoop 的配置，就会在主节点的 Hadoop 安装目录/hdfsdata/dfs 下自动生成名为 namesecondary 的检查点目录及文件，如图 1-20 所示。同时会在所有从节点的 Hadoop 安装目录/hdfsdata/dfs 下自动生成名为 data 的 HDFS 数据块目录及文件，如图 1-21 和图 1-22 所示。

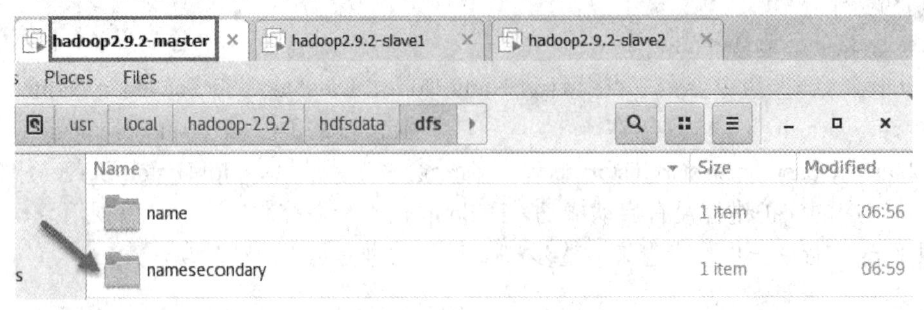

图 1-20　执行命令 start-dfs.sh 后在主节点上自动生成 namesecondary 目录及文件

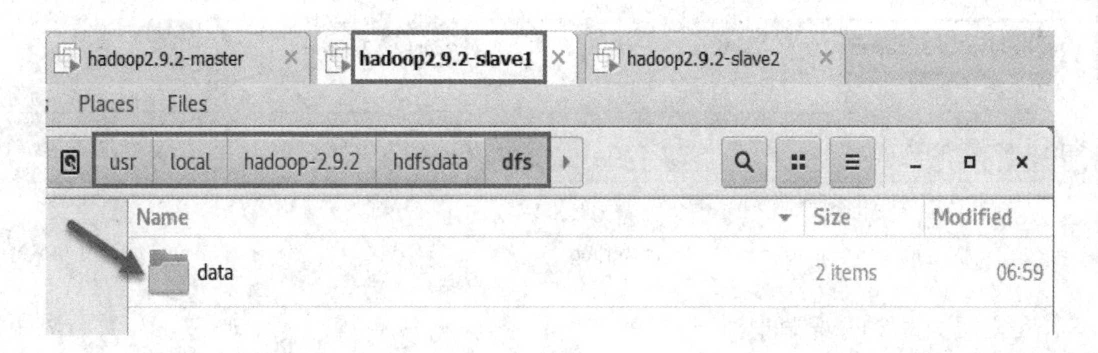

图 1-21　执行命令 start-dfs.sh 后在从节点 slave1 上自动生成 data 目录及文件

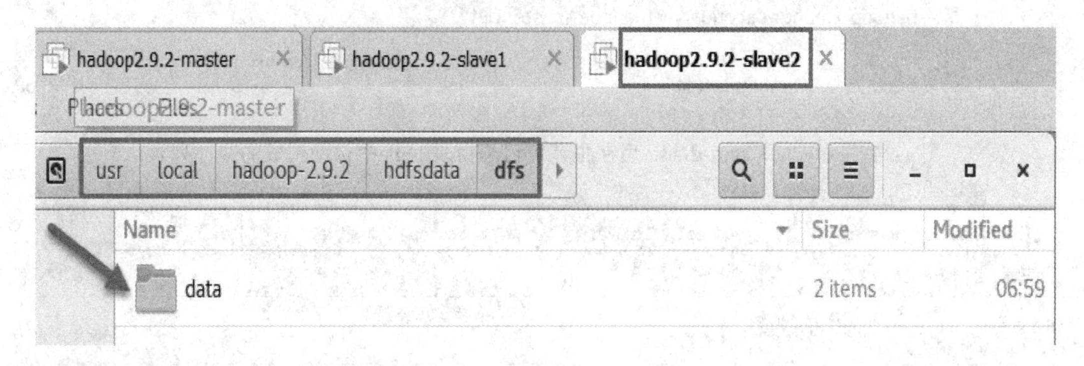

图 1-22　执行命令 start-dfs.sh 后在从节点 slave2 上自动生成 data 目录及文件

执行命令“start-dfs.sh”后，还会在所有主、从节点的 Hadoop 安装目录下自动生成 logs 日志文件目录、各日志文件、pids 守护进程号文件目录及各进程号文件，分别如图 1-23～图 1-31 所示。

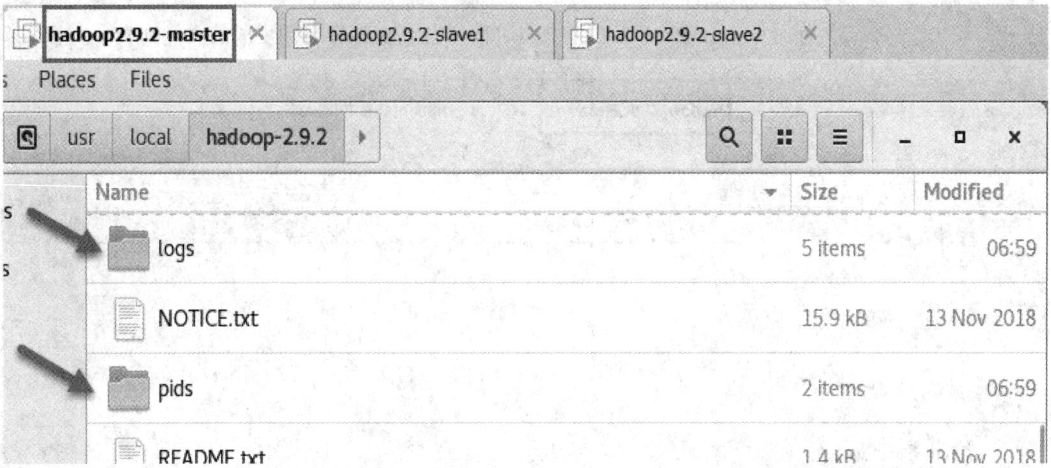

图 1-23　执行命令 start-dfs.sh 后在主节点上自动生成日志目录 logs 和进程号目录 pids

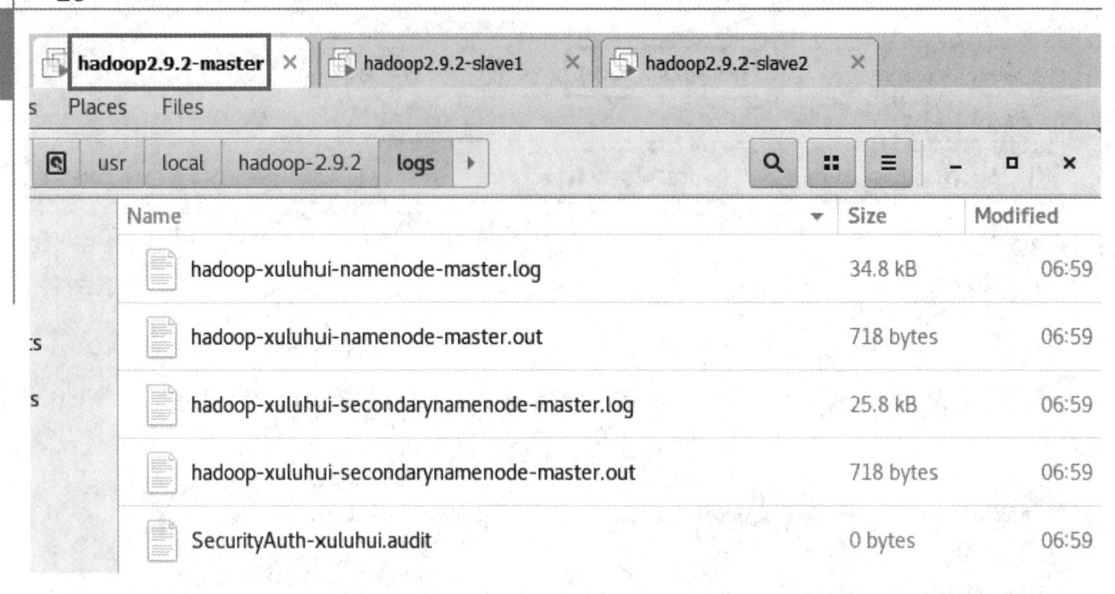

图 1-24　执行命令 start-dfs.sh 后在主节点日志目录 logs 中自动生成的文件列表

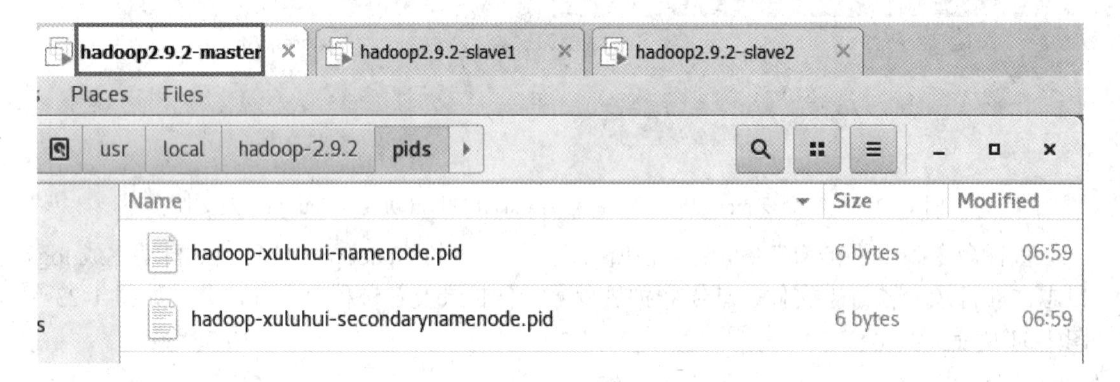

图 1-25　执行命令 start-dfs.sh 后在主节点进程号目录 pids 中自动生成的文件列表

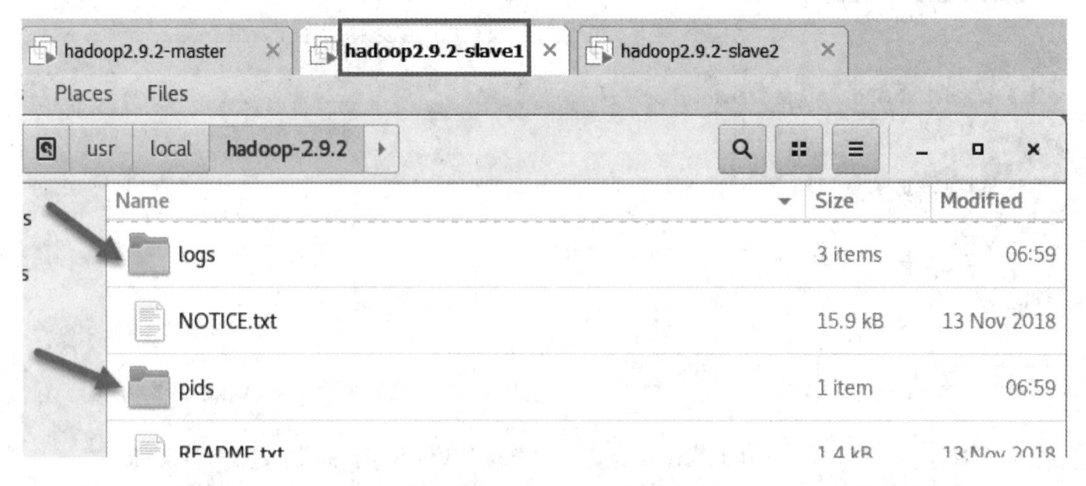

图 1-26　执行命令 start-dfs.sh 后在从节点 slave1 上自动生成日志目录 logs 和进程号目录 pids

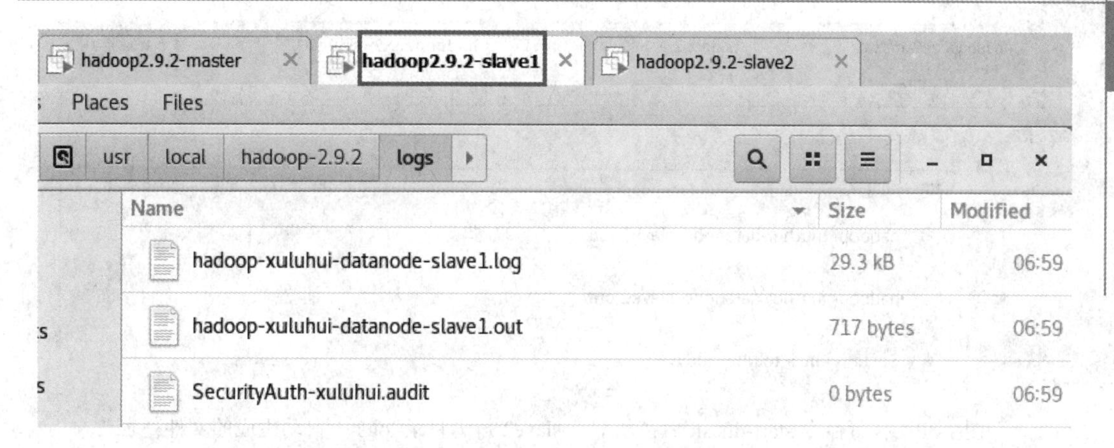

图 1-27　执行命令 start-dfs.sh 后在从节点 slave1 日志目录 logs 中自动生成的文件列表

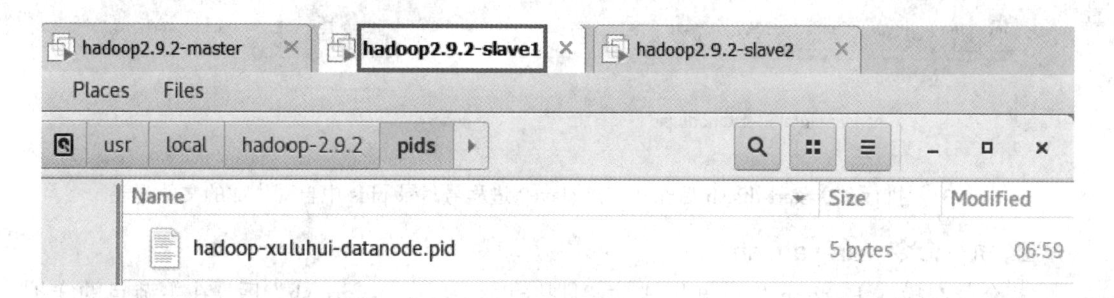

图 1-28　执行命令 start-dfs.sh 后在从节点 slave1 进程号目录 pids 中自动生成的文件列表

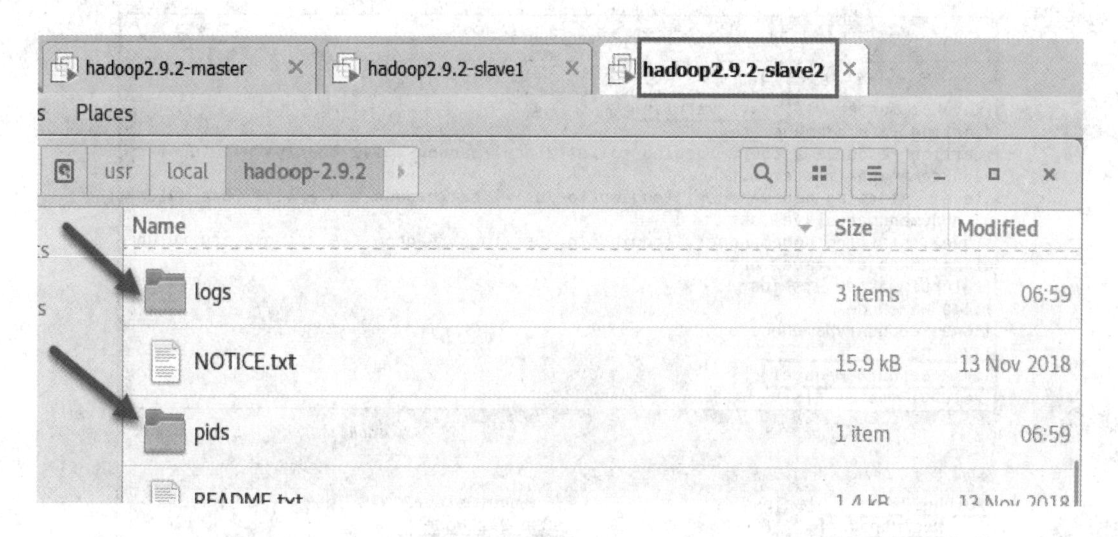

图 1-29　执行命令 start-dfs.sh 后在从节点 slave2 上自动生成日志目录 logs 和进程号目录 pids

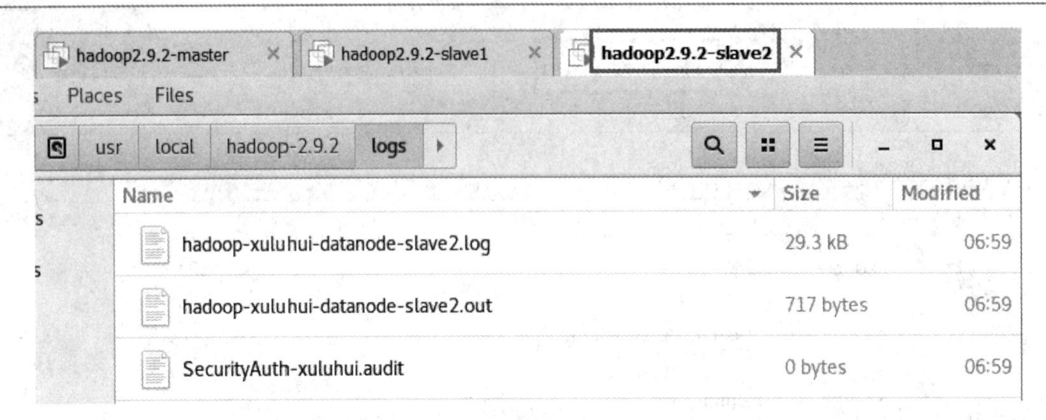

图 1-30　执行命令 start-dfs.sh 后在从节点 slave2 日志目录 logs 中自动生成的文件列表

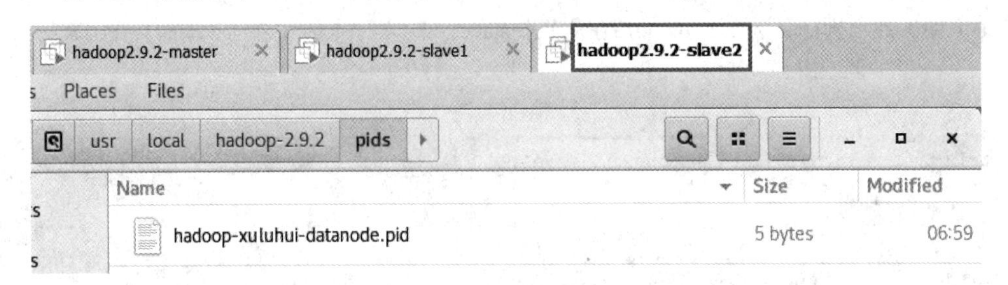

图 1-31　执行命令 start-dfs.sh 后在从节点 slave2 进程号目录 pids 中自动生成的文件列表

2. 执行命令 start-yarn.sh

若全分布模式 Hadoop 集群部署成功，且执行命令“start-yarn.sh”后，在主节点的守护进程列表中就会多了 ResourceManager，从节点中则多了 NodeManager，运行结果如图 1-32 所示。

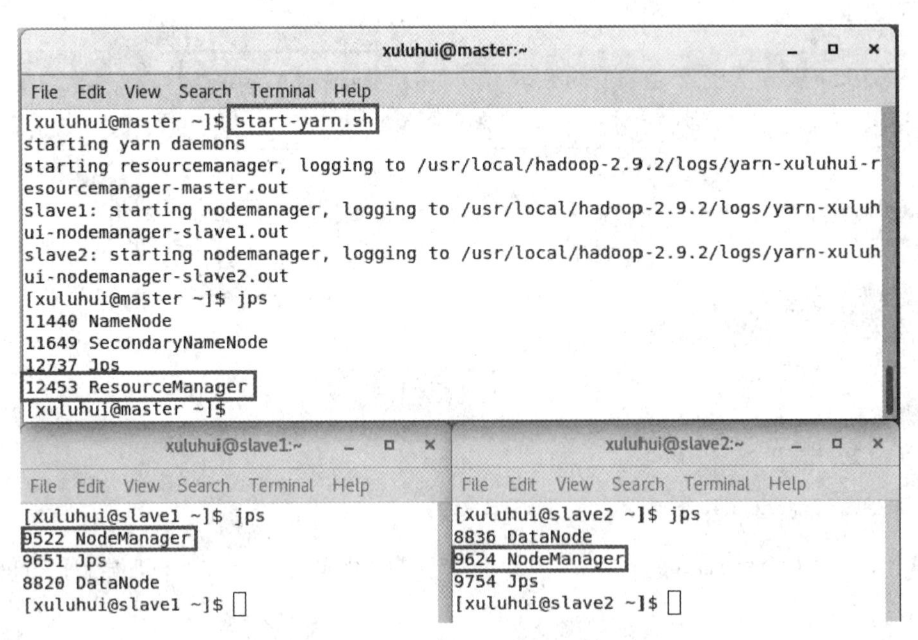

图 1-32　执行命令 start-yarn.sh 及 jps 结果

执行命令“start-yarn.sh”后，按照以上关于全分布模式 Hadoop 的配置，会在所有从节点的 Hadoop 安装目录/hdfsdata 下自动生成名为 nm-local-dir 的目录及文件，如图 1-33 和图 1-34 所示。

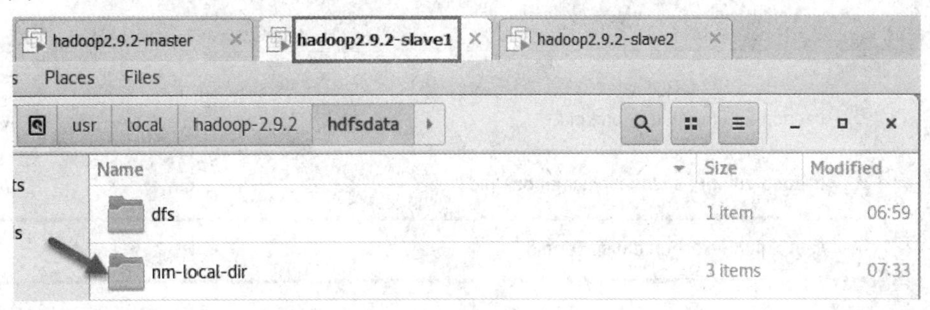

图 1-33　执行命令 start-yarn.sh 后在从节点 slave1 上自动生成目录 nm-local-dir 及文件

图 1-34　执行命令 start-yarn.sh 后在从节点 slave2 上自动生成目录 nm-local-dir 及文件

执行命令“start-yarn.sh”后，还会在所有主、从节点的 Hadoop 安装目录/logs 下自动生成与 YARN 有关的日志文件，在 Hadoop 安装目录/pids 下自动生成与 YARN 有关的守护进程号 pid 文件，分别如图 1-35～图 1-40 所示。

图 1-35　执行命令 start-yarn.sh 后在主节点日志目录 logs 中新增的文件

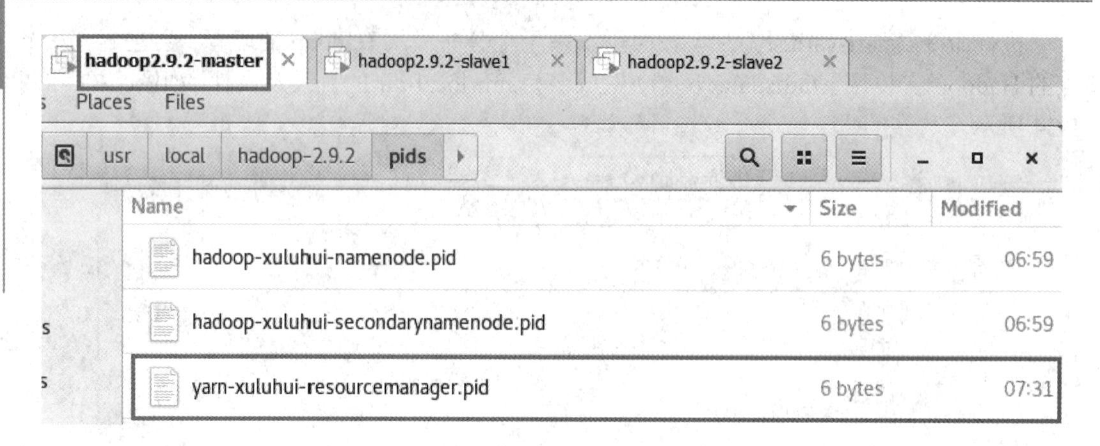

图 1-36　执行命令 start-yarn.sh 后在主节点进程号目录 pids 中新增的文件

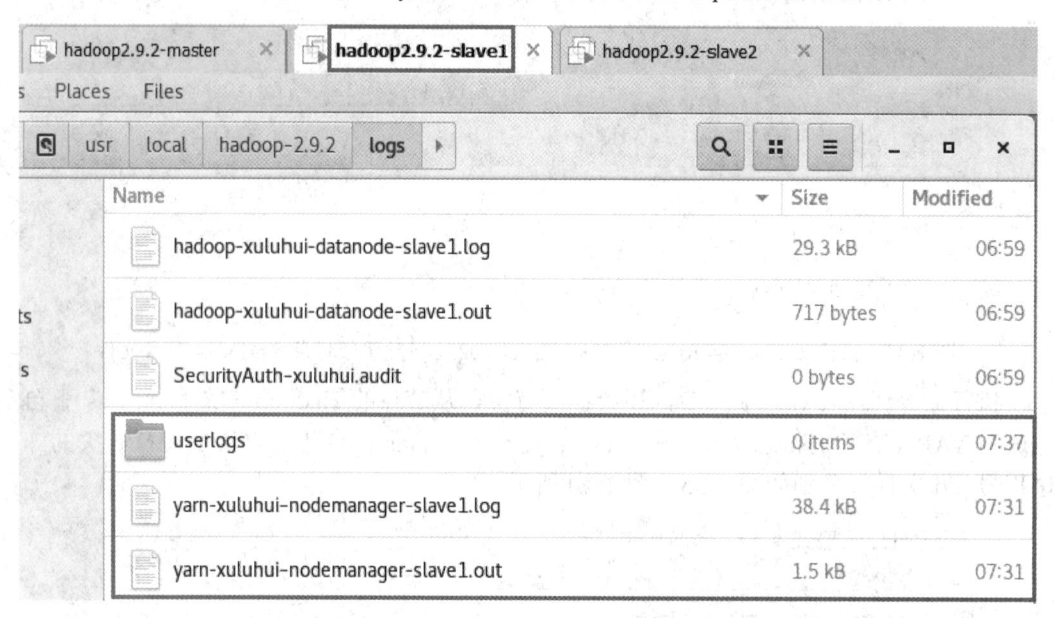

图 1-37　执行命令 start-yarn.sh 后在从节点 slave1 日志目录 logs 中新增的文件

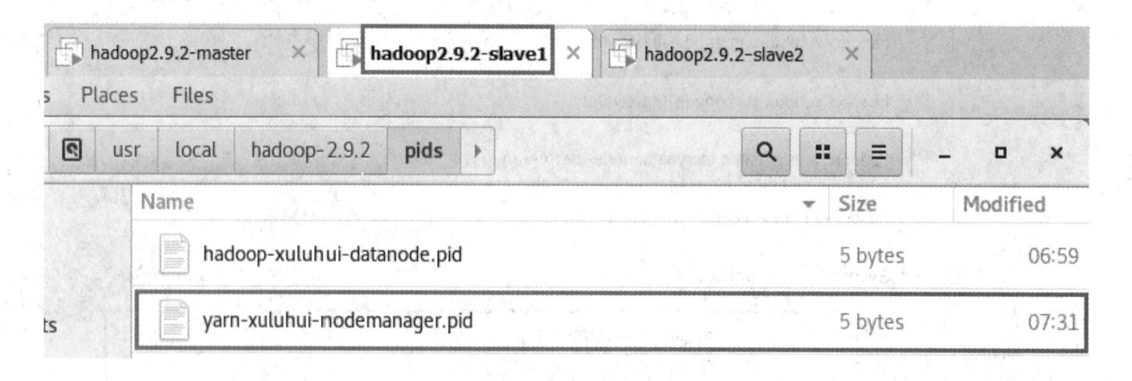

图 1-38　执行命令 start-yarn.sh 后在从节点 slave1 进程号目录 pids 中新增的文件

图 1-39　执行命令 start-yarn.sh 后在从节点 slave2 日志目录 logs 中新增的文件

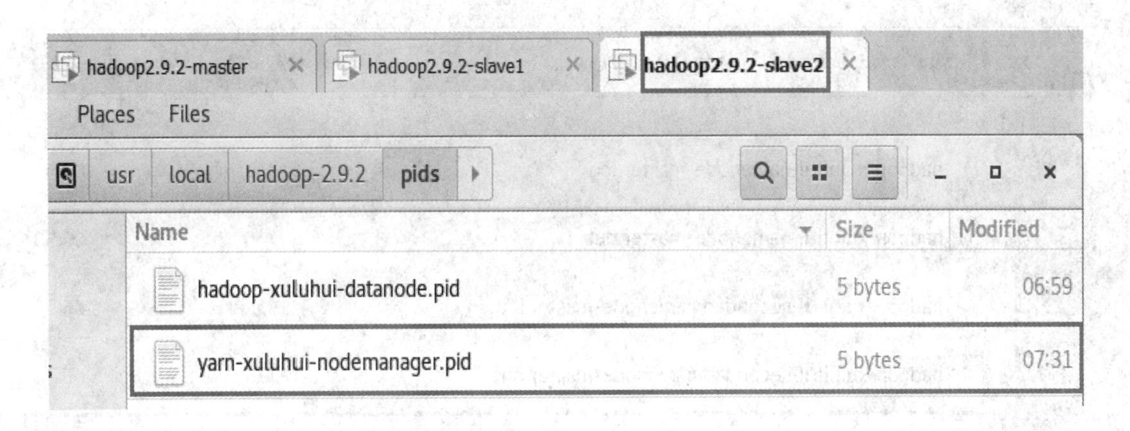

图 1-40　执行命令 start-yarn.sh 后在从节点 slave2 进程号目录 pids 中新增的文件

3. 执行命令 mr-jobhistory-daemon.sh start historyserver

若全分布模式 Hadoop 集群部署成功，且执行命令“mr-jobhistory-daemon.sh start historyserver”后，就会在主节点的守护进程列表中多出 JobHistoryServer，而从节点的守护进程列表不发生变化，运行结果如图 1-41 所示。

执行命令“mr-jobhistory-daemon.sh start historyserver”后，还会在主节点的 Hadoop 安装目录/logs 下自动生成与 MapReduce 有关的日志文件，在 Hadoop 安装目录/pids 下自动生成与 MapReduce 有关的守护进程号 pid 文件，分别如图 1-42 和图 1-43 所示。

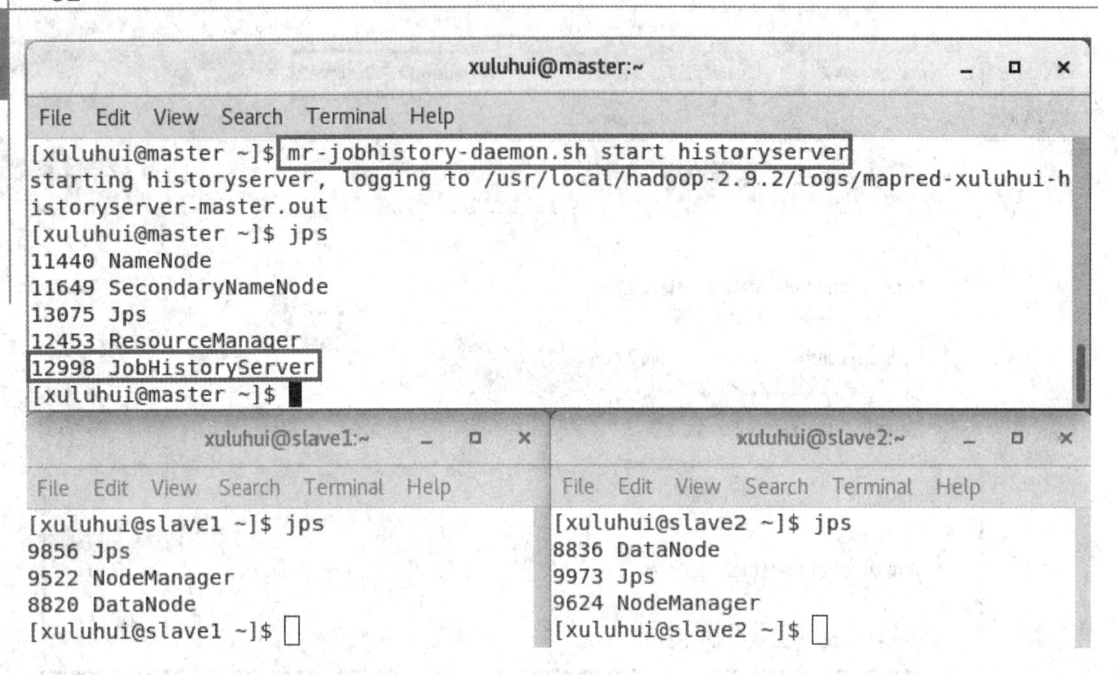

图 1-41　执行命令 mr-jobhistory-daemon.sh start historyserver 及 jps 结果

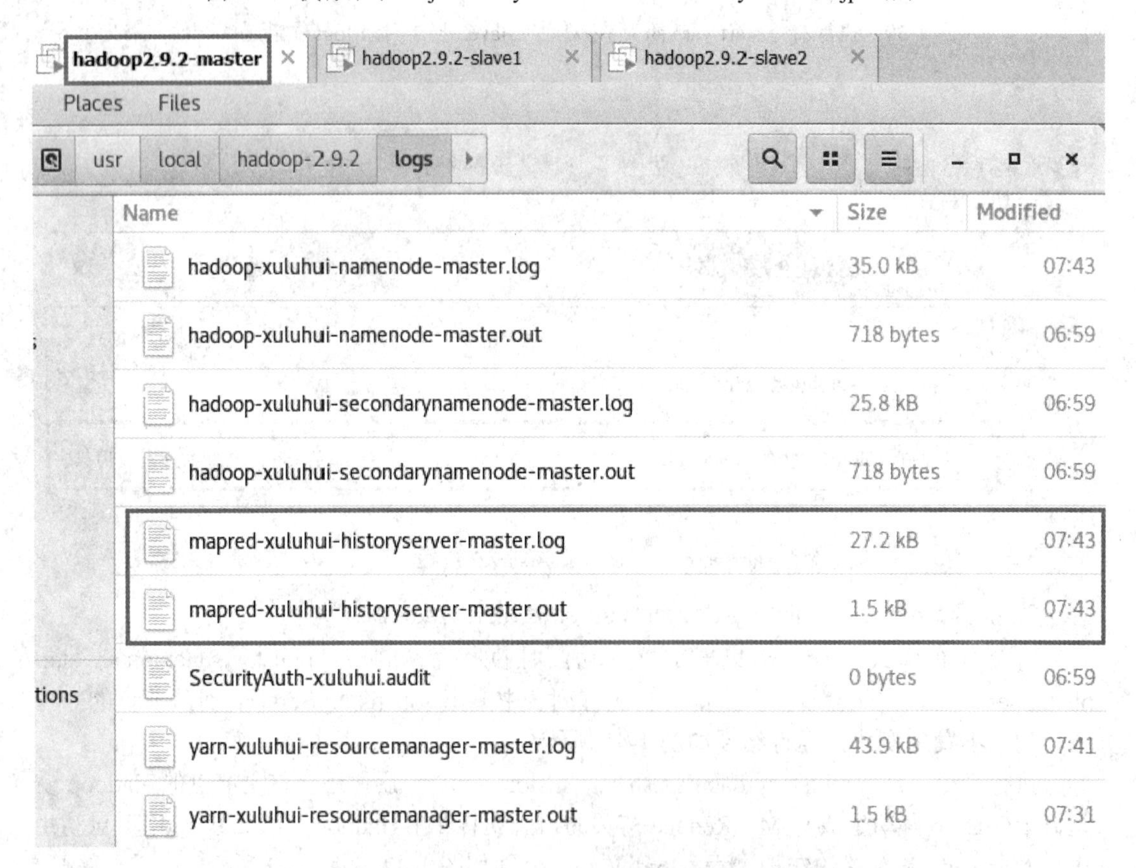

图 1-42　执行命令 mr-jobhistory-daemon.sh start historyserver 后在主节点日志目录 logs 中新增的文件

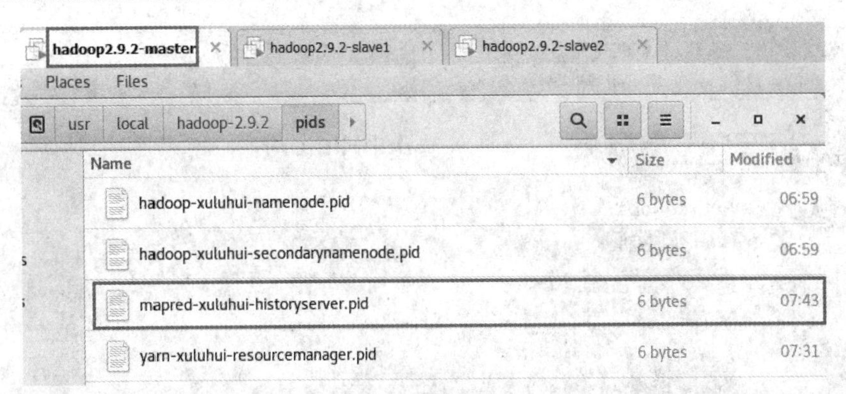

图 1-43　执行命令 mr-jobhistory-daemon.sh start historyserver 后在主节点进程号目录 pids 中新增的文件

由于 Hadoop 也提供了基于 Web 的管理工具，因此 Web 也可以用来验证全分布模式 Hadoop 集群是否部署成功且正确启动。其中 HDFS Web UI 的默认地址为 http://namenodeIP:50070，运行效果如图 1-44 所示；YARN Web UI 的默认地址为 http://resourcemanagerIP:8088，运行效果如图 1-45 所示；MapReduce Web UI 的默认地址为 http://jobhistoryserverIP:19888，运行效果如图 1-46 所示。

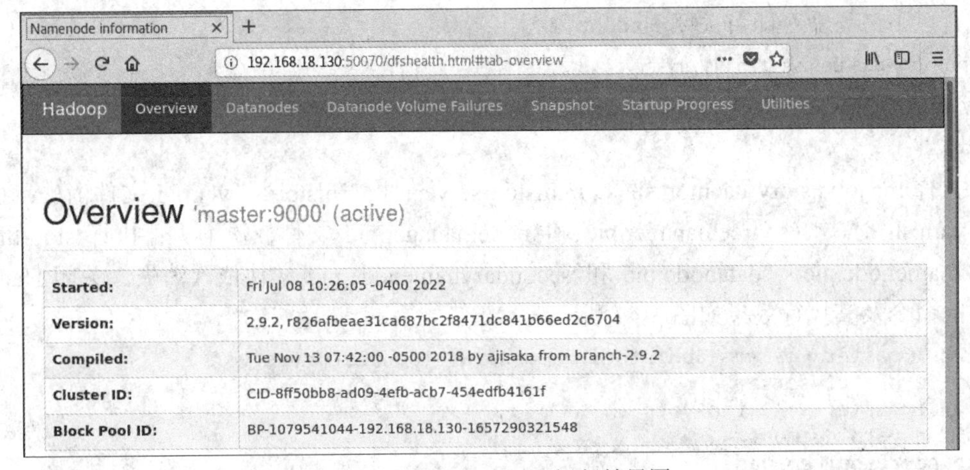

图 1-44　HDFS Web UI 运行效果图

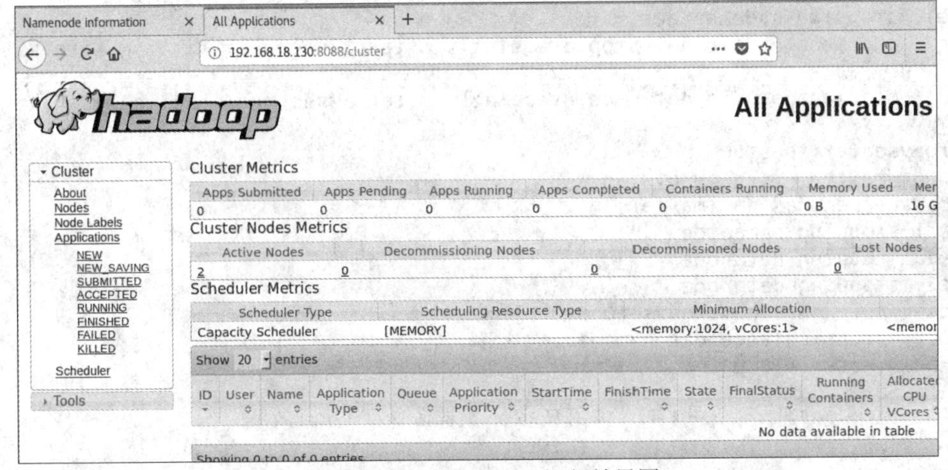

图 1-45　YARN Web UI 运行效果图

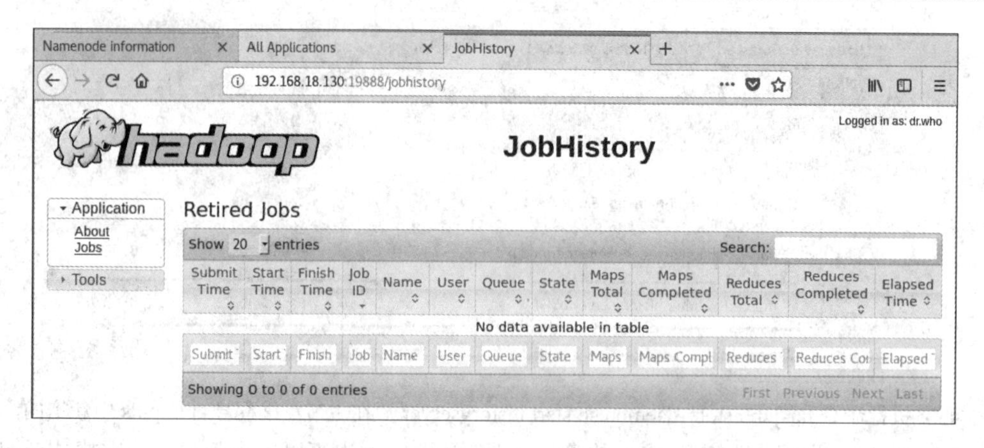

图 1-46 MapReduce Web UI 运行效果图

1.5.9 关闭 Hadoop

关闭全分布模式 Hadoop 集群的命令与启动命令次序相反，只需在主节点 master 上依次执行以下三条命令即可关闭 Hadoop。

```
mr-jobhistory-daemon.sh stop historyserver
stop-yarn.sh
stop-dfs.sh
```

执行 mr-jobhistory-daemon.sh stop historyserver 时，*historyserver.pid 文件消失；执行 stop-yarn.sh 时，*resourcemanager.pid 和*nodemanager.pid 文件依次消失；执行 stop-dfs.sh 时，*namenode.pid、*datanode.pid 和*secondarynamenode.pid 文件依次消失。关闭 Hadoop 集群的命令及其执行效果如图 1-47 所示。

```
[xuluhui@master ~]$ mr-jobhistory-daemon.sh stop historyserver
stopping historyserver
[xuluhui@master ~]$ stop-yarn.sh
stopping yarn daemons
stopping resourcemanager
slave2: stopping nodemanager
slave1: stopping nodemanager
slave2: nodemanager did not stop gracefully after 5 seconds: killing with kill -
9
slave1: nodemanager did not stop gracefully after 5 seconds: killing with kill -
9
no proxyserver to stop
[xuluhui@master ~]$ stop-dfs.sh
Stopping namenodes on [master]
master: stopping namenode
slave1: stopping datanode
slave2: stopping datanode
Stopping secondary namenodes [0.0.0.0]
0.0.0.0: stopping secondarynamenode
[xuluhui@master ~]$ 
```

图 1-47 关闭 Hadoop 集群命令及其执行效果

本章小结

本章简要介绍了 Hadoop 的功能、起源和版本，详细介绍了 Hadoop 的生态系统、体系架构、运行环境、运行模式、配置文件等基本知识，最后在上述理论基础上引入综合实战，详细阐述了如何在 Linux 操作系统下安装、配置、启动和验证全分布模式 Hadoop 集群的实战过程。

Hadoop 是一个开源的、可运行于大规模集群上的分布式存储和计算的软件框架，它具有高可靠、弹性可扩展等特点，非常适合处理海量数据。Hadoop 起源于开源的网络搜索引擎 Apache Nutch，它实现了分布式文件系统 HDFS 和分布式计算框架 MapReduce 等功能。

Hadoop 2.0 主要由三部分构成：分布式文件系统 HDFS、统一资源管理和调度框架 YARN 以及分布式计算框架 MapReduce。但从广义上来讲，Hadoop 是指以 Hadoop 为基础的生态系统，除了 Hadoop 核心构成，还包括 Spark、HBase、ZooKeeper、Hive、Pig、Impala、Mahout、Flume、Sqoop、Kafka、Ambari 等组件，生态系统中每个组件只负责解决某一特定问题。

部署与运行 Hadoop 需要的系统环境包括操作系统、Java 环境和 SSH，Hadoop 有三种运行模式，包括单机模式、伪分布模式和全分布模式。伪分布模式与全分布模式部署 Hadoop 集群过程基本类似，但 Hadoop 配置文件内容有所差异，配置文件位于 $HADOOP_HOME/etc/hadoop 目录下，主要包括 hadoop-env.sh、mapred-env.sh、yarn-env.sh、core-site.xml、hdfs-site.xml、mapred-site.xml、yarn-site.xml、slaves 等。

第 2 章　HDFS 实战

学习目标

- 了解 HDFS 功能、来源和特点；
- 理解 HDFS 体系架构及 NameNode、DataNode 的作用；
- 理解 HDFS 文件存储原理，包括数据块、副本策略、数据读取过程和数据写入过程；
- 熟练掌握通过 HDFS Web UI、HDFS Shell 和 HDFS Java API 三大接口实现 HDFS 文件的操作和管理。

2.1　初识 HDFS

相对于传统本地文件系统而言，分布式文件系统(Distributed File System)是一种通过网络实现文件在多台主机上进行分布式存储的文件系统。分布式文件系统的设计一般采用“客户机/服务器” (Client/Server)模式，客户端以特定的通信协议通过网络与服务器建立连接，提出文件访问请求，客户端和服务器可以通过设置访问权限来限制请求方对底层数据存储块的访问。

HDFS 是 Hadoop 的分布式文件系统，是 Hadoop 三大核心之一，是针对谷歌文件系统 GFS 的开源实现。HDFS 是一个具有高容错性的文件系统，适合部署在廉价的机器上，它能提供高吞吐量的数据访问，非常适合大规模数据集的应用。大数据处理框架如 MapReduce、Spark 等要处理的数据源大部分都存储在 HDFS 上，Hive、HBase 等框架的数据通常也存储在 HDFS 上。简而言之，HDFS 为大数据的存储提供了保障。经过多年的发展，HDFS 自身已经十分成熟和稳定，且用户群愈加广泛，HDFS 逐渐成为分布式存储的事实标准。

HDFS 文件系统具有以下优点：

(1) 高容错性：HDFS 副本策略能够快速自动进行错误检测和恢复。例如，一个节点出现故障，它上面的数据在其他节点存在备份，并且会被自动补充。

(2) 适合大数据处理：能够处理 GB、TB，甚至 PB 级别的数据规模；能够处理百万规模以上的文件数量；能够处理 10000 个以上节点的集群规模。

(3) 可扩展性：水平扩展性强，可以根据需要增删数据节点。

(4) 高吞吐量：数据传输速率高，支持高并发大数据应用程序。

但是 HDFS 文件系统不适合使用在以下场景中：

(1) 不适合低延迟数据访问：例如 HDFS 很难做到 ms 级别的数据响应时间，HDFS 更适合高吞吐率的场景，即在某一时间内写入大量数据。

(2) 不适合大量小文件的存储：如果有大量小文件需要存储，这些小文件的元数据信息的存储会占用 NameNode 大量的内存空间，这样是不可取的，因为 NameNode 的内存总是有限的。如果小文件存储的寻道时间超过文件数据的读取时间，这样也是不行的，它违反了 HDFS 大数据块的设计目标。

(3) 不适合并发写入与文件随机修改：一个文件只能有一个写操作，不允许多个线程同时进行写操作；仅支持数据的追加操作，不支持文件的随机修改。

2.2 HDFS 体系架构

一个完整的 HDFS 文件系统通常运行在由网络连接在一起的一组计算机组成的集群之上，在这些节点上运行着不同类型的守护进程，例如 NameNode、DataNode 和 SecondaryNameNode，这些节点上的不同类型的守护进程相互配合、互相协作，共同为用户提供高效的分布式存储服务。

HDFS 采用主从(Master/Slave)架构模型，在一个典型的 HDFS 集群中，通常包括一个 NameNode、一个 SecondaryNameNode 以及至少一个 DataNode，HDFS 客户端的数量不受限制。名称节点 NameNode 为主节点，数据节点 DataNode 为从节点，文件被划分为一系列的数据块(Block)存储在从节点 DataNode 上，NameNode 不存储数据，负责管理文件系统的名字空间(NameSpace)以及客户端对文件的访问。HDFS 体系架构如图 2-1 所示。

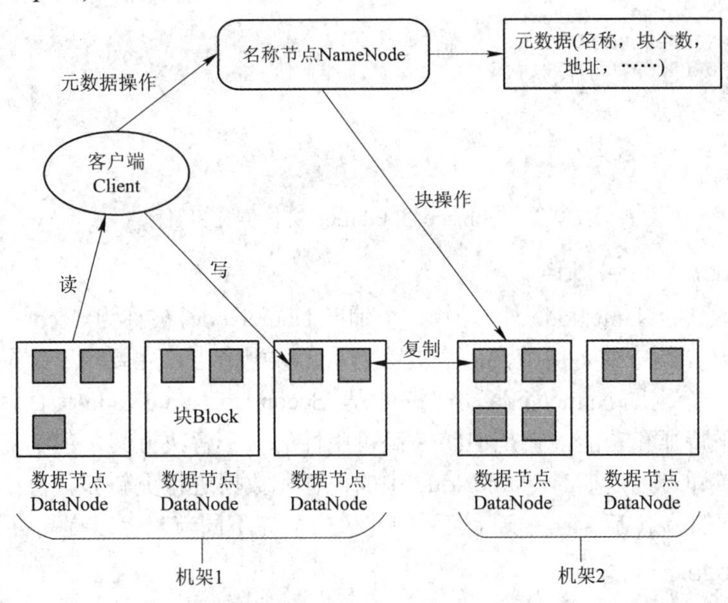

图 2-1 HDFS 体系架构

HDFS 体系架构中核心组件包括 NameNode 和 DataNode。下面将详细讲述各个组件和功能。

1. NameNode

NameNode 是 HDFS 主从架构中的主节点，通常只有一个，也被称为名称节点、管理节点或元数据节点，它管理文件系统的命名空间，维护着整个文件系统的目录树以及目录树中所有子目录和文件。

这些信息还以两个文件的形式持久地保存在本地磁盘上。一个是命名空间镜像，也被称为文件系统镜像(File System Image，FSImage)，主要用来存储 HDFS 的元数据信息，是 HDFS 元数据的完整快照，每次 NameNode 启动时，默认都会加载最新的命名空间镜像文件到内存中。另一个是命名空间镜像的编辑日志(EditLog)，该文件用来保存用户对命名空间镜像的修改信息。FSImage 和 EditLog 文件位置默认在$(dfs.namenode.name.dir)/current 目录下，如图 2-2 所示。

```
[xuluhui@master ~]$ ls /usr/local/hadoop-2.9.2/hdfsdata/dfs/name/current
edits_0000000000000000001-0000000000000000002
edits_0000000000000000003-0000000000000000004
edits_0000000000000000005-0000000000000000006
edits_0000000000000000007-0000000000000000008
edits_0000000000000000009-0000000000000000010
edits_0000000000000000011-0000000000000000012
edits_0000000000000000013-0000000000000000014
edits_0000000000000000015-0000000000000000016
edits_0000000000000000017-0000000000000000018
edits_0000000000000000019-0000000000000000020
edits_0000000000000000021-0000000000000000022
edits_0000000000000000023-0000000000000000024
edits_0000000000000000025-0000000000000000027
edits_inprogress_0000000000000000028
fsimage_0000000000000000024
fsimage_0000000000000000024.md5
fsimage_0000000000000000027
fsimage_0000000000000000027.md5
seen_txid
VERSION
[xuluhui@master ~]$ 
```

图 2-2　FSImage 和 EditLog 文件位置和名称

2. SecondaryNameNode

HDFS 中除了主 NameNode 外，还有一个辅助 NameNode，被称为 SecondaryNameNode，它是 HDFS 主从架构中的备用节点，也被称为从元数据节点，主要用于定期合并 FSImage 和 EditLog，是一个辅助 NameNode 的守护进程。SecondaryNameNode 具有独立的角色和功能，主要有如下特征和功能：它是 HDFS 高可用性的一个解决方案，但不支持热备，使用前对其进行配置即可；定期对 NameNode 中的内存元数据进行更新和备份；默认安装在与 NameNode 相同的节点上，但在实际应用中建议安装在不同节点上以提高可靠性。

3. DataNode

DataNode 是 HDFS 主从架构中的从节点，通常有多个，也被称为数据节点，它为 HDFS 提供数据存储服务。DataNode 是以数据块的形式在本地文件系统上保存 HDFS 文件的内容，并对外提供文件数据访问功能，在 DataNode 上，数据块就是一个普通文件，可以在 DataNode 存储块的对应目录$(dfs.datanode.data.dir)/current 下看到，块的名称是“blk_BlockID”，如图 2-3 所示。

```
[xuluhui@slave1 ~]$ ls /usr/local/hadoop-2.9.2/hdfsdata/dfs/data/current/BP-9253
36760-192.168.18.130-1657292146876/current/finalized/subdir0/subdir0
blk_1073741825             blk_1073741826_1002.meta  blk_1073741828
blk_1073741825_1001.meta  blk_1073741827             blk_1073741828_1004.meta
blk_1073741826             blk_1073741827_1003.meta
[xuluhui@slave1 ~]$
```

图 2-3　数据块位置及名称

DataNode 会不断向 NameNode 汇报块状态报告，即各个 DataNode 会把本节点上存储的数据块情况以“块状态报告”形式汇报给 NameNode，同时执行来自 NameNode 的指令。在初始化时，集群中的每个 DataNode 会将本节点当前存储的数据块情况以“块状态报告”形式汇报给 NameNode；在集群正常工作时，DataNode 仍然会定期把最新块状态汇报给 NameNode，同时执行 NameNode 指令，比如创建、移动或删除本地磁盘上的数据块等操作。

4. HDFS 客户端

客户端是用户操作 HDFS 最常用的方式，HDFS 在部署时都提供了客户端，严格地说，客户端并不算是 HDFS 的一部分。客户端可以支持打开、读取、写入等常见操作，并且提供了类似 Shell 的命令行方式来访问 HDFS 中的数据，也提供了 API 作为应用程序访问文件系统的客户端编程接口。

2.3　HDFS 文件存储原理

2.3.1　数据块 Block

在传统的文件系统中，为了提高磁盘读写效率，一般以数据块为单位，而不是以字节为单位。HDFS 也同样采用了块的概念。

HDFS 中的数据以文件块 Block 的形式存储，Block 是最基本的存储单位，每次读写的最小单元是一个 Block。对于文件内容而言，一个文件的长度大小是 N，那么从文件的 0 偏移开始，按照固定的大小，顺序对文件进行划分并编号，划分好的每一个块被称为一个 Block。Hadoop 2.0 中默认 Block 大小是 128 MB，以一个 N = 256 MB 的文件为例，被切分成 256/128 = 2 个 Block。不同于普通文件系统，HDFS 中如果一个文件小于一个数据块的大小，则该文件并不占用整个数据块存储空间。Block 的大小可以根据实际需求进行配置，可以通过 HDFS 配置文件 hdfs-site.xml 中的参数 dfs.blocksize 来定义块大小，但要注意，该参数必须是 2^K，文件的大小可以不是 Block 大小的整数倍，这时最后一个块可能存在剩余。例如，一个文件大小是 260 MB，在 Hadoop 2.0 中占用三个块，第三个块只使用了 4 MB。

为什么 HDFS 数据块会设置得这么大呢？原因是 HDFS 和普通的本地磁盘文件系统不同，它存储的是大数据文件，通常会有 TB 甚至 PB 级别的数据文件需要管理，所以数据的基本单元必须足够大才能提高管理效率。而如果还使用像 Linux 本地文件系统 EXT3 的 4 KB 单元来管理数据，则会非常低效，同时也会浪费大量的元数据空间。

2.3.2　副本存放策略

HDFS 被设计成适合运行在廉价通用硬件上的分布式文件系统，它和现有的分布式文件系统有很多共同点，但它们之间的区别也是很明显的，即 HDFS 是一个高度容错性的系统。HDFS 在设计之初就充分考虑到了容错问题，它的容错性机制能够很好地实现，即使有节点发生故障，其数据也不会丢失，这就是副本技术。

HDFS 采用多副本方式对数据进行冗余存储，通常一个数据块的多个副本会被分布到不同的 DataNode 上。HDFS 副本策略实际上就是 NameNode 如何选择在哪个 DataNode 上存储副本的问题。这里需要对可靠性、写入带宽和读取带宽进行权衡。Hadoop 对 DataNode 存储副本拥有自己的副本策略，块副本存放位置的选择严重影响 HDFS 的可靠性和性能。HDFS 采用机架感知(Rack Awareness)的副本策略来提高数据的可靠性、可用性和网络带宽的利用率。

在其发展过程中，HDFS 历经了两个版本的副本策略，详情如图 2-4 所示。

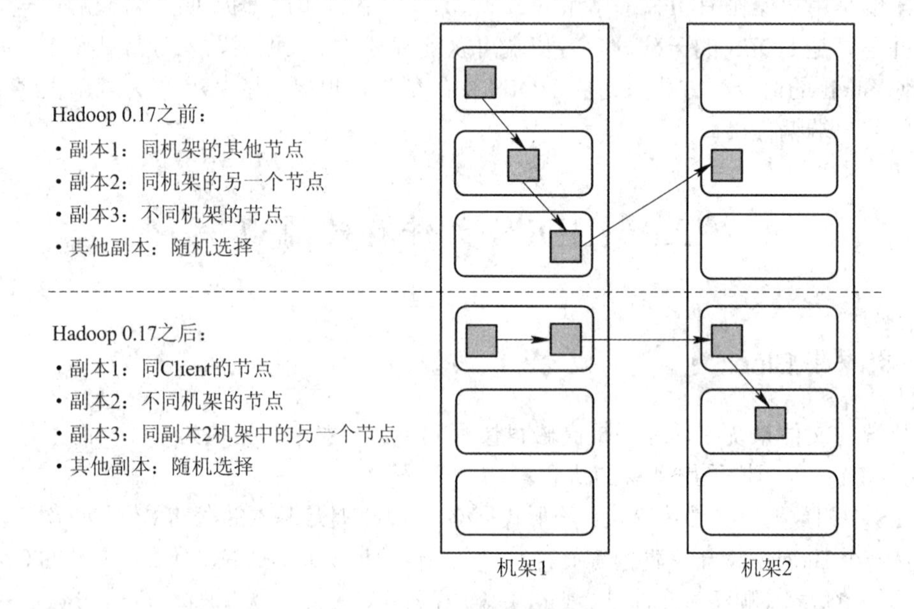

图 2-4　HDFS 副本策略

关于 HDFS 两个版本的副本策略具体分析如下：

HDFS 运行在跨越大量机架的集群之上，两个不同机架上的节点是通过交换机实现通信的，大多数情况下，相同机架上机器间的网络带宽优于不同机架上的机器。

在初始化时，每一个数据节点都会自检它所属的机架 ID，然后向 NameNode 注册并告知自己的机架 ID。HDFS 提供接口以便很容易地挂载检测机架标识的模块。一个简单但不是最优的方式就是将副本放置在不同的机架上，这样可以防止机架在发生故障时出现数据丢失问题，并且在读数据时可以充分利用不同机架的带宽。采用这种方式可以均匀地将副本数据分散在集群中，这就简单实现了组件发生故障时的负载均衡，但是这种方式增加了写成本，因为在写数据时需要跨越多个机架传输文件块。

新版本的副本策略的基本思想如下：

(1) 副本 1：存放在 Client 所在的节点上，若 Client 不在集群范围内，则副本 1 存储节点是随机选取的，当然系统会尝试不选择那些太满或太忙的节点。

(2) 副本 2：存放在与副本 1 不同机架中的一个节点中，随机选择。

(3) 副本 3：存放在与副本 2 相同机架中的另一个节点中，随机选择。

(4) 其他副本：随机存放在集群中的各个节点上。

读者可以通过配置文件 hdfs-site.xml 中的参数 dfs.replication 来定义 Block 副本数。

2.3.3　数据读取

HDFS 的真实数据分散存储在 DataNode 上，但是读取数据时需要先经过 NameNode。HDFS 数据读取的基本过程为：首先客户端连接到 NameNode 询问某个文件的元数据信息，NameNode 返回给客户一个包含该文件各个块位置信息(存储在哪个 DataNode 上)的列表；然后，客户端直接连接对应的 DataNode 来并行读取块数据；最后，当客户得到所有块后，再按照顺序进行组装，得到完整文件。为了提高物理传输速度，NameNode 在返回块的位置时，优先选择距离客户更近的 DataNode。

客户端读取 HDFS 上的文件时，需要调用 HDFS Java API 一些类的方法，从编程角度来看，主要经过以下几个步骤，如图 2-5 所示。

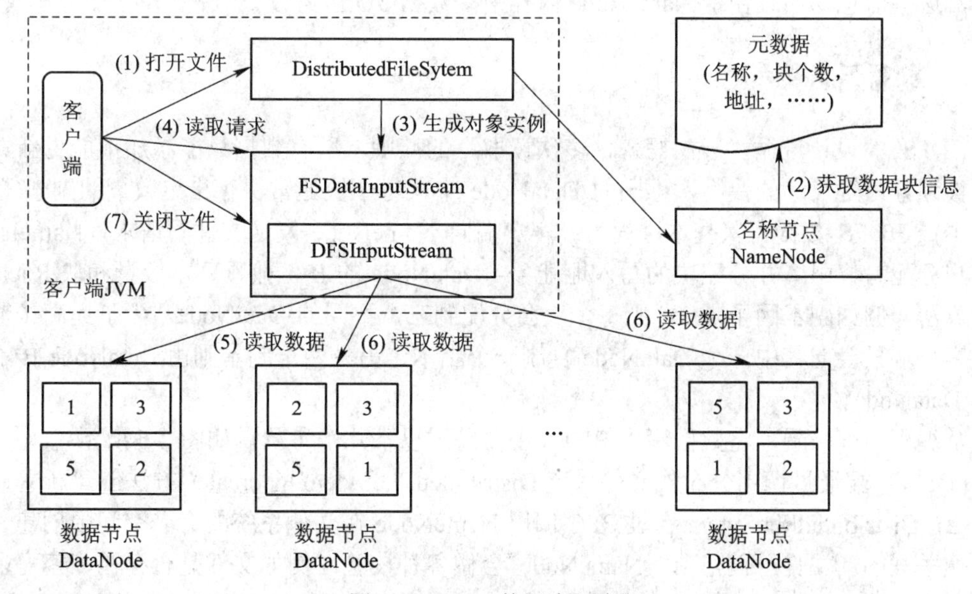

图 2-5　HDFS 数据读取过程

(1) 客户端生成一个 FileSystem 实例(DistributedFileSystem 对象)，并使用此实例的 open() 方法打开 HDFS 上的一个文件。

(2) 分布式文件系统(DistributedFileSystem)通过远程过程调用(Remote Procedure Call，RPC)向 NameNode 发出请求，获得文件第一批块的位置信息，即数据块编号和所在 DataNode 地址，同一数据块按照副本数会返回多个位置信息，这些位置信息按照 Hadoop 拓扑结构排序，距离客户端近的排在前面。

(3) FileSystem 实例获得地址信息后，生成一个文件系统数据输入流(FSDataInputStream)

对象实例返回给客户端，此实例封装了一个分布式文件系统数据输入流(DFSInputStream)对象，负责存储数据块信息和 DataNode 地址信息，并负责后续的文件内容读取工作。

(4) 客户端向 FSDataInputStream 发出读取数据的 read()调用。

(5) FSDataInputStream 收到 read()调用请求后，FSDataInputStream 封装的 DFSInputStream 选择与第一个数据块最近的 DataNode，并读取相应的数据信息返回给客户端，在第一个数据块读取完成后，DFSInputStream 负责关闭指向第一个块的 DataNode 连接，接着读取下一个块。这些操作从客户端的角度来看只是在读取一个持续不断的数据流。

(6) DFSInputStream 依次选择后续数据块的最近 DataNode 节点，并读取数据返回给客户端，直到最后一个数据块读取完毕。DFSInputStream 从 DataNode 读取数据时，可能会遇到某个 DataNode 失效的情况，则会自动选择下一个包含此数据块的最近的 DataNode 去读取。

(7) 客户端读取完所有数据块，然后调用 FSDataInputStream 的 close()方法关闭文件。

从图 2-5 可以看出，HDFS 数据读取的设计思路就是客户端直接连接 DataNode 来检索数据，并且 NameNode 负责为每一个块提供最优的 DataNode。由于 HDFS 数据读取分散在了不同的 DataNode 节点上，基本上不存在单点问题，因此其水平扩展性强，HDFS 通过 DataNode 集群可以承受大量客户端的并发访问；对于 NameNode 节点，仅需处理块的位置请求，这些信息都加载在了 NameNode 内存中，数据 I/O 压力较小。

2.3.4 数据写入

HDFS 的设计遵循“一次写入，多次读取”的原则，所有数据只能添加不能更新。数据会被划分为等尺寸的块写入不同的 DataNode 中，每个块通常保存指定数量的副本(默认为三个)。HDFS 数据写入基本过程为：客户端向 NameNode 发送文件写请求，NameNode 给客户分配写权限，并分配块的写入地址——DataNode 的 IP，兼顾副本数量和块 Rack 自适应算法，例如副本因子是 3，则每个块会分配到三个不同的 DataNode，为了提高传输效率，客户端只会向其中一个 DataNode 复制一个副本，另外两个副本则由 DataNode 传输到相邻 DataNode。

从编程角度来看，将数据写入 HDFS 主要经过以下几个步骤，如图 2-6 所示。

(1) 客户端通过调用分布式文件系统 DistributedFileSytem 的 create()方法创建新文件。

(2) DistributedFileSytem 通过 RPC 调用 NameNode 在文件系统的命名空间中创建一个没有块关联的新文件。创建前，NameNode 会做各种校验，例如文件是否存在、客户端有无创建文件的权限等，若校验通过，NameNode 会记录下新文件，否则会抛出 I/O 异常。

(3) FileSystem 返回文件系统数据输出流(FSOutputStream)的对象，与数据读取相似，FSOutputStream 被封装成分布式文件系统数据输出流(DFSOutputStream)，DFSOutputStream 可以协调 NameNode 和 DataNode 之间的协同工作。客户端开始写数据到 DFSOutputStream。

(4) DFSOutputStream 将数据切成一个个小的数据包(Packet)，然后排成数据队列(Data Queue)。Data Queue 由 DataStreamer 读取，并通知 NameNode 分配 DataNode，用来存储数据块(每块默认复制三块)。分配的 DataNode 放在一个数据流管道(Pipeline)里。DataStreamer

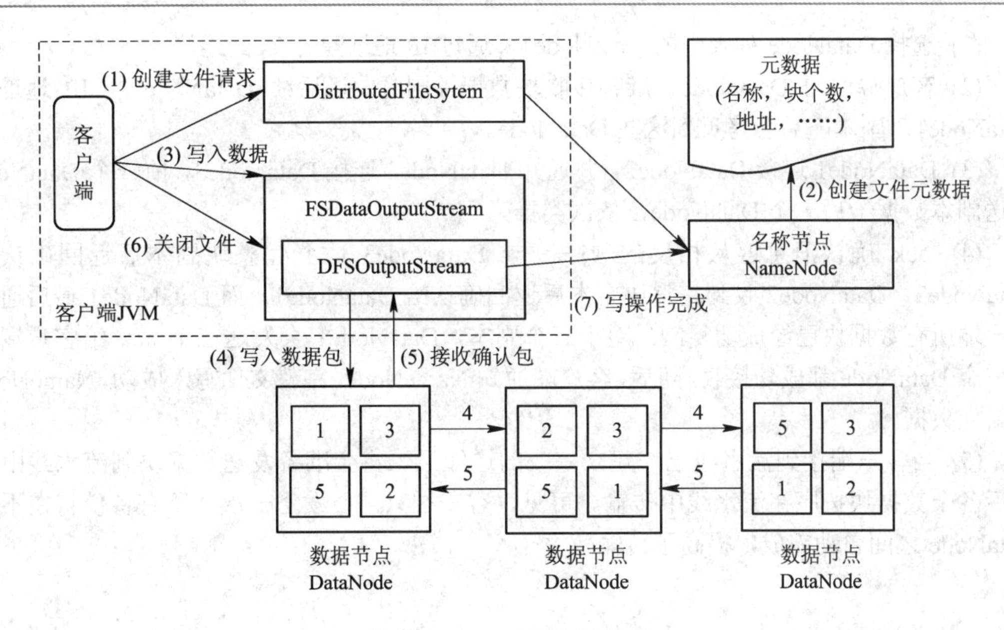

图 2-6　HDFS 数据写入过程

将数据块写入 Pipeline 中的第一个 DataNode 上，第一个 DataNode 将数据块发送给第二个 DataNode，以此类推。

(5) DFSOutputStream 还维护着一个被称为响应队列(Ack Queue)的队列，这个队列也由数据包组成，用于等待 DataNode 收到数据后返回响应数据包，当数据流管道中的所有 DataNode 都表示已经收到响应信息时，Ack Queue 才会把对应的数据包移除掉。

(6) 客户端完成写数据后，调用 close()方法关闭写入流。

(7) 客户端通知 NameNode 把文件标记为已完成，然后 NameNode 把文件写成功的结果反馈给客户端，此时就表示客户端已完成了整个 HDFS 的数据写入过程。

如果在 HDFS 数据写入的过程中某个 DataNode 发生错误，会采取以下步骤处理：

(1) 关闭数据流管道。

(2) 正常的 DataNode 上正在写的块会有一个新 ID(需要和 NameNode 通信)，而失败的 DataNode 上的那个不完整的块在上报心跳时会被删掉。

(3) 失败的 DataNode 会被移出数据流管道，块中剩余的数据包继续写入管道中的其他 DataNode。

(4) NameNode 会标记这个块的副本个数少于指定值，块的副本会稍后在另一个 DataNode 中创建。

(5) 有时多个 DataNode 会失败，只要 dfs.replication.min(默认值为 1)属性定义的指定个数的 DataNode 写入数据成功了，整个写入过程就算成功，缺少的副本会进行异步回复。

注意：客户端执行 write()操作后，写完的块才是可见的，正在写的块对客户端是不可见的，只有调用 sync()方法，客户端才确保该文件的写操作已经全部完成，当客户端调用 close()方法时，会默认调用 sync()方法。

数据写入可以看作是一个流水线 Pipeline 过程，具体来说，客户端收到 NameNode 发送的块存储位置 DataNode 列表后，将做如下工作：

(1) 选择 DataNode 列表中的 DataNode1，通过 IP 地址建立 TCP 连接。

(2) 客户端通知 DataNode1 准备接收块数据，同时发送后续 DataNode 的 IP 地址给 DataNode1，副本随后会拷贝到这些 DataNode。

(3) DataNode1 连接 DataNode2，并通知 DataNode2 连接 DataNode3，前一个 DataNode 发送副本数据给后一个 DataNode，依次类推。

(4) ack 确认消息遵从相反的顺序，即 DataNode3 收到完整块副本后返回确认给 DataNode2，DataNode2 收到完整块副本后返回确认给 DataNode1。而 DataNode1 最后通知客户端所有数据块已经成功复制。对于三个副本，DataNode1 会发送三个 ack 给客户端表示三个 DataNode 都成功接收。随后，客户端通知 NameNode，完整文件写入成功，NameNode 更新元数据。

(5) 当客户端接到流水线已经建立完成的通知后，将会准备发送数据块到流水线中，然后各个数据块按序在流水线中传输。可见，客户端只需要发送一次，所有备份将在不同 DataNode 之间自动完成，提高了传输效率。

2.4　HDFS 接口

2.4.1　HDFS Web UI

HDFS Web UI 主要是面向管理员的，提供服务器基础统计信息和文件系统运行状态的查看功能，不支持配置更改操作。从该页面上，管理员可以查看当前文件系统中各个节点的分布信息，浏览名称节点上的存储、登录等日志，以及下载某个数据节点上某个文件的内容。HDFS Web UI 地址为 http://NameNodeIP:50070，进入后可以看到当前 HDFS 文件系统的 Overview、Summary、NameNode Journal Status、NameNode Storage 等信息。其概览效果如图 2-7 所示。

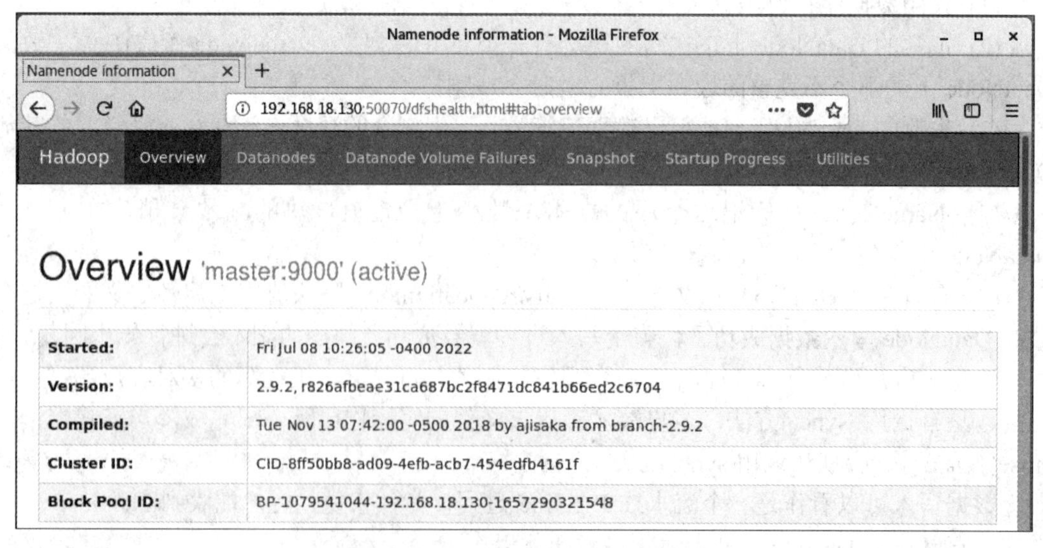

图 2-7　HDFS Web UI 的概览效果图

HDFS Web UI 的概要效果如图 2-8 所示，从图 2-8 中可以看到容量、活动节点等信息。

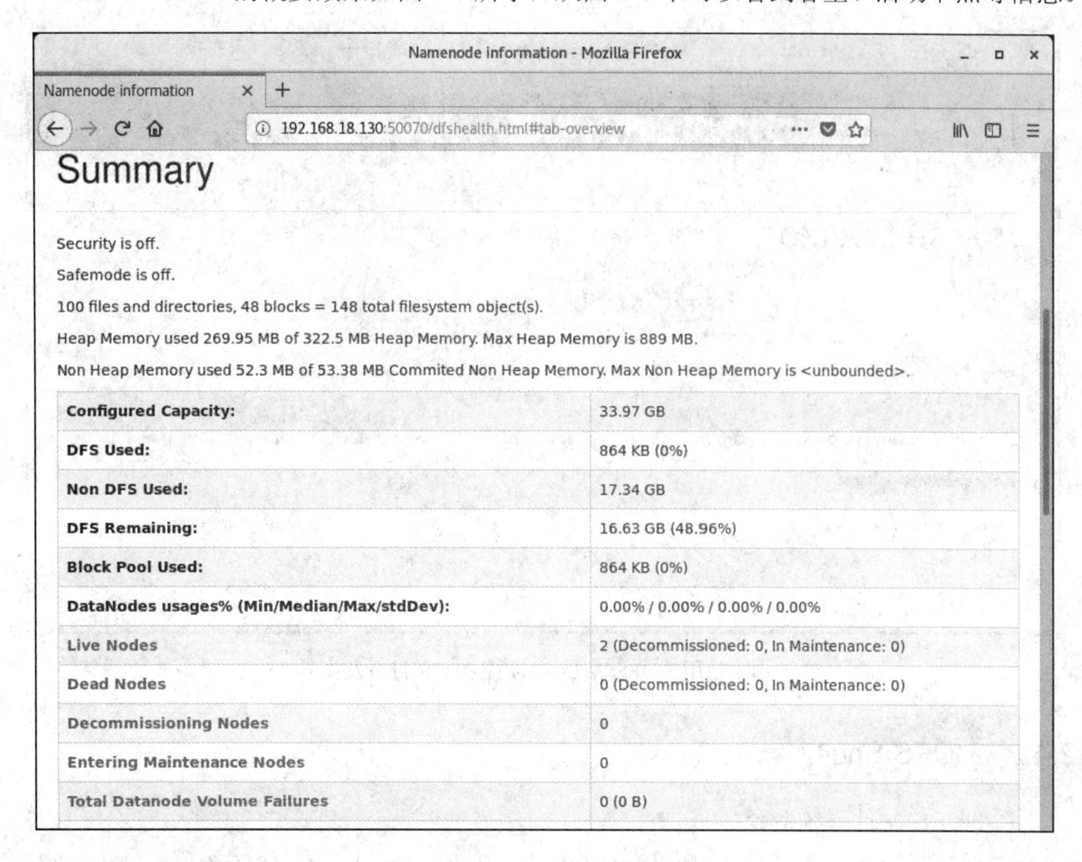

图 2-8　HDFS Web UI 的概要效果图

可以通过首页顶端菜单项『Utilities』→『Browse the file system』查看目录，如图 2-9 和图 2-10 所示。

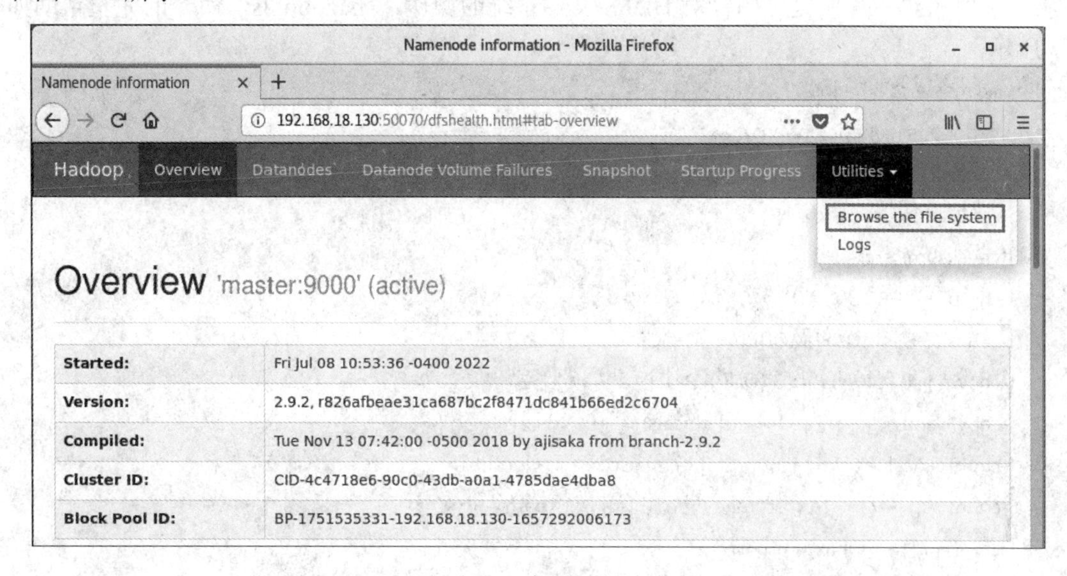

图 2-9　使用 HDFS Web UI 查看 HDFS 目录及文件(1)

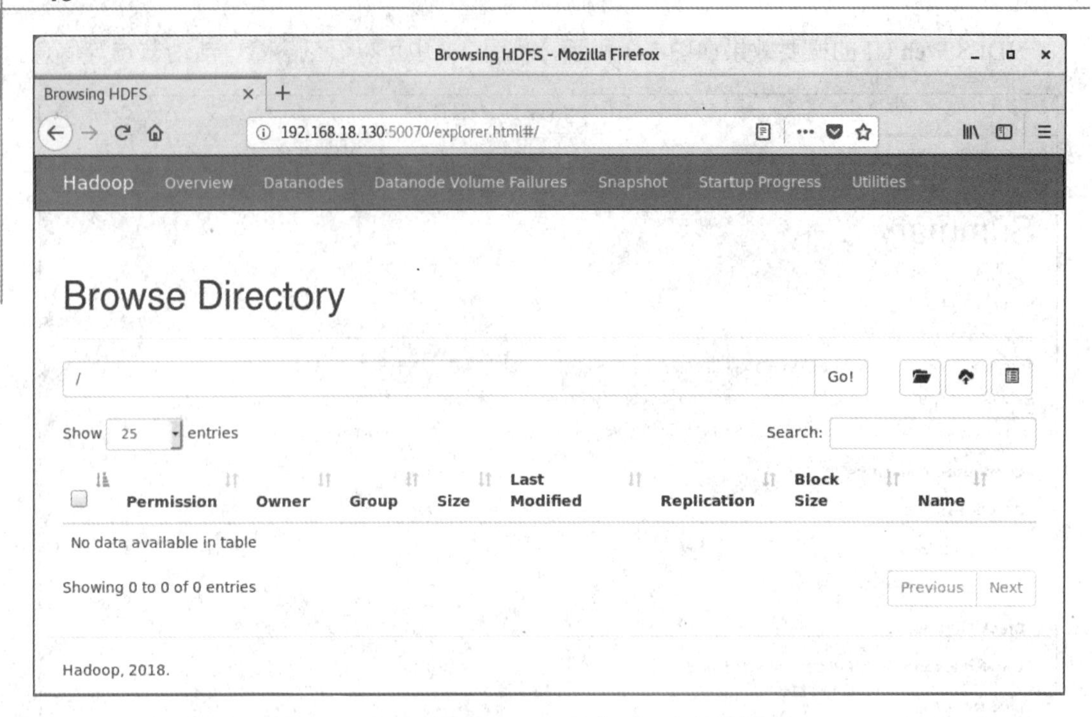

图 2-10　使用 HDFS Web UI 查看 HDFS 目录及文件(2)

2.4.2　HDFS Shell

1. HDFS 文件系统命令

HDFS 文件系统命令的入口是“hadoop fs”，其语法是“hadoop fs [generic options]”，而命令“hdfs dfs [generic options]”也可以使用，它们两者的区别在于：“hadoop fs”使用面最广，可以操作任何文件系统，比如本地文件、HDFS 文件、HFTP 文件、S3 文件系统等；而“hdfs dfs”则是专门针对 HDFS 文件系统的操作。“hadoop fs”命令的完整帮助如下所示。

```
[xuluhui@master ~]$ hadoop fs
Usage: hadoop fs [generic options]
    [-appendToFile <localsrc> … <dst>]
    [-cat [-ignoreCrc] <src> …]
    [-checksum <src> …]
    [-chgrp [-R] GROUP PATH…]
    [-chmod [-R] <MODE[,MODE] … | OCTALMODE> PATH...]
    [-chown [-R] [OWNER][:[GROUP]] PATH…]
    [-copyFromLocal [-f] [-p] [-l] [-d] <localsrc> … <dst>]
    [-copyToLocal [-f] [-p] [-ignoreCrc] [-crc] <src> … <localdst>]
    [-count [-q] [-h] [-v] [-t [<storage type>]] [-u] [-x] <path> …]
    [-cp [-f] [-p | -p[topax]] [-d] <src> … <dst>]
    [-createSnapshot <snapshotDir> [<snapshotName>]]
```

```
[-deleteSnapshot <snapshotDir> <snapshotName>]
[-df [-h] [<path> …]]
[-du [-s] [-h] [-x] <path> …]
[-expunge]
[-find <path> … <expression> …]
[-get [-f] [-p] [-ignoreCrc] [-crc] <src> … <localdst>]
[-getfacl [-R] <path>]
[-getfattr [-R] {-n name | -d} [-e en] <path>]
[-getmerge [-nl] [-skip-empty-file] <src> <localdst>]
[-help [cmd …]]
[-ls [-C] [-d] [-h] [-q] [-R] [-t] [-S] [-r] [-u] [<path> …]]
[-mkdir [-p] <path> …]
[-moveFromLocal <localsrc> … <dst>]
[-moveToLocal <src> <localdst>]
[-mv <src> … <dst>]
[-put [-f] [-p] [-l] [-d] <localsrc> … <dst>]
[-renameSnapshot <snapshotDir> <oldName> <newName>]
[-rm [-f] [-r|-R] [-skipTrash] [-safely] <src> …]
[-rmdir [--ignore-fail-on-non-empty] <dir> …]
[-setfacl [-R] [{-b|-k} {-m|-x <acl_spec>} <path>]|[--set <acl_spec> <path>]]
[-setfattr {-n name [-v value] | -x name} <path>]
[-setrep [-R] [-w] <rep> <path> …]
[-stat [format] <path> …]
[-tail [-f] <file>]
[-test -[defsz] <path>]
[-text [-ignoreCrc] <src> …]
[-touchz <path> …]
[-truncate [-w] <length> <path> …]
[-usage [cmd …]]

Generic options supported are:
-conf <configuration file>              specify an application configuration file
-D <property=value>                     define a value for a given property
-fs <file:///|hdfs://namenode:port> specify default filesystem URL to use, overrides 'fs.defaultFS' property from
configurations.
-jt <local|resourcemanager:port>     specify a ResourceManager
-files <file1,…>                     specify a comma-separated list of files to be copied to the map reduce cluster
-libjars <jar1,…>                    specify a comma-separated list of jar files to be included in the classpath
-archives <archive1,…>               specify a comma-separated list of archives to be unarchived on the compute machines
```

```
The general command line syntax is:
command [genericOptions] [commandOptions]
```

部分 HDFS 文件系统命令的说明如表 2-1 所示。

表 2-1　HDFS 文件系统命令说明(部分)

命令选项	功　　能
-ls	显示文件的元数据信息或者目录包含的文件列表信息
-mv	移动 HDFS 文件到指定位置
-cp	将文件从源路径复制到目标路径
-rm	删除文件，“-rm -r”或者“-rm -R”可以递归删除文件夹，文件夹可以包含子文件夹和子文件
-rmdir	删除空文件夹，注意：如果文件夹非空，则删除失败
-put	从本地文件系统复制单个或多个源路径上传到 HDFS，同时支持从标准输入读取源文件内容后写入目标位置
-get	复制源路径指定的文件到本地文件系统目标路径指定的文件或文件夹
-cat	将指定文件内容输出到标准输出 stdout
-mkdir	创建指定目录
-setrep	改变文件的副本系数，选项-R 用于递归改变目录下所有文件的副本系数，选项-w 表示等待副本操作结束才退出命令

2. HDFS 系统管理命令

HDFS 系统管理命令的入口是“hdfs dfsadmin”，其完整帮助如下所示。

```
[xuluhui@master ~]$ hdfs dfsadmin
Usage: hdfs dfsadmin
Note: Administrative commands can only be run as the HDFS superuser.
        [-report [-live] [-dead] [-decommissioning] [-enteringmaintenance] [-inmaintenance]]
        [-safemode <enter | leave | get | wait>]
        [-saveNamespace]
        [-rollEdits]
        [-restoreFailedStorage true|false|check]
        [-refreshNodes]
        [-setQuota <quota> <dirname>...<dirname>]
        [-clrQuota <dirname>...<dirname>]
        [-setSpaceQuota <quota> [-storageType <storagetype>] <dirname>...<dirname>]
        [-clrSpaceQuota [-storageType <storagetype>] <dirname>...<dirname>]
        [-finalizeUpgrade]
        [-rollingUpgrade [<query|prepare|finalize>]]
        [-refreshServiceAcl]
        [-refreshUserToGroupsMappings]
```

```
    [-refreshSuperUserGroupsConfiguration]
    [-refreshCallQueue]
    [-refresh <host:ipc_port> <key> [arg1…argn]
    [-reconfig <namenode|datanode> <host:ipc_port> <start|status|properties>]
    [-printTopology]
    [-refreshNamenodes datanode_host:ipc_port]
    [-getVolumeReport datanode_host:ipc_port]
    [-deleteBlockPool datanode_host:ipc_port blockpoolId [force]]
    [-setBalancerBandwidth <bandwidth in bytes per second>]
    [-getBalancerBandwidth <datanode_host:ipc_port>]
    [-fetchImage <local directory>]
    [-allowSnapshot <snapshotDir>]
    [-disallowSnapshot <snapshotDir>]
    [-shutdownDatanode <datanode_host:ipc_port> [upgrade]]
    [-evictWriters <datanode_host:ipc_port>]
    [-getDatanodeInfo <datanode_host:ipc_port>]
    [-metasave filename]
    [-triggerBlockReport [-incremental] <datanode_host:ipc_port>]
    [-listOpenFiles]
    [-help [cmd]]

Generic options supported are:
-conf <configuration file>        specify an application configuration file
-D <property=value>               define a value for a given property
-fs <file:///|hdfs://namenode:port> specify default filesystem URL to use, overrides 'fs.defaultFS' property from
configurations.
-jt <local|resourcemanager:port>    specify a ResourceManager
-files <file1,…>              specify a comma-separated list of files to be copied to the map reduce cluster
-libjars <jar1,…>             specify a comma-separated list of jar files to be included in the classpath
-archives <archive1,…>        specify a comma-separated list of archives to be unarchived on the compute machines

The general command line syntax is:
command [genericOptions] [commandOptions]
```

2.4.3 HDFS Java API

HDFS 是由 Java 语言编写而成的，所以它提供了丰富的 Java 编程接口供开发人员调用，当然 HDFS 同时支持其他语言如 C++、Python 等编程接口，但它们都没有 Java 接口方便。凡是使用 Shell 命令可以完成的功能，都可以使用相应的 Java API 来实现，甚至使用 API

可以完成 Shell 命令不支持的功能。

在实际开发中，HDFS Java API 最常用的类是 org.apache.hadoop.fs.FileSystem。HDFS Java API 常用类如表 2-2 所示。

表 2-2　HDFS Java API 常用类

类　名	说　明
org.apache.hadoop.fs.FileSystem	通用文件系统基类，用于与 HDFS 文件系统交互，编写的 HDFS 程序都需要重写 FileSystem 类，通过该类，可以方便地像操作本地文件系统一样操作 HDFS 集群文件
org.apache.hadoop.fs.FSDataInputStream	文件输入流，用于读取 HDFS 文件
org.apache.hadoop.fs.FSDataOutputStream	文件输出流，向 HDFS 顺序写入数据流
org.apache.hadoop.fs.Path	文件与目录定位类，用于定义 HDFS 集群中指定的目录与文件绝对或相对路径
org.apache.hadoop.fs.FileStatus	文件状态显示类，可以获取文件与目录的元数据、长度、块大小、所属用户、编辑时间等信息；同时可以设置文件用户、权限等内容

关于 HDFS API 的更多信息读者可参考官网 https://hadoop.apache.org/docs/r2.9.2/api/index.html 中的内容。

2.5　HDFS 高可靠性机制

作为分布式存储系统，HDFS 设计和实现了多种机制来保证可靠性，即系统出错时也要保证数据能正常地存储。除了基本的元数据备份，HDFS 还提供了其他多种技术和方法来提高文件系统的可靠性，例如，建立 Secondary NameNode 和 NameNode 协同工作，创建 NameNode 的完整备份 Backup Node 以便在 NameNode 故障时进行切换，使用 HDFS NameNode HA 机制解决 NameNode 单点故障问题，使用 HDFS Federation 联邦机制实现了集群扩展性和良好隔离性，使用 HDFS Snapshots 快照机制实现防止用户误操作、备份与灾难恢复。由于篇幅所限，本节主要介绍 HDFS NameNode HA 高可用机制、HDFS Federation 联邦机制，其余机制读者可自行查阅相关资料。

2.5.1　HDFS NameNode HA 高可用机制

1. HDFS NameNode HA 概述

在 HDFS 中，NameNode 管理整个 HDFS 文件系统的元数据信息，具有非常重要的作用，NameNode 的可用性直接决定了整个 Hadoop 的可用性，因此，NameNode 绝对不允许出现故障。在 Hadoop 1.0 时代，NameNode 存在单点故障问题，一旦 NameNode 进程不能正常工作，就会造成整个 HDFS 也无法使用，而 Hive 或 HBase 等的数据也都存放在 HDFS 上，因此 Hive 或 HBase 等框架也将无法使用，这可能导致生产集群上的很多框架都无法正常使用，而通过重启 NameNode 来进行数据恢复十分耗时。

在 Hadoop 2.0 中，HDFS NameNode 的单点故障问题得到了解决，这就是 HDFS NameNode High Availability(HDFS NameNode 高可用机制，HDFS NameNode HA)。

2. HDFS NameNode HA 体系架构

HDFS NameNode 高可用机制的体系架构如图 2-11 所示。

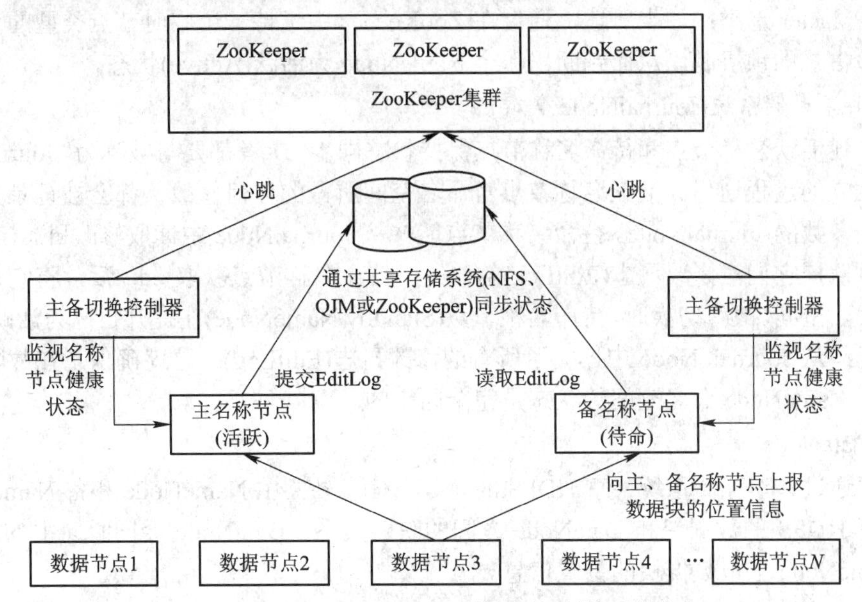

图 2-11　HDFS NameNode 高可用机制体系架构

从图 2-11 中可以看出，NameNode 高可用机制的体系架构主要分为以下几个部分。

1) ZooKeeper 集群

ZooKeeper 集群的作用是为主备故障恢复控制器提供主备选举支持。

2) 主备名称节点(Active/Standby NameNode)

在典型高可用集群中，两个独立的机器作为 NameNode，任何时刻只有一个 NameNode 处于活跃(Active)状态，另一个处于待命(Standby)状态。活跃名称节点负责所有客户端操作，而待命名称节点(Standby NameNode)只能简单地充当 Slave，负责维护状态信息以便在需要时能快速切换。

3) 主备切换控制器(Active/Standby ZKFailoverController)

ZKFailoverController 作为独立的进程运行，对 NameNode 的主备切换进行总体控制。ZKFailoverController 能及时检测到 NameNode 的健康状况，在主 NameNode 发生故障时借助 ZooKeeper 实现自动的主备选举和切换，当然，NameNode 目前也支持不依赖于 ZooKeeper 的手动主备切换。

ZKFailoverController 的主要职责如下：

(1) 健康监测：周期性地向它所监控的 NameNode 发送健康检测命令，从而来确定某个 NameNode 是否处于健康状态，如果机器宕机、心跳失败，那么 ZKFailoverController 就会标记该 NameNode 处于不健康的状态。

(2) 会话管理：若 NameNode 是健康的，ZKFailoverController 就会在 ZooKeeper 中保持一个打开的会话，若同时该 NameNode 还是活跃(Active)状态，那么 ZKFailoverController

还会在 ZooKeeper 中占有一个类型为临时节点的 ZNode，当 NameNode 宕机时，该临时节点 ZNode 将会被删除，然后备用的 NameNode 将会得到这把锁，升级为主 NameNode，同时标记其状态为活跃(Active)。当宕机的 NameNode 重新启动时，它会再次注册 ZooKeeper，发现已经有 ZNode 锁了，便会自动变为待命(Standby)状态。如此重复循环，保证高可靠性。

(3) Master 选举：如上所述，通过在 ZooKeeper 中维持一个临时节点类型的 ZNode，来实现抢占式的锁机制，从而判断出哪个 NameNode 为活跃(Active)状态。

4) 共享存储系统(JournalNode 集群)

为了让活跃名称节点和待命名称节点保持状态同步，二者都要与被称为"Journal Node"的一组独立的进程通信。活跃名称节点对命名空间所做的任何修改，都会被记录为日志并发送给大多数的 JournalNode。待命名称节点能够从 JournalNode 中读取修改日志(EditLog)，并且时刻监控它们对修改日志(EditLog)的修改。待命名称节点获取 edit 后，将它们应用到自己的命名空间。故障切换时，待命名称节点(Standby NameNode)在提升自己为活跃(Active)状态前已经从 Journal Node 中读完了所有的修改日志(EditLog)，这就确保了在故障切换发生前两个 NameNode 命名空间的状态是完全同步的。

5) DataNode

除了通过共享存储系统共享 HDFS 的元数据信息外，主 NameNode 和备 NameNode 还需要共享 HDFS 的数据块和 DataNode 之间的映射关系。DataNode 会同时向主 NameNode 和备 NameNode 上报数据块的位置信息。

3. HDFS NameNode 主备切换实现原理

在 HDFS NameNode 的高可用体系架构中，NameNode 的主备切换主要由故障恢复控制器(ZKFailoverController)、健康监视器(HealthMonitor)和主备选举器(ActiveStandbyElector)这三个组件来协同实现，其主备切换的流程如图 2-12 所示。

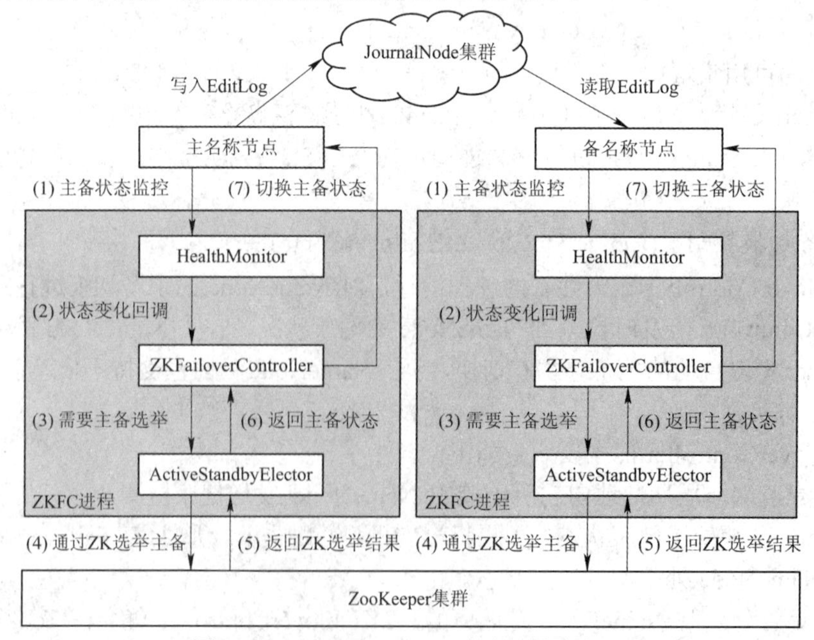

图 2-12　HDFS NameNode 主备切换流程图

ZKFailoverController 作为 NameNode 机器上的一个独立启动进程(进程名为 ZKFC)，在启动时会创建 HealthMonitor 和 ActiveStandbyElector 这两个主要的内部组件。ZKFailoverController 在创建 HealthMonitor 和 ActiveStandbyElector 的同时，还会向 HealthMonitor 和 ActiveStandbyElector 注册相应的回调方法。

HealthMonitor 主要负责检测 NameNode 的健康状态，如果检测到 NameNode 的健康状态发生变化，就会回调 ZKFailoverController 的相应方法进行自动的主备选举。

ActiveStandbyElector 主要负责完成自动的主备选举，内部封装了 ZooKeeper 的处理逻辑，一旦 ZooKeeper 主备选举完成，就会回调 ZKFailoverController 的相应方法进行 NameNode 的主备状态切换。

从图 2-12 中可以看出，主备名称节点实现主备切换的流程主要包括以下步骤：

(1) HealthMonitor 初始化完成后会启动内部的线程来定时调用对应的 NameNode 的 HAServiceProtocol RPC 接口方法，对 NameNode 的健康状态进行检测。

(2) 如果 HealthMonitor 检测到 NameNode 的健康状态发生了变化，它就会回调 ZKFailoverController 注册的相应方法进行处理。

(3) 如果 ZKFailoverController 判断需要进行主备切换，会首先使用 ActiveStandbyElector 来进行自动的主备选举。

(4) ActiveStandbyElector 与 ZooKeeper 进行交互完成自动的主备选举。

(5) ZooKeeper 集群返回主备选举结果给 ActiveStandbyElector。

(6) 在主备选举完成后，ActiveStandbyElector 会回调 ZKFailoverController 的相应方法通知当前的 NameNode 成为主 NameNode 或备 NameNode。

(7) ZKFailoverController 调用对应 NameNode 的 HAServiceProtocol RPC 接口方法将 NameNode 切换为 Active 状态或 Standby 状态。

4. HDFS NameNode HA 环境搭建

关于如何搭建 HDFS NameNode HA 环境，本章不再讲述，有兴趣的读者可以参考官网 https://hadoop.apache.org/docs/r2.9.2/hadoop-project-dist/hadoop-hdfs/HDFSHighAvailabilityWit hQJM.html、https://hadoop.apache.org/docs/r2.9.2/hadoop-project-dist/hadoop-hdfs/HDFSHighAvailabilityWithNFS.html 中的内容。

2.5.2 HDFS NameNode Federation 联邦机制

1. HDFS Federation 概述

通过 HDFS 一章的学习，读者知道 Hadoop 集群的元数据信息是存放在 NameNode 的内存中的，当集群扩大到一定规模后，NameNode 内存中存放的元数据信息可能会非常大。由于 HDFS 所有操作都会和 NameNode 进行交互，当集群很大时，NameNode 的内存限制将成为制约集群横向扩展的瓶颈。在 Hadoop 2.0 诞生之前，HDFS 中只能有一个命名空间，对于 HDFS 中的文件没有办法完成隔离。正因为如此，在 Hadoop 2.0 中引入了 HDFS Federation 联邦机制，用来解决如下问题：

(1) 集群扩展性。多个 NameNode 分管一部分目录，使得一个集群可以扩展到更多节点，不再像 Hadoop 1.0 中由于内存的限制而制约文件存储数目。

(2) 性能更高效。多个 NameNode 管理不同的数据，且同时对外提供服务，将为用户提供更高的读写吞吐率。

(3) 良好隔离性。用户可以根据需要将不同业务数据交由不同 NameNode 管理，这样可以大大降低不同业务之间的影响。

2. HDFS 数据管理体系架构

HDFS 的数据管理体系架构(数据存储)采用两层分层结构，分别为命名空间(NameSpace，NS)和块存储服务(Block Storage Service)，具体如图 2-13 所示。其中命名空间 NameSpace 由目录、文件和块组成，支持创建、删除、修改、列举命名空间等相关操作。块存储服务 Block Storage Service 包括两部分，分别是块管理 Block Management 和存储 Storage，块管理 Block Management 在名称节点 NameNode 中完成，通过控制注册和阶段性心跳来保证数据节点 DataNode 正常运行，可以处理块的信息报告和维护块的位置信息，可以创建、修改、删除和查询块，还可以管理副本和副本位置；存储 Storage 在数据节点 DataNode 上，提供对块的读写操作。

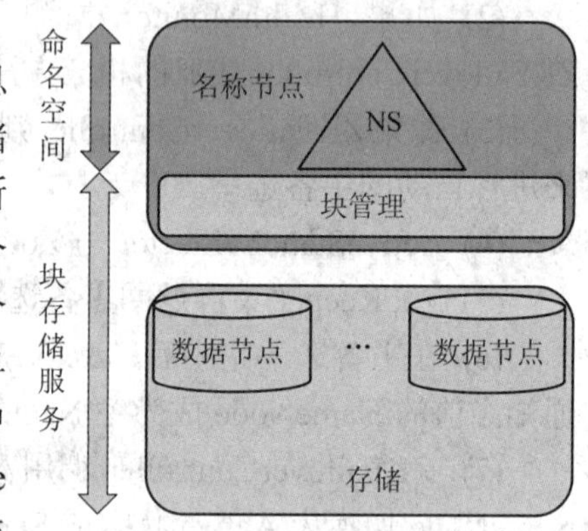

图 2-13　HDFS 数据管理体系架构

从图 2-13 中可以看出，所有关于存储数据的信息和管理都是放在 NameNode 上的，而真实数据则是存储在各个 DataNode 上。这些隶属于同一个 NameNode 所管理的数据都在同一个 NameSpace 下，而一个 NameSpace 对应一个块池(Block Pool)，块池是同一个 NameSpace 下的块 Block 的集合。当 HDFS 集群只有单个 NameSpace 时，也就是一个 NameNode 管理集群中所有的元数据信息，如果遇到前文所提到的 NameNode 内存使用过高的问题，这时该怎么办呢？元数据空间依然不断增大，只是一味调高 NameNode 的 JVM 大小绝对不是长久之计，正是在这种背景下，才诞生了 HDFS NameNode Federation 机制。

3. HDFS Federation 体系架构

HDFS Federation 体系架构如图 2-14 所示。

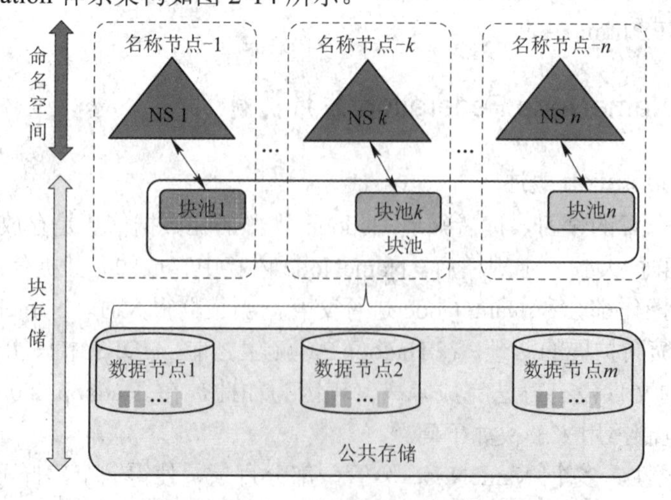

图 2-14　HDFS Federation 体系架构

在 HDFS Federation 环境下，各个 NameNode 相互独立，各自分工管理自己的命名空间，且不需要互相协调，一个 NameNode 发生故障不会影响其他的 NameNode。DataNode 被用作通用的数据存储设备，每个 DataNode 要向集群中所有的 NameNode 注册，且周期性地向所有 NameNode 发送心跳和报告，并执行来自所有 NameNode 的命令。一个 Block Pool 由属于同一个 NameSpace 的数据块组成，每个 DataNode 可能会存储集群中所有 Block Pool 的数据块，每个块池内部自治，各自管理各自的 Block，不会与其他块池交流。每个 NameNode 维护一个命名空间卷，命名空间卷由命名 NameSpace 和块池组成，它是管理的基本单位。当一个 NameSpace 被删除后，所有 DataNode 上与其对应的块池也会被删除。当集群升级时，每个命名空间卷作为一个基本单元进行升级。

HDFS Federation 是解决 NameNode 内存瓶颈问题的水平横向扩展方案，它可以得到多个独立的 NameNode 和命名空间，从而使得 HDFS 的命名服务能够水平扩张。但是，HDFS Federation 并没有完全解决单点故障问题，虽然存在多个 NameNodes/Namespaces，但对于单个 NameNode 来说，仍然存在单点故障，如果某个 NameNode 发生故障，其管理的相应文件便不可以被访问。HDFS Federation 中每个 NameNode 仍然像之前一样，配有一个 Secondary NameNode，以便当主 NameNode 发生故障时，由它还原元数据信息。

4. HDFS Federation 配置

关于如何配置 HDFS Federation，本章不再讲述，有兴趣的读者可以参考官网 https://hadoop.apache.org/docs/r2.9.2/hadoop-project-dist/hadoop-hdfs/Federation.html 中的内容。

2.6　综合实战：HDFS 实战

2.6.1　启动 HDFS 集群

在使用 HDFS 接口操作和管理 HDFS 文件之前，首先需要启动 HDFS 集群，只需在主节点上执行以下命令：

```
[xuluhui@master ~]$ start-dfs.sh
```

start-dfs.sh 命令会在主、从节点上分别启动 NameNode、DataNode 和 SecondaryNameNode 服务。需要注意的是，与第 1 章所述内容相同，即使对应的守护进程没有启动成功，Hadoop 也不会在控制台显示错误消息，读者可以利用 jps 命令一步步地查询，逐步核实对应的进程是否启动成功。

2.6.2　使用 HDFS Shell 命令

【案例 2-1】 在/usr/local/hadoop-2.9.2 目录下创建目录 HelloData，在 HelloData 目录下新建两个文件 file1.txt 和 file2.txt，在其下任意输入一些英文测试语句。使用 HDFS Shell 命令完成以下操作：首先创建 HDFS 目录/InputData，然后将文件 file1.txt 和 file2.txt 上传至 HDFS 目录/InputData 下，最后查看这两个文件内容。

(1) 在本地 Linux 文件系统/usr/local/hadoop-2.9.2 目录下创建一个名为 HelloData 的文

件夹，使用的命令如下所示。

```
[xuluhui@master ~]$ mkdir /usr/local/hadoop-2.9.2/HelloData
```

(2) 在 HelloData 文件夹下创建两个文件 file1.txt 和 file2.txt。创建文件使用的命令如下所示。

```
[xuluhui@master ~]$ vim /usr/local/hadoop-2.9.2/HelloData/file1.txt
```

然后在 file1.txt 中写入如下测试语句：

```
Hello Hadoop
Hello HDFS
Hello Xijing University
```

创建 file2.txt 文件使用的命令如下所示。

```
[xuluhui@master ~]$ vim /usr/local/hadoop-2.9.2/HelloData/file2.txt
```

然后在 file2.txt 中写入如下测试语句：

```
Hello Spark
Hello Flink
Hello Xijing University
```

(3) 使用“hadoop fs”命令创建 HDFS 目录/InputData，使用的命令如下所示。

```
[xuluhui@master ~]$ hadoop fs -mkdir /InputData
```

(4) 查看 HDFS 目录/InputData 是否创建成功，使用的命令及效果如图 2-15 所示。

```
[xuluhui@master ~]$ hadoop fs -ls /
Found 1 items
drwxr-xr-x   - xuluhui supergroup          0 2022-07-09 10:12 /InputData
[xuluhui@master ~]$
```

图 2-15　查看 HDFS 目录/InputData 是否创建成功

(5) 将文件 file1.txt 和 file2.txt 上传至 HDFS 目录/InputData 下，使用的命令如下所示。

```
[xuluhui@master ~]$ hadoop fs -put /usr/local/hadoop-2.9.2/HelloData/* /InputData
```

(6) 查看 HDFS 上文件 file1.txt 和 file2.txt 内容，使用的命令及效果如图 2-16 所示。

```
[xuluhui@master ~]$ hadoop fs -cat /InputData/file1.txt
Hello Hadoop
Hello HDFS
Hello Xijing University
[xuluhui@master ~]$ hadoop fs -cat /InputData/file2.txt
Hello Spark
Hello Flink
Hello Xijing University
[xuluhui@master ~]$
```

图 2-16　查看 HDFS 文件 file1.txt 和 file2.txt 内容

【案例 2-2】　使用 HDFS Shell 系统管理命令打印出当前文件系统整体信息和各个节点的分布信息。

使用的命令如下所示，效果如图 2-17 所示。

```
[xuluhui@master ~]$ hdfs dfsadmin -report
```

```
xuluhui@master:~
File Edit View Search Terminal Help
[xuluhui@master ~]$ hdfs dfsadmin -report
Configured Capacity: 36477861888 (33.97 GB)
Present Capacity: 17860100096 (16.63 GB)
DFS Remaining: 17859182592 (16.63 GB)
DFS Used: 917504 (896 KB)
DFS Used%: 0.01%
Under replicated blocks: 50
Blocks with corrupt replicas: 0
Missing blocks: 0
Missing blocks (with replication factor 1): 0
Pending deletion blocks: 0

-------------------------------------------------
Live datanodes (2):

Name: 192.168.18.131:50010 (slave1)
Hostname: slave1
Decommission Status : Normal
Configured Capacity: 18238930944 (16.99 GB)
DFS Used: 458752 (448 KB)
Non DFS Used: 9160077312 (8.53 GB)
DFS Remaining: 9078394880 (8.45 GB)
DFS Used%: 0.00%
DFS Remaining%: 49.77%
Configured Cache Capacity: 0 (0 B)
Cache Used: 0 (0 B)
Cache Remaining: 0 (0 B)
Cache Used%: 100.00%
Cache Remaining%: 0.00%
Xceivers: 1
Last contact: Fri Oct 04 06:18:33 EDT 2019
Last Block Report: Fri Oct 04 04:15:58 EDT 2019


Name: 192.168.18.132:50010 (slave2)
Hostname: slave2
Decommission Status : Normal
Configured Capacity: 18238930944 (16.99 GB)
DFS Used: 458752 (448 KB)
Non DFS Used: 9457684480 (8.81 GB)
DFS Remaining: 8780787712 (8.18 GB)
DFS Used%: 0.00%
```

图 2-17　命令“hdfs dfsadmin -report”执行效果

2.6.3　使用 HDFS Web UI 界面

【案例 2-3】 通过 HDFS Web UI 查看【案例 2-1】中创建的 HDFS 目录/InputData 及其下文件。

(1) 打开浏览器，输入 HDFS Web UI 的地址，如 http://192.168.18.130:50070，进入 HDFS Web 主界面【Namenode information】，选择首页顶端菜单项『Utilities』→『Browse the file system』进入界面【Browsing HDFS】查看目录，如图 2-18 所示。

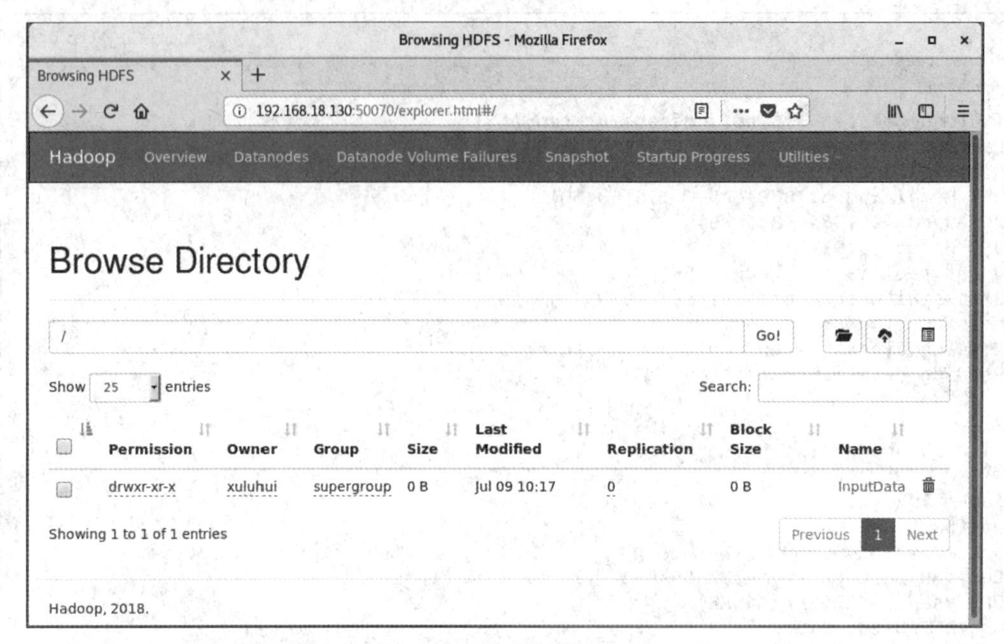

图 2-18　通过 HDFS Web UI 查看创建的 HDFS 目录/InputData

(2) 单击目录“InputData”，进入该目录，如图 2-19 所示。从图 2-19 中可以看出，该目录下有两个文件 file1.txt 和 file.txt，它们的副本数“Replication”均为 3，块大小“Block Size”均为 128 MB。

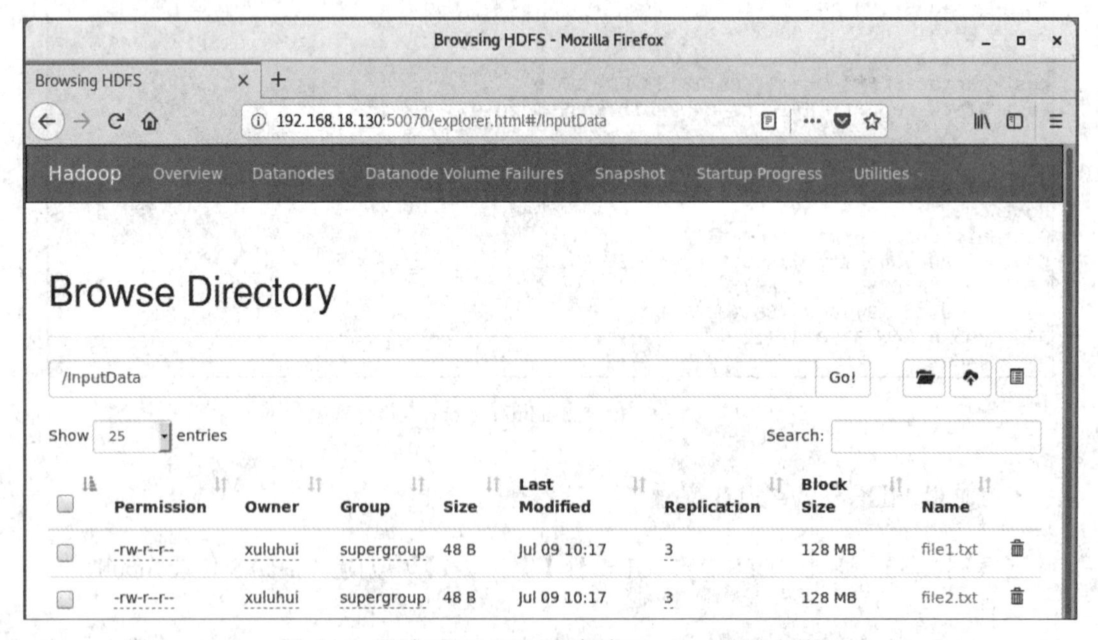

图 2-19　通过 HDFS Web UI 查看/InputData 下的文件

(3) 单击文件“file1.txt”，进入窗口【File information】，如图 2-20 所示。从图 2-20 中可以看到，该文件的块号“Block ID”为 1073741825，该文件在 DataNode 节点 slave1、slave2 上存放。

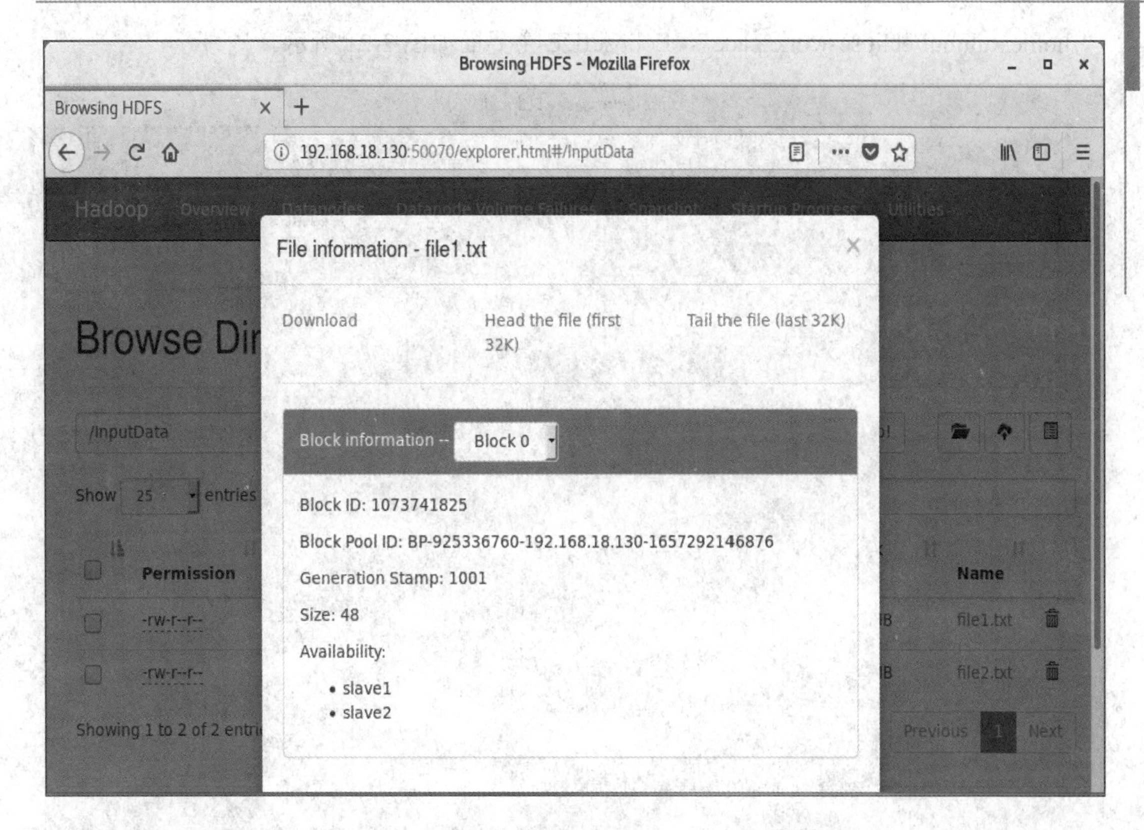

图 2-20　通过 HDFS Web UI 查看文件 file1.txt 信息

2.6.4　搭建 HDFS 开发环境 Eclipse

在 Hadoop 集群主节点上搭建 HDFS 开发环境 Eclipse，当然，读者也可以在其他机器如外部物理机 Windows 操作系统上安装 Eclipse。

1. 获取 Eclipse

Eclipse 的官方下载地址为 https://www.eclipse.org/downloads/packages，本节选用的是 2018 年 9 月发布的 Linux 64 位版本 Eclipse IDE 2018-09 for Java Developers，其安装包文件 eclipse-java-2018-09-linux-gtk-x86_64.tar.gz 可存放在相应的目录下，如 master 机器的 /home/xuluhui/Downloads 中。

2. 安装 Eclipse

在 master 机器上解压 eclipse-java-2018-09-linux-gtk-x86_64.tar.gz 到相应的安装目录，如/usr/local，使用命令如下所示。

```
[xuluhui@master ~]$ su root
[root@master ~]# cd /usr/local
[root@master local]# tar -zxvf /home/xuluhui/Downloads/eclipse-java-2018-09-linux-gtk-x86_64.tar.gz
```

3. 打开 Eclipse IDE

进入目录/usr/local/eclipse，通过可视化桌面打开 Eclipse IDE，默认的工作空间为目录

“/home/xuluhui/eclipse-workspace”，EclipseIDE 主界面如图 2-21 所示。

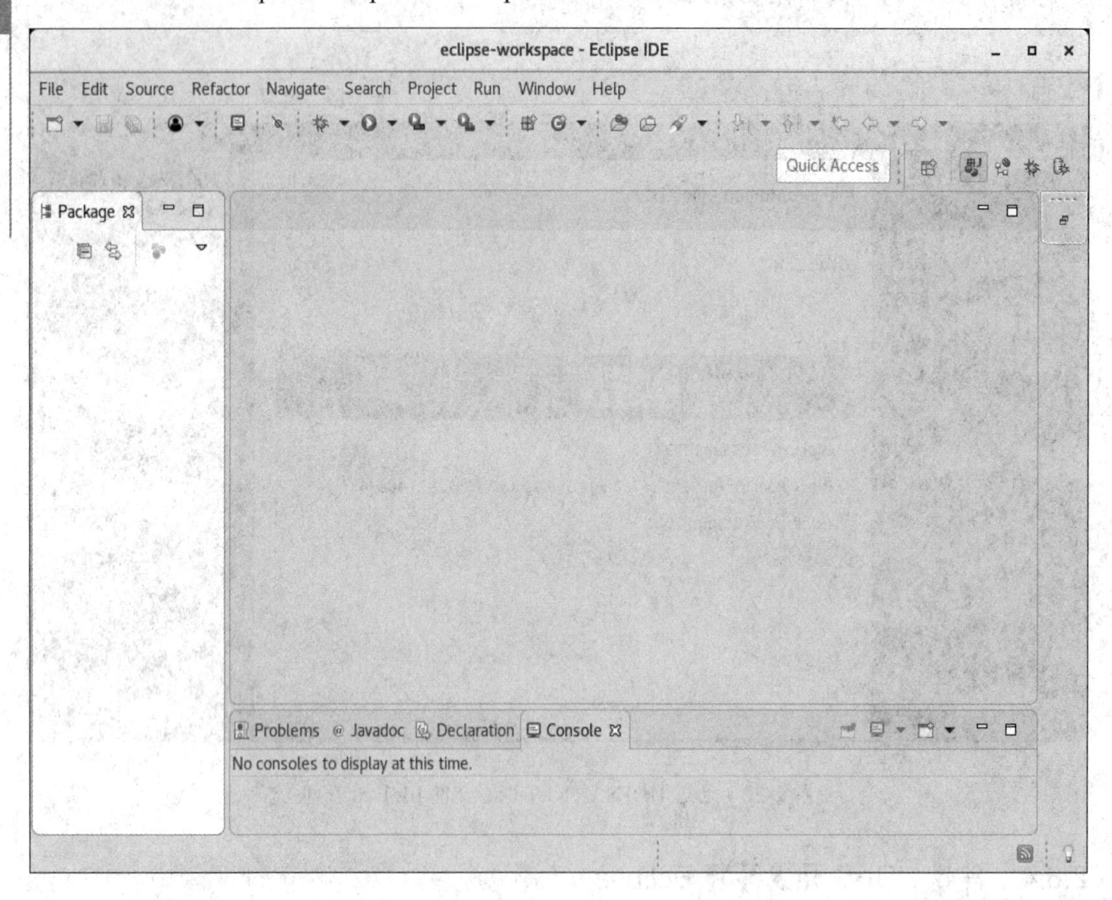

图 2-21　Eclipse IDE 主界面

2.6.5　使用 HDFS Java API 编程

【案例 2-4】 使用 HDFS Java API 编写 HDFS 文件操作程序，实现上传本地文件到 HDFS 的功能，采用本地执行和集群执行两种执行方式进行测试，观察结果。

1. 在 Eclipse 中创建 Java 项目

打开 Eclipse IDE，进入主界面，选择菜单『File』→『New』→『Java Project』，创建 Java 项目“HDFSExample”，如图 2-22 所示。本节中关于 HDFS 编程实例均存放在此项目下。

2. 在项目中添加所需 JAR 包

为了编写关于 HDFS 文件操作的应用程序，需要向 Java 工程中添加 jar 包，这些 JAR 包中包含了可以访问 HDFS 的 Java API，这些 jar 包都位于 Linux 系统的 $HADOOP_HOME/share/hadoop 目录下，对于本书而言，就是在/usr/local/hadoop-2.9.2/share/hadoop 目录下。读者可以按以下步骤添加该应用程序编写时所需的 jar 包。

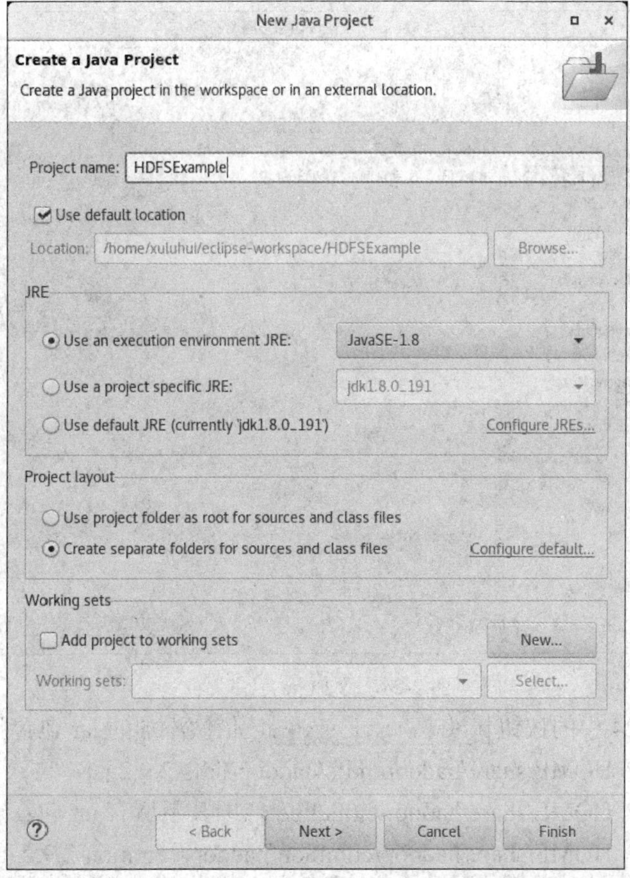

图 2-22　创建 Java 项目“HDFSExample”

(1) 右键单击 Java 项目“HDFSExample”，从弹出的菜单中选择『Build Path』→『Configure Build Path...』，如图 2-23 所示。

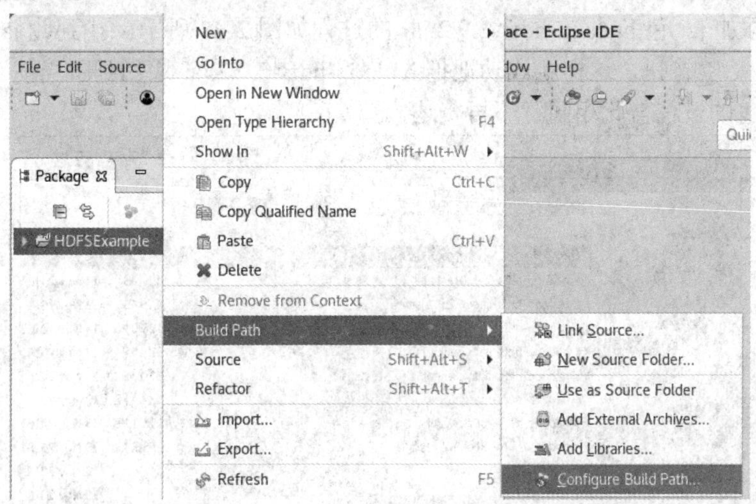

图 2-23　进入“HDFSExample”项目的“Java Build Path”

(2) 进入窗口【Properties for HDFSExample】，可以看到添加 jar 包的主界面，如图 2-24 所示。

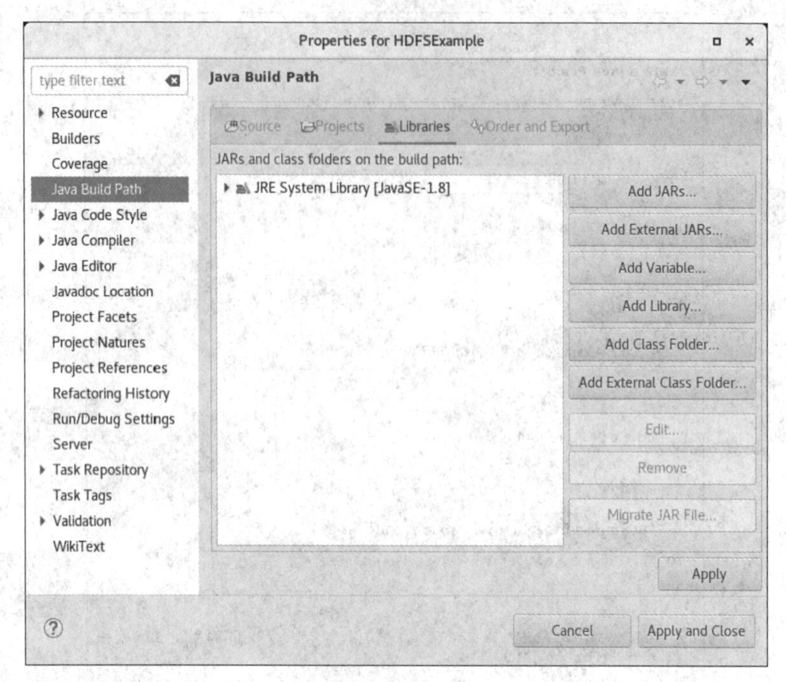

图 2-24　添加 jar 包主界面

(3) 单击图 2-24 中的按钮 Add External JARS，依次添加的 jar 包包括：

- $HADOOP_HOME/share/hadoop/hdfs/hadoop-hdfs-2.9.2.jar;
- $HADOOP_HOME/share/hadoop/hdfs/lib/*，即其下所有 jar 包；
- $HADOOP_HOME/share/hadoop/common/hadoop-common-2.9.2.jar;
- $HADOOP_HOME/share/hadoop/common/lib/*，即其下所有 jar 包。

这里编者为了方便，导入了目录$HADOOP_HOME/share/hadoop/hdfs/lib 和$HADOOP_HOME/share/hadoop/common/lib 下的所有 jar 包，读者也可以根据实际编程需要导入必要的 jar 包。其中添加 jar 包 hadoop-hdfs-2.9.2.jar 的过程如图 2-25 所示。找到此 jar 包后选中并单击右上角的 OK 按钮，这样就成功地把 hadoop-hdfs-2.9.2.jar 增加到了当前 Java 项目中。添加其他 jar 包的过程与此相同，不再赘述。

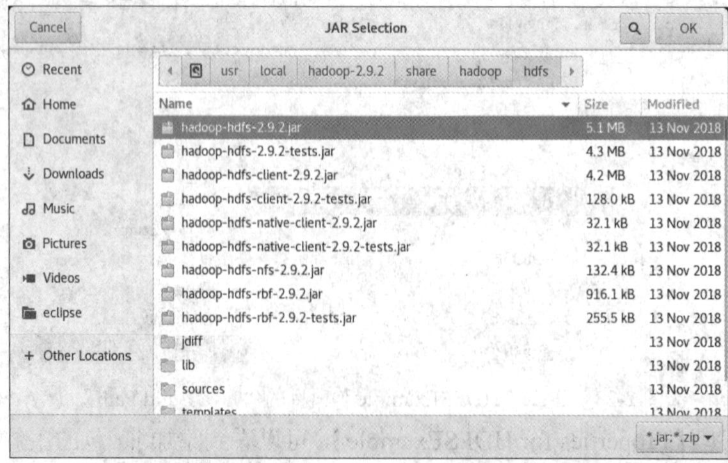

图 2-25　添加 hadoop-hdfs-2.9.2.jar 到 Java 项目中

(4) 完成 jar 包添加后的界面如图 2-26 所示，单击 Apply and Close 按钮。

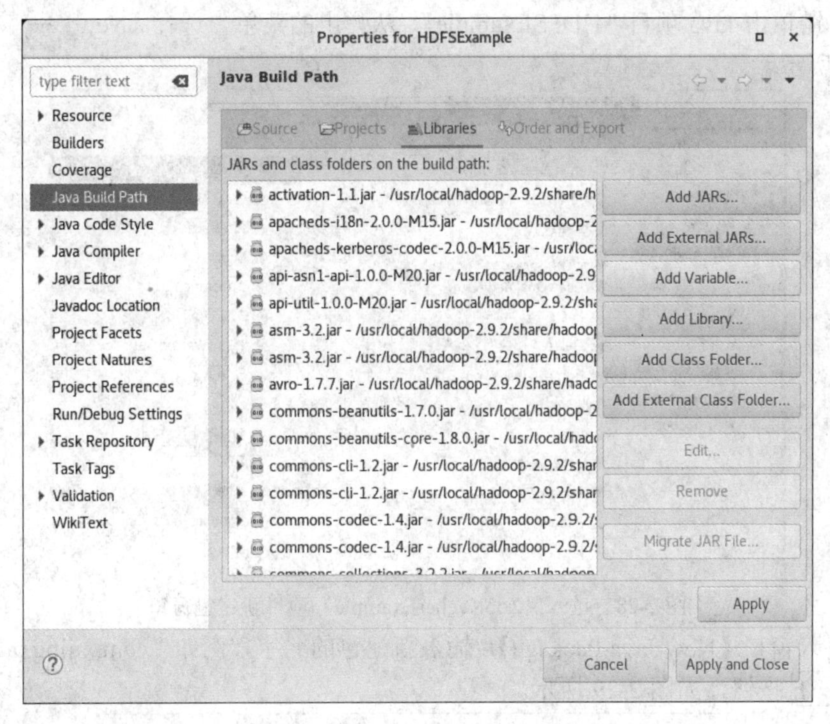

图 2-26　完成 jar 包添加后的界面

(5) 自动返回到 Eclipse 界面，如图 2-27 所示。从图 2-27 中可以看出，项目“HDFSExample”目录树下多了“Referenced Libraries”，其中有通过以上步骤添加进来的两个 jar 包。

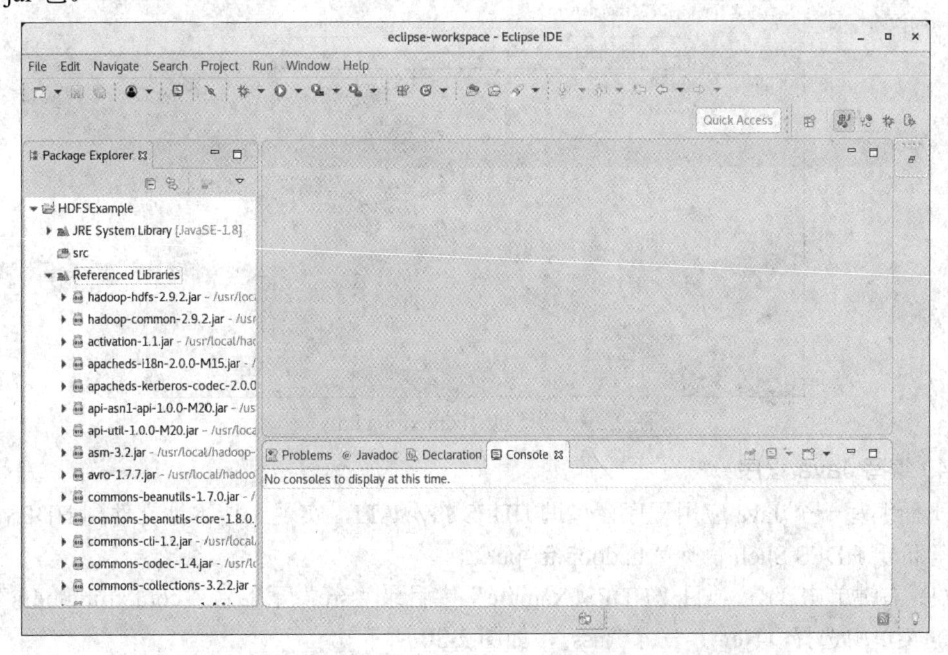

图 2-27　添加 jar 包后“HDFSExample”项目目录树变化

3. 在项目中新建包

(1) 右键单击 Java 项目“HDFSExample”，从弹出的菜单中选择『New』→『Package』，如图 2-28 所示。

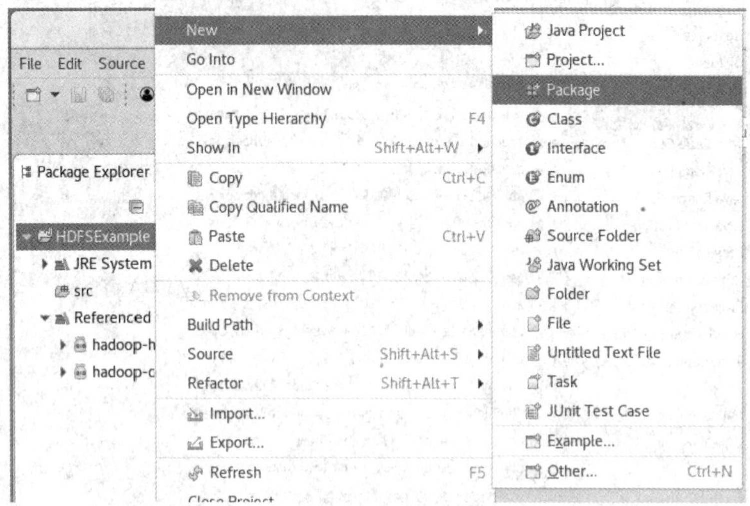

图 2-28　进入“ZooKeeperExample”项目新建包窗口

(2) 进入窗口【New Java Package】，输入新建包的名字，例如“com.xijing.hdfs”，完成后单击 Finish 按钮，如图 2-29 所示。

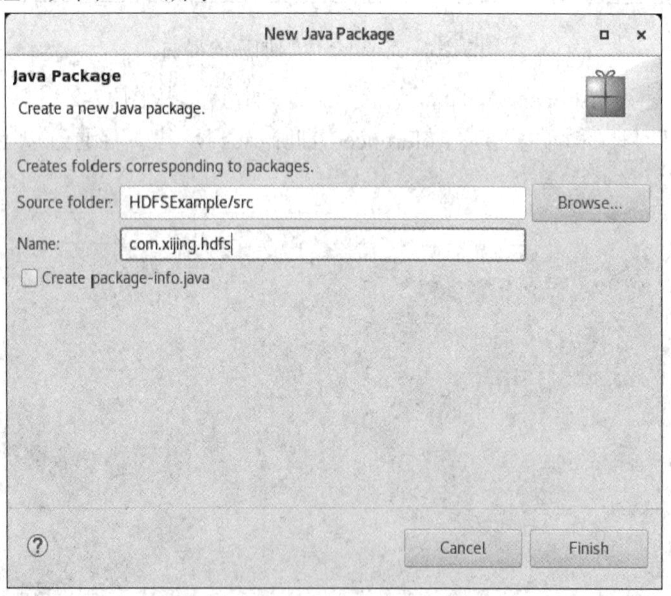

图 2-29　新建包“com.xijing.hdfs”

4. 编写 Java 程序

下面编写一个 Java 应用程序，借助 HDFS Java API，实现上传本地文件到 HDFS 的功能，等价于 HDFS Shell 命令“hadoop fs -put”。

(1) 右键单击 Java 项目“HDFSExample”中目录“src”下的包“com.xijing.hdfs”，从弹出的菜单中选择『New』→『Class』，如图 2-30 所示。

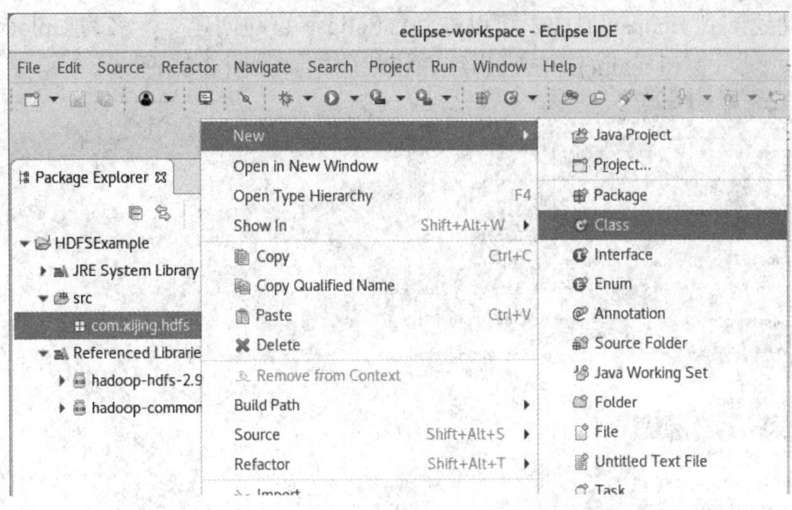

图 2-30　进入“com.xijing.hdfs”包的新建类窗口

(2) 进入窗口【New Java Class】，可以看出，由于上步在包“com.xijing.hdfs”下新建类，故此处不需要选择该类所属包；输入新建类的名称，例如“UploadFile”，之所以这样命名，是因为本程序实现的是上传本地文件到 HDFS，建议读者命名时也要做到见名知意；读者还可以选择是否创建 main 函数。本节中新建类“UploadFile”的具体输入和选择如图 2-31 所示。完成后单击 Finish 按钮。

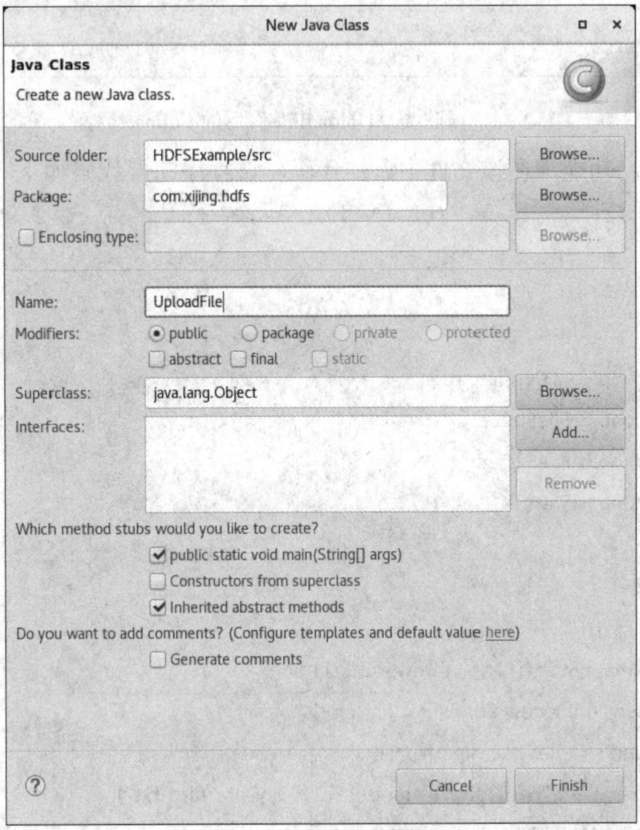

图 2-31　新建类“UploadFile”

(3) 自动返回到 Eclipse 界面，可以看到，Eclipse 自动创建一个名为 UploadFile.java 的源代码文件，包、类和 main()方法已出现在该代码中，如图 2-32 所示。

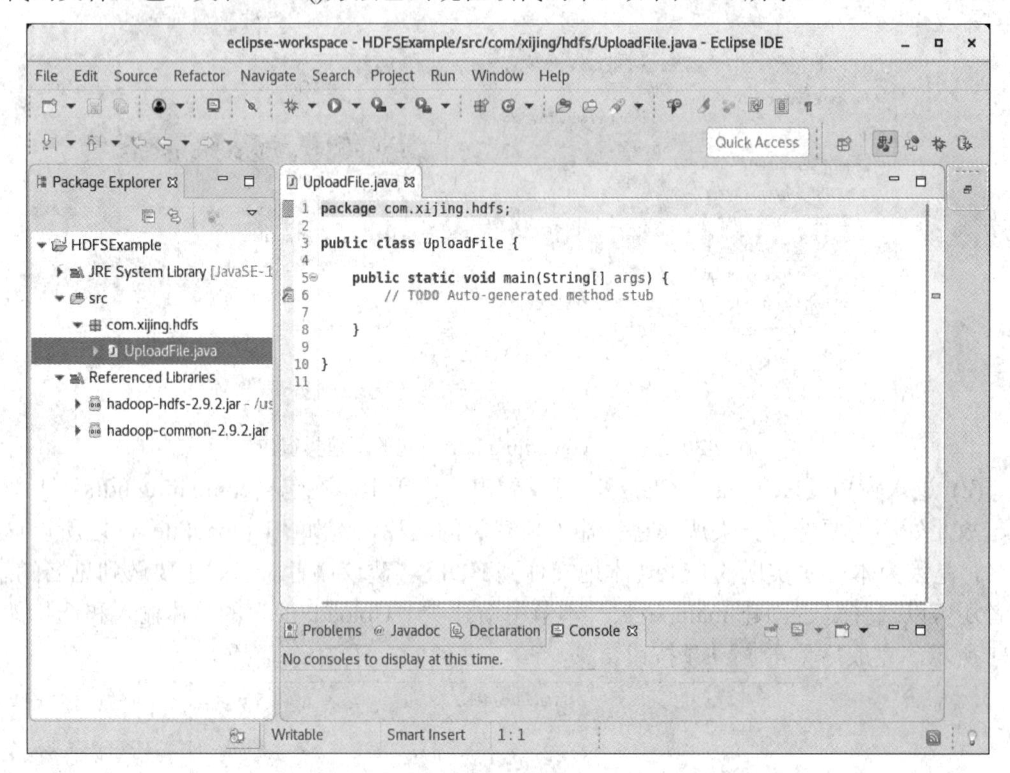

图 2-32　新建类“UploadFile”后的 Eclipse 界面

(4) 为实现程序功能，在该文件中添加代码，该程序完整代码如下所示。

```
package com.xijing.hdfs;

import java.io.IOException;

import org.apache.hadoop.conf.Configuration;
import org.apache.hadoop.fs.FileStatus;
import org.apache.hadoop.fs.FileSystem;
import org.apache.hadoop.fs.Path;

public class UploadFile {

    public static void main(String[] args) throws IOException {
        Configuration conf = new Configuration();
        FileSystem hdfs = FileSystem.get(conf);
        Path src = new Path("/usr/local/hadoop-2.9.2/HelloData/file1.txt");
        Path dst = new Path("file1.txt");
```

```
        hdfs.copyFromLocalFile(src, dst);
        System.out.println("Upload to " + conf.get("fs.defaultFS"));
        FileStatus files[] = hdfs.listStatus(dst);
        for (FileStatus file:files){
            System.out.println(file.getPath());
        }
    }
}
```

本例中首先实例化 Configuration 对象，然后实例化了一个 FileSystem 对象 hdfs，接着用到了 FileSystem 类的方法 copyFromLocalFile(src, dst)，其功能是复制本地文件到目标文件系统指定路径下，最后通过代码“System.out.println(file.getPath())”将上传到 HDFS 上的文件路径显示出来。

5. 运行程序

1) 本地执行

单击 Eclipse 工具栏中的 Run 按钮，直接运行 UploadFile，执行结果如图 2-33 所示。从图 2-33 中可以看出，在/home/xuluhui/eclipse-workspace/HDFSExample 目录下增加了一个“file1.txt”文件，而 file1.txt 文件并没有上传到 HDFS 集群上，使用命令“hadoop fs -ls /”是查看不到 file1.txt 文件的。

```
log4j:WARN No appenders could be found for logger (org.apache.hadoop.util.Shell).
log4j:WARN Please initialize the log4j system properly.
log4j:WARN See http://logging.apache.org/log4j/1.2/faq.html#noconfig for more info.
Upload to file:///
file:/home/xuluhui/eclipse-workspace/HDFSExample/file1.txt
```

图 2-33　UploadFile 本地执行结果

因此，上述代码若在本地执行，其结果是错误的。读者可以按照如下提示在上述代码“Configuration conf = …”和“FileSystem hdfs = …”之间加入一行代码，以达到本地执行目的。

```
⋮
Configuration conf = new Configuration();
conf.set("fs.defaultFS", "hdfs://master:9000");    //新加入代码行
FileSystem hdfs = FileSystem.get(conf);
⋮
```

修改后的 UploadFile 本地执行结果如图 2-34 所示。从图 2-34 中可以看出，在 HDFS 目录/user/xuluhui 下增加了一个“file1.txt”文件。

```
log4j:WARN No appenders could be found for logger (org.apache.hadoop.util.Shell).
log4j:WARN Please initialize the log4j system properly.
log4j:WARN See http://logging.apache.org/log4j/1.2/faq.html#noconfig for more info.
Upload to hdfs://master:9000
hdfs://master:9000/user/xuluhui/file1.txt
```

图 2-34　修改代码后 UploadFile 本地执行结果

2) 集群执行

(1) 打包代码，生成 jar 文件。

第一步，右键单击 Java 项目“HDFSExample”，从弹出的快捷菜单中选择『Export…』，如图 2-35 所示。

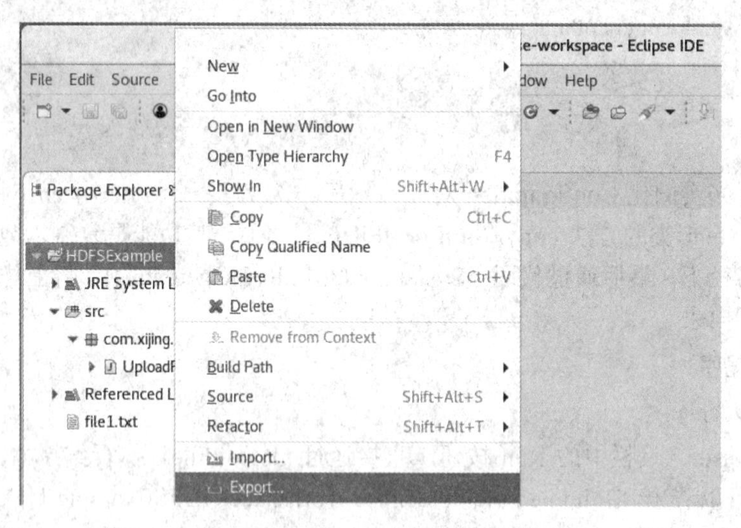

图 2-35　生成 jar 包(1)

第二步，在弹出的“Export”对话框中，选择“JAR file”，单击 Next 按钮，如图 2-36 所示。

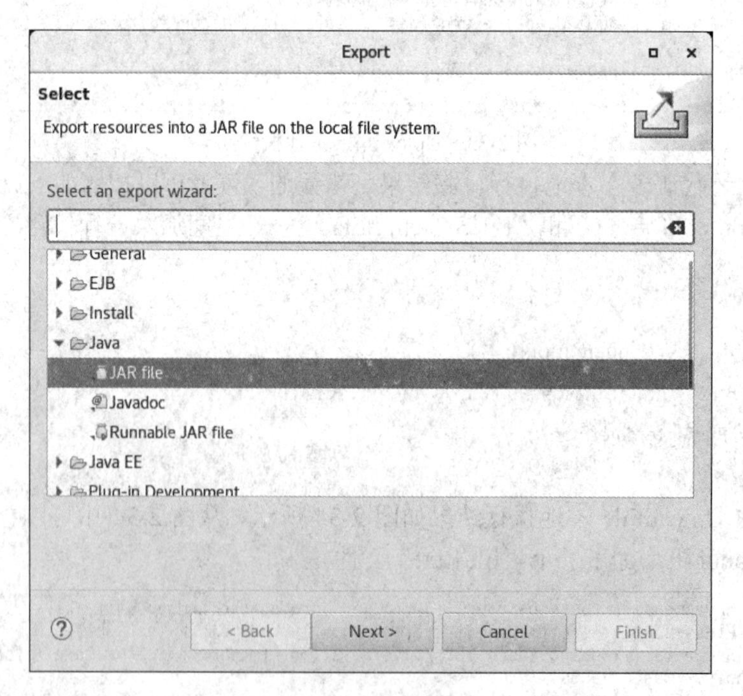

图 2-36　生成 jar 包(2)

第三步，在弹出的“JAR Export”对话框中，指定 jar 包的存放路径等，本例中 jar 包的存放路径及文件名为/home/xuluhui/eclipse-workspace/HDFSExample/hdfsexample.jar，单击 Finish 按钮，如图 2-37 所示。

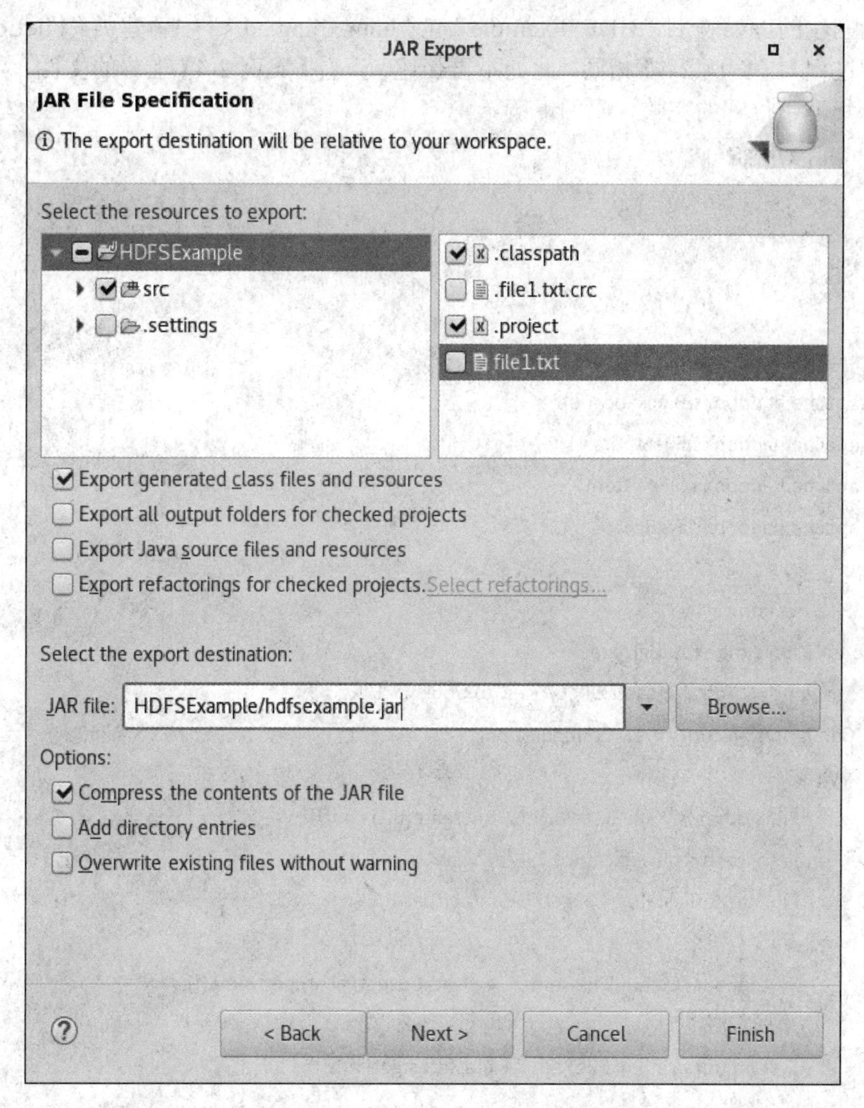

图 2-37　生成 jar 包(3)

(2) 使用命令“hadoop jar”将 hdfsexample.jar 提交到 Hadoop 集群执行，使用的命令及集群执行结果如图 2-38 所示。

```
[xuluhui@master ~]$ hadoop jar /home/xuluhui/eclipse-workspace/HDFSExample/hdfse
xample.jar com.xijing.hdfs.UploadFile
Upload to hdfs://192.168.18.130:9000
hdfs://192.168.18.130:9000/user/xuluhui/file1.txt
[xuluhui@master ~]$
```

图 2-38　UploadFile 集群执行结果

(3) 通过“hadoop fs -ls /”验证文件 file1.txt 是否已上传到 HDFS 目录/user/xuluhui 下。

【案例 2-5】 使用 HDFS Java API 编写 HDFS 文件操作程序，实现查看 HDFS 文件的信息及在集群中位置的功能，采用本地执行和集群执行的两种执行方式进行测试，观察结果。

在已创建的 Java 项目“HDFSExample”包“com.xijing.hdfs”中新建类“FileLocation”，具体新建过程与【案例 2-4】相同，此处不再赘述，查看【案例 2-4】上传的文件 “file1.txt”在 HDFS 集群中位置的完整代码如下所示。

```
package com.xijing.hdfs;

import java.io.IOException;
import java.net.URI;

import org.apache.hadoop.conf.Configuration;
import org.apache.hadoop.fs.BlockLocation;
import org.apache.hadoop.fs.FileStatus;
import org.apache.hadoop.fs.FileSystem;
import org.apache.hadoop.fs.Path;

public class FileLocation {
    public static void main(String[] args) {
        String uri = "hdfs://master:9000/user/xuluhui/file1.txt";
        Configuration conf = new Configuration();
        try {
            FileSystem fs = FileSystem.get(URI.create(uri),conf);
            Path fpath = new Path(uri);
            FileStatus filestatus = fs.getFileStatus(fpath);
            // 文件名称
            System.out.println("FileName: "+ filestatus.getPath().getName());
            // 文件路径
            System.out.println("FilePath: "+ filestatus.getPath());
            // 文件大小
            System.out.println("FileLength: "+ filestatus.getLen());
            // 文件权限
            System.out.println("FilePermission: "+ filestatus.getPermission());
            // 文件所有者
            System.out.println("FileGroup: "+ filestatus.getOwner());
            // 获取文件存储的块信息
            BlockLocation[] blockLocations = fs.getFileBlockLocations(filestatus, 0, filestatus.getLen());
            for (BlockLocation blockLocation : blockLocations) {
                // 获取文件块存储的主机节点
                String[] hosts = blockLocation.getHosts();
```

```
                    for (String host : hosts) {
                        System.out.println("StoredNode: "+host);
                    }
                }
            } catch (IOException e) {
                e.printStackTrace();
            }
        }
}
```

将【案例 2-4】生成的/home/xuluhui/eclipse-workspace/HDFSExample/hdfsexample.jar 删除，重新打包，并将 FileLocation 也打包进去。使用命令“hadoop jar”将全新的 hdfsexample.jar 提交到 Hadoop 集群执行，使用的命令及集群执行结果如图 2-39 所示。

```
[xuluhui@master ~]$ hadoop jar /home/xuluhui/eclipse-workspace/HDFSExample/hdfse
xample.jar com.xijing.hdfs.FileLocation
FileName: file1.txt
FilePath: hdfs://master:9000/user/xuluhui/file1.txt
FileLength: 48
FilePermission: rw-r--r--
FileOwner: xuluhui
StoredNode: slave1
StoredNode: slave2
[xuluhui@master ~]$
```

图 2-39　FileLocation 集群执行结果

当然，读者也可以在 Eclipse 下使用本地执行的方式执行 FileLocation，执行结果如图 2-40 所示。

```
log4j:WARN Please initialize the log4j system properly.
log4j:WARN See http://logging.apache.org/log4j/1.2/faq.html#noconfig for more info.
FileName: file1.txt
FilePath: hdfs://master:9000/user/xuluhui/file1.txt
FileLength: 48
FilePermission: rw-r--r--
FileOwner: xuluhui
StoredNode: slave1
StoredNode: slave2
```

图 2-40　FileLocation 本地执行结果

使用 HDFS Java API 实现在 HDFS 上创建目录的程序代码如下所示，其功能等价于 HDFS Shell 命令“hadoop fs -mkdir”。

```
package com.xijing.hdfs;

import java.io.IOException;
import java.net.URI;

import org.apache.hadoop.conf.Configuration;
import org.apache.hadoop.fs.FileSystem;
import org.apache.hadoop.fs.Path;
```

```
public class CreateDir {

    public static void main(String[] args) {
        String uri = "hdfs://master:9000";
        Configuration conf = new Configuration();
        try {
            FileSystem fs = FileSystem.get(URI.create(uri),conf);
            Path dfs = new Path("/test");
            boolean flag=fs.mkdirs(dfs);
            System.out.println(flag?"directory creation success":"directory creation failure");
        } catch (IOException e) {
            e.printStackTrace();
        }
    }
}
```

使用 HDFS Java API 实现读取 HDFS 上文件的程序代码如下所示，其功能等价于 HDFS Shell 命令“hadoop fs –cat”。

```
package com.xijing.hdfs;

import java.io.BufferedReader;
import java.io.InputStreamReader;

import org.apache.hadoop.conf.Configuration;
import org.apache.hadoop.fs.FileSystem;
import org.apache.hadoop.fs.Path;
import org.apache.hadoop.fs.FSDataInputStream;

public class ReadFile {

    public static void main(String[] args) {
        try {
            Configuration conf = new Configuration();
            conf.set("fs.defaultFS","hdfs://master:9000");
            conf.set("fs.hdfs.impl","org.apache.hadoop.hdfs.DistributedFileSystem");
            FileSystem fs = FileSystem.get(conf);
            Path file = new Path("test");
            FSDataInputStream getIt = fs.open(file);
            BufferedReader d = new BufferedReader(new InputStreamReader(getIt));
```

```
            String content = d.readLine();            //读取文件的一行内容
            System.out.println(content);
            d.close();                                //关闭文件
            fs.close();                               //关闭 HDFS
        } catch (Exception e) {
            e.printStackTrace();
        }
    }
}
```

使用 HDFS Java API 实现新建 HDFS 文件并写入内容的程序代码如下所示。

```
package com.xijing.hdfs;

import org.apache.hadoop.conf.Configuration;
import org.apache.hadoop.fs.FileSystem;
import org.apache.hadoop.fs.FSDataOutputStream;
import org.apache.hadoop.fs.Path;

public class WriteFile {

    public static void main(String[] args) {
        try {
            Configuration conf = new Configuration();
            conf.set("fs.defaultFS","hdfs://master:9000");
            conf.set("fs.hdfs.impl","org.apache.hadoop.hdfs.DistributedFileSystem");
            FileSystem fs = FileSystem.get(conf);
            byte[] buff = "Hello world".getBytes();           //要写入的内容
            String filename = "test";                         //要写入的文件名
            FSDataOutputStream os = fs.create(new Path(filename));
            os.write(buff,0,buff.length);
            System.out.println("Create:"+ filename);
            os.close();
            fs.close();
        }
        catch (Exception e) {
            e.printStackTrace();
        }
    }
}
```

2.6.6　关闭 HDFS 集群

关闭 HDFS 集群，只需在主节点上执行以下命令：

```
[xuluhui@master ~]$ stop-yarn.sh
```

执行 stop-dfs.sh 时，*namenode.pid、*datanode.pid、*secondarynamenode.pid 文件依次消失。

本 章 小 结

本章简单介绍了 HDFS 功能、来源和特点，详细阐述了 HDFS 体系架构、文件存储原理和数据读写过程，讲述了 HDFS 提供的三种访问接口：HDFS Web UI、HDFS Shell 和 HDFS Java API，简要介绍了 HDFS NameNode HA 高可用机制、HDFS Name NodeFederation 联邦机制，最后在上述理论基础上引入综合实战，详细阐述了如何使用 HDFS Web UI、HDFS Shell 和 HDFS Java API 三大接口操作和管理 HDFS 文件的实战过程。

HDFS 采用主从架构，文件系统主要由 NameNode 和 DataNode 组成。NameNode 作为管理节点，主要存储了每个文件的块信息，并控制数据的读写过程，而 DataNode 作为数据节点，主要用于存储数据。

HDFS 中的数据以文件块 Block 的形式存储，Block 是最基本的存储单位，每次读写的最小单元是一个 Block。HDFS 采用副本策略对数据进行冗余存储，通常一个数据块的多个副本会被分布到不同的 DataNode 上。

HDFS 为用户提供了三种接口：HDFS Web UI、HDFS Shell 和 HDFS Java API。HDFS Web UI 网页接口主要用于查询 HDFS 文件系统的工作状态和基本信息；HDFS Shell 命令为管理和维护人员提供了文件系统的常见操作，用户可以使用各种 Shell 命令实现对文件系统的管理；HDFS Java API 为开发人员提供了 HDFS 的基本 API 调用接口，使用 Java API 可以完成 HDFS 支持的所有文件系统操作，但是相对于 Shell 命令而言，它对开发人员的要求较高，开发人员需要花费较长时间来学习基本 Java 类和相关操作的使用方法。

HDFS 设计和实现了多种机制来保证高可靠性，使用 HDFS NameNode HA 机制解决了 NameNode 单点故障问题，使用 HDFS Federation 联邦机制实现了集群扩展性和良好隔离性。

第 3 章 MapReduce 编程

学习目标

- 了解 MapReduce 功能、来源和设计思想；
- 理解 MapReduce 作业执行流程；
- 掌握 MapReduce 数据类型，了解可序列化和反序列化；
- 熟练掌握 MapReduce 示例程序词频统计 WordCount 的执行流程和代码编写；
- 了解 MapReduce Web UI 和 MapReduce Shell 接口，掌握 MapReduce Java API 编程接口；
- 熟练掌握通过 Java 语言编写 MapReduce 程序，完成海量数据的离线分析。

3.1 初识 MapReduce

MapReduce 是一个可用于大规模数据处理的分布式计算框架，它提供了非常完善的分布式架构，可以让不熟悉分布式编程的人员也能轻松编写出分布式应用程序并运行在分布式系统之上，因此可以让开发人员将精力专注到业务逻辑本身。

MapReduce最早是由Google公司研究提出的一种面向大规模数据处理的并行计算模型和方法。Google 公司设计 MapReduce 的初衷是为了解决其搜索引擎中大规模网页数据的并行化处理，2004 年，Google 公司发表了一篇关于分布式计算框架 MapReduce 的论文，重点介绍了 MapReduce 的基本原理和设计思想。同年，开源项目 Lucene(搜索索引程序库)和Nutch(搜索引擎)的创始人 Doug Cutting 发现 MapReduce 正是其所需要解决的瓶颈问题大规模 Web 数据处理的重要技术，因而模仿 Google 公司的 MapReduce，采用 Java 语言开发了一个后来称为 Hadoop MapReduce 的开源并行计算框架。尽管 MapReduce 目前存在很多局限性，但其仍然被认为是迄今为止最为成功、最易于使用的大数据并行处理技术。

MapReduce 采用“分而治之”的设计思想。如果一个大数据文件可以被分为具有同样计算过程的多个数据块，并且这些数据块之间不存在数据依赖关系，那么提高处理速度的最好办法就是采用“分而治之”策略对数据进行并行化计算，即对相互间不具有或有较少数据依赖关系的海量数据，用一定的数据划分方法对数据进行分配，然后将每个数据分片交由一个子任务去处理，最后再汇总所有子任务的处理结果。简单地说，MapReduce 就是“任务的分解与结果的汇总”，“分解”任务的过程称为 Map 阶段，“汇总”任务的过程称为 Reduce 阶段，其设计思想如图 3-1 所示。

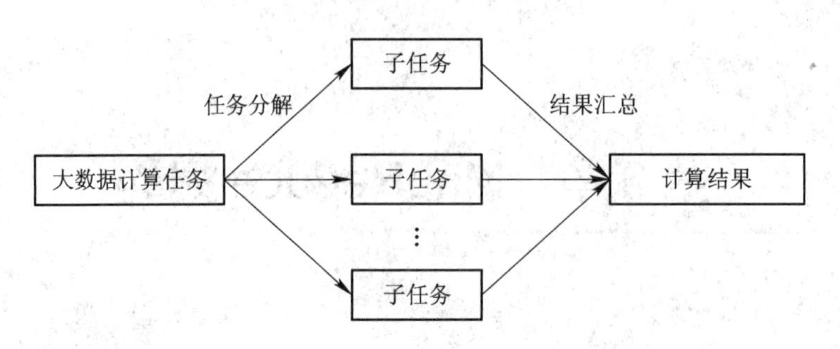

图 3-1　MapReduce 设计思想

MapReduce 把函数式编程思想构建成抽象模型——Map 和 Reduce。MapReduce 借鉴了函数式程序设计语言 Lisp 中的函数式编程思想，定义了 Map 和 Reduce 两个抽象类，程序员只需要实现这两个抽象类，然后根据不同的业务逻辑实现具体的 map()函数和 reduce()函数，即可快速完成并行化程序的编写。

MapReduce 在发展史上经过一次重大改变。旧版 MapReduce(MapReduce 1.0)采用典型的主从架构，主进程为 JobTracker，从进程为 TaskTracker，但是这种架构过于简单，导致 JobTracker 的任务过于集中，并且存在单点故障等问题。因此，MapReduce 进行了一次重要升级，舍弃了 JobTracker 和 TaskTracker，而改用 ResourceManager 进程负责处理资源，并且使用 ApplicationMaster 进程管理各个具体的应用，用 NodeManager 进程对各个节点的工作情况进行监听，从而形成了纯粹的计算框架 MapReduce 2.0 和纯粹的资源管理框架 YARN。

MapReduce 具有以下优点：

(1) 易于编程。通过一些简单接口的实现，就可以完成一个分布式程序的编写，而且这个分布式程序可以运行在由大量廉价服务器组成的集群上，即编写一个分布式程序与编写一个串行程序一模一样。

(2) 高扩展性。当计算资源不能得到满足时，可以通过简单地增加服务器数量来扩展集群计算能力。这与 HDFS 通过增加服务器扩展集群存储能力原理相同。

(3) 高容错性。MapReduce 的设计初衷就是使程序能够部署在廉价服务器上，这就要求它必须具有很高的容错性，例如一台机器出现故障，可以把它的计算任务转移到另一个正常机器上运行，这样就不至于导致该任务运行失败，而且这个过程不需要人工干预。

(4) MapReduce 适合 PB 级以上的海量数据的离线处理。

尽管 MapReduce 具有很多优势，但也有不适用的场景，主要表现在以下几个方面：

(1) 不适合实时计算。MapReduce 无法在 ms 级或 s 级内返回结果，其不适合数据的在线处理。

(2) 不适合流式计算。流式计算的数据是动态的，而 MapReduce 输入数据集是静态的，这是因为 MapReduce 自身设计特点决定了数据源必须是静态的。

(3) 不适合 DAG(有向无环图)计算。有些场景，多个应用程序之间存在依赖关系，比如后一个应用程序的输入是前一个应用程序的输出。在这种情况下，MapReduce 处理方法是将每个 MapReduce 作业的输出结果写入磁盘，带来大量的磁盘 I/O 开销，导致性能非常低下。

MapReduce 在以上几个方面的缺陷可以采用后续章节介绍的大数据计算框架 Spark、Flink 等加以解决。

3.2　MapReduce 作业执行流程

MapReduce 作业的执行流程主要包括 InputFormat、Map、Shuffle、Reduce 和 OutputFormat 五个阶段，MapReduce 作业的执行流程如图 3-2 所示。

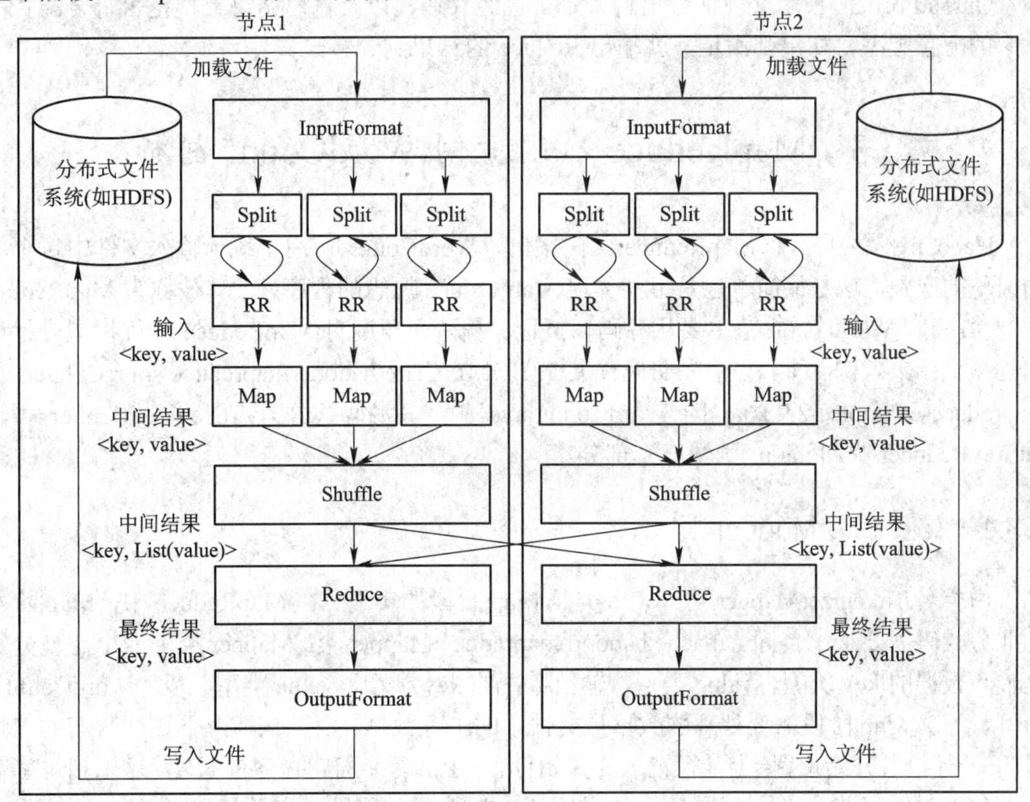

图 3-2　MapReduce 作业的执行流程

下面对 MapReduce 作业的各个执行阶段进行详细说明。

1．InputFormat

InputFormat 模块首先对输入数据做预处理，比如验证输入格式是否符合输入定义；然后将输入文件切分为逻辑上的多个 InputSplit，InputSplit 只是 MapReduce 对文件进行处理和运算的输入单位，并没有对文件进行实际切分；由于 InputSplit 是逻辑切分而非物理切分，所以还需要通过 RecordReader(图 3-2 中的 RR)根据 InputSplit 中的信息来处理 InputSplit 中的具体记录，加载数据并转换为适合 Map 任务读取的键值对<key, value>，输入给 Map 任务。

2．Map

Map 模块会根据用户自定义的映射规则，输出一系列的键值对<key, value>作为中间结果。

3．Shuffle

为了让 Reduce 可以并行处理 Map 的结果，需要对 Map 的输出进行一定的排序、分区、合并、归并等操作，以此得到键值对中间结果<key, List(value)>，再交给对应的 Reduce 进行处理，这个过程叫做 Shuffle。

4．Reduce

Reduce 以一系列的键值对中间结果<key, List(value)>中间结果作为输入，执行用户定义的逻辑，输出键值对<key, value>形式的结果给 OutputFormat。

5．OutputFormat

OutputFormat 模块会验证输出目录是否已经存在，以及输出结果类型是否符合配置文件中的配置类型，如果都满足，就输出 Reduce 的结果到分布式文件系统。

3.3 MapReduce 入门案例 WordCount 剖析

Hadoop 提供了一个 MapReduce 入门案例“WordCount”，用于统计输入文件中每个单词出现的次数，这是最简单也是最能体现 MapReduce 思想的程序之一，被称为 MapReduce 版的“Hello World”。本节主要从源码、执行流程两个角度对 MapReduce 编程模型进行详细分析。该案例源码保存在$HADOOP_HOME/share/hadoop/mapreduce/sources/hadoop-mapreduce-examples-2.9.2.jar 的 WordCount.java 中，其源码共分为 TokenizerMapper 类、IntSumReducer 类和 main()函数三个部分。

3.3.1 TokenizerMapper 类

由类名 TokenizerMapper 可知，该类是 Map 阶段的实现。在 MapReduce 中，Map 阶段的业务代码需要继承自 org.apache.hadoop.mapreduce.Mapper 类。Mapper 类的四个泛型分别是输入数据的 key 类型、value 类型，输出数据的 key 类型、value 类型。以“WordCount”为例，每次 Map 阶段需要处理的数据是文件中的一行数据，而默认情况下这行数据的偏移量(下一行记录开始位置=上一行记录的开始位置+上一行字符串内容的长度，这个相对字节的变化就叫做字节偏移量)就是输入数据的 key 类型(偏移量是一个长整型，也可以写成本例中使用的 Object 类型)；输入数据的 value 类型就是这行数据本身，因此是 Text 类型(Hadoop 中定义的字符串类型)；输出数据的 key 类型是每个单词本身，因此也是 Text 类型；而输出数据的 value 类型表示该单词出现了一次，因此就是数字 1，可以表示为 IntWritable 类型(Hadoop 中定义的整数类型)。

TokenizerMapper 类的源码如下：

```
import org.apache.hadoop.mapreduce.Mapper;
public static class TokenizerMapper extends Mapper<Object, Text, Text, IntWritable>{

    private final static IntWritable one = new IntWritable(1);
    private Text word = new Text();

    public void map(Object key, Text value, Context context) throws IOException, InterruptedException {
        StringTokenizer itr = new StringTokenizer(value.toString());
        while (itr.hasMoreTokens()) {
```

```
            word.set(itr.nextToken());
            context.write(word, one);
        }
    }
}
```

由源码可知，Mapper 类提供了 map()方法，用于编写 Map 阶段具体的业务逻辑。map()方法的前两个参数表示输入数据的 key 类型和 value 类型(与 Mapper 类前两个参数的含义一致)，而 map()的第三个参数 Context 对象表示 Map 阶段的上下文对象，可用于将 Map 阶段的输出输入到下一个阶段中。

现在具体分析 TokenizerMapper 类的源码：当输入数据被提交到 MapReduce 流程后，MapReduce 首先会将输入的 HDFS 文件进行如图 3-3 所示的分片(Split)处理，然后再将分片后的文件块提交给 Map 阶段的 map()方法。map()方法拿到文件块后，默认以“行”为单位进行读取，每次读取一行数据后，再通过 StringTokenizer 构造方法将该行数据以空白字符(空格、制表符等)为分隔符进行拆分，然后再遍历拆分后的单词，并将每个单词的输出 value 设置为 1。也就是说，Map 阶段会将读入到的每一行数据拆分成各个单词，然后标记该单词出现了一次，最后再通过 context.write()输出到 MapReduce 中的下一个阶段，如图 3-4 所示。

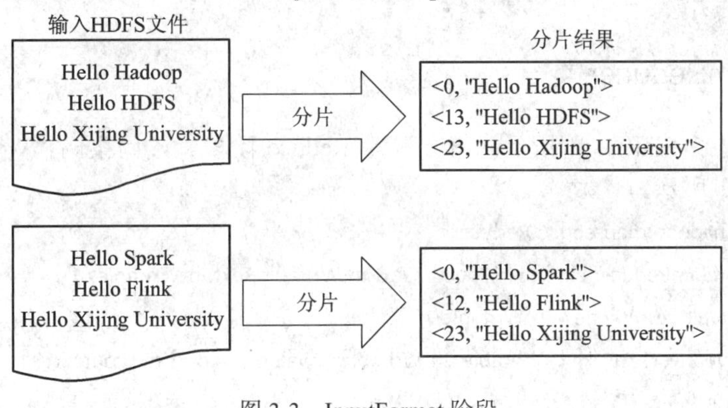

图 3-3　InputFormat 阶段

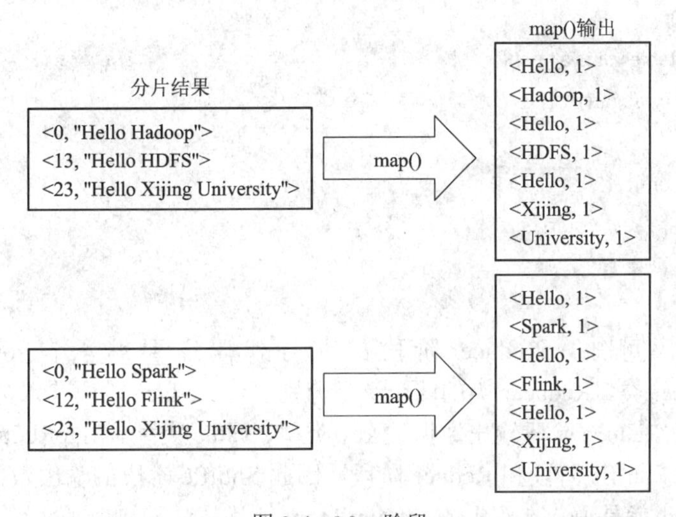

图 3-4　Map 阶段

Map 阶段的输出会经过一个名为 Shuffle 的阶段，并在 Shuffle 阶段对 Map 的输出进行排序和合并操作，Shuffle 阶段的输出是以“key=单词，value=出现次数的数组”形式输出的。Map 端的 Shuffle 阶段如图 3-5 所示。

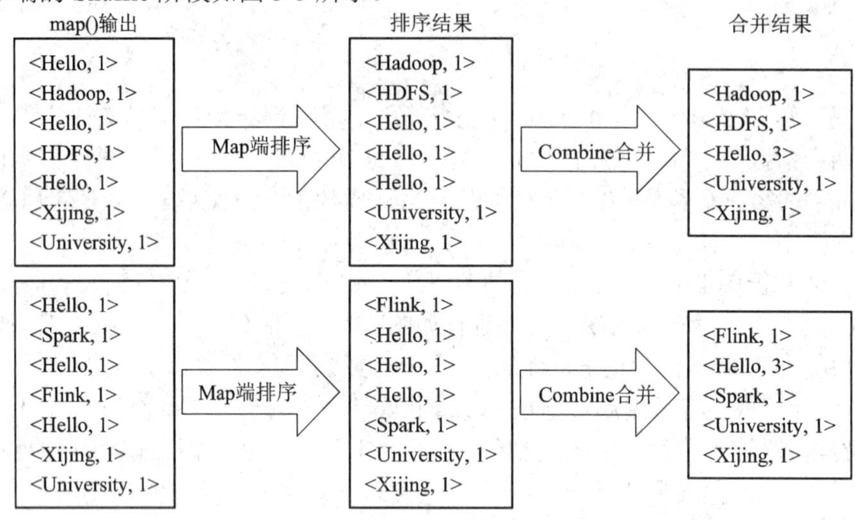

图 3-5　Map 端 Shuffle 阶段

3.3.2　IntSumReducer 类

数据在经过了 Shuffle 阶段后，就会进入 Reduce 阶段。入门案例“WordCount”中的 Reduce 源码如下所示。

```
import org.apache.hadoop.mapreduce.Reducer;
public static class IntSumReducer extends Reducer<Text,IntWritable,Text,IntWritable> {
    private IntWritable result = new IntWritable();
    public void reduce(Text key, Iterable<IntWritable> values, Context context) throws IOException,
InterruptedException {
        int sum = 0;
        for (IntWritable val : values) {
            sum += val.get();
        }
        result.set(sum);
        context.write(key, result);
    }
}
```

由上述源码可知，Reduce 阶段的业务代码需要继承自 org.apache.hadoop.mapreduce.Reducer 类。Reducer 类的四个泛型分别表示 Reduce 阶段输入数据的 key 类型、value 类型，以及 Reduce 阶段输出数据的 key 类型、value 类型。MapReduce 的执行流程依次为 Map 阶段、Shuffle 阶段和 Reduce 阶段，因此 Shuffle 阶段的输出数据就是 Reduce 阶段的输入数据。也就是说，本例中的 IntSumReducer 就是对 Shuffle 阶段的输出数据进行了统计，即计算出 Flink、Hadoop、HDFS、Hello、Spark、University 和 Xijing 各个单词出现的次数分别为 1、1、1、6、1、2、2，Reduce 阶段的输出结果如图 3-6 所示。IntSumReducer 源码中最后的 context.write()方法表示将 Reduce 阶段的输出输入到最终的 HDFS 中进行存储，如图 3-7 所示。而存储在 HDFS 中的具体位置是在 main()方法中进行设置的。

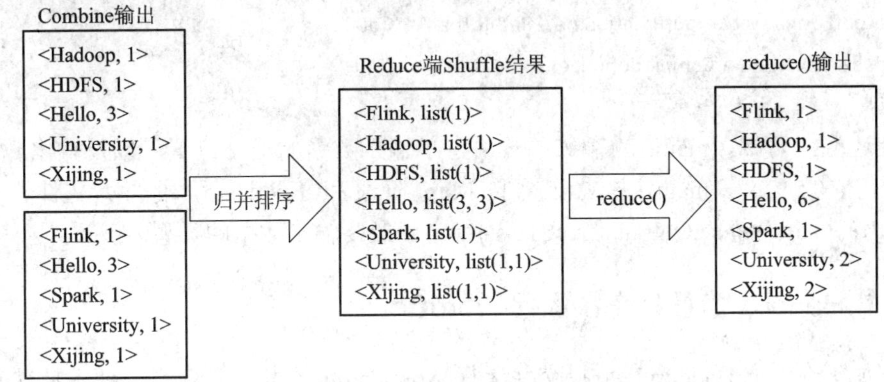

图 3-6　Reduce 端 Shuffle 阶段和 Reduce 阶段

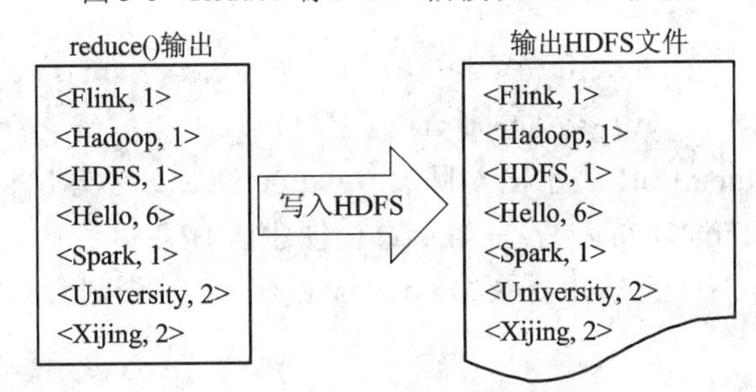

图 3-7　OutputFormat 阶段

3.3.3　main()函数

入门案例“WordCount”中 main()函数的源码如下所示。

```
public static void main(String[] args) throws Exception {
    Configuration conf = new Configuration();
    String[] otherArgs = new GenericOptionsParser(conf, args).getRemainingArgs();
    if (otherArgs.length < 2) {
        System.err.println("Usage: wordcount <in> [<in>…] <out>");
        System.exit(2);
    }
    Job job = Job.getInstance(conf, "word count");
    job.setJarByClass(WordCount.class);
    job.setMapperClass(TokenizerMapper.class);
    job.setCombinerClass(IntSumReducer.class);
    job.setReducerClass(IntSumReducer.class);
    job.setOutputKeyClass(Text.class);
```

```
    job.setOutputValueClass(IntWritable.class);
    for (int i = 0; i < otherArgs.length - 1; ++i) {
        FileInputFormat.addInputPath(job, new Path(otherArgs[i]));
    }
    FileOutputFormat.setOutputPath(job,new Path(otherArgs[otherArgs.length - 1]));
    System.exit(job.waitForCompletion(true) ? 0 : 1);
}
```

由上述源码可知，main()的输入参数决定了输入数据的文件位置，以及输出数据存储到 HDFS 中的位置。main()方法设置了 Map 阶段和 Reduce 阶段的类文件，并通过 setOutputKeyClass()和 setOutputValueClass()指定了最终输出数据的类型。

3.3.4 向 Hadoop 集群提交并运行 WordCount

使用如下命令向 Hadoop 集群提交并运行 WordCount，在执行该命令前要求启动 Hadoop 集群。

```
[xuluhui@master ~]$ hadoop jar /usr/local/hadoop-2.9.2/share/hadoop/mapreduce/hadoop-mapreduce-examples-2.9.2.jar wordcount /InputData /OutputData
```

在上述命令中，/InputData 表示输入目录，/OutputData 表示输出目录。执行该命令前，要求 HDFS 输入目录/InputData 已存在(第 2 章已创建该 HDFS 目录，且其下存在两个文件 file1.txt、file2.txt)，且 HDFS 输出目录/OutputData 不存在，否则会抛出异常。部分执行过程如图 3-8 所示。

```
[xuluhui@master ~]$ hadoop jar /usr/local/hadoop-2.9.2/share/hadoop/mapreduce/ha
doop-mapreduce-examples-2.9.2.jar wordcount /InputData /OutputData
22/07/10 13:23:58 INFO client.RMProxy: Connecting to ResourceManager at master/1
92.168.18.130:8032
22/07/10 13:24:01 INFO input.FileInputFormat: Total input files to process : 2
22/07/10 13:24:01 INFO mapreduce.JobSubmitter: number of splits:2
22/07/10 13:24:01 INFO Configuration.deprecation: yarn.resourcemanager.system-me
trics-publisher.enabled is deprecated. Instead, use yarn.system-metrics-publishe
r.enabled
22/07/10 13:24:02 INFO mapreduce.JobSubmitter: Submitting tokens for job: job_16
57473815184_0001
22/07/10 13:24:02 INFO impl.YarnClientImpl: Submitted application application_16
57473815184_0001
22/07/10 13:24:02 INFO mapreduce.Job: The url to track the job: http://master:80
88/proxy/application_1657473815184_0001/
22/07/10 13:24:02 INFO mapreduce.Job: Running job: job_1657473815184_0001
22/07/10 13:24:17 INFO mapreduce.Job: Job job_1657473815184_0001 running in uber
 mode : false
22/07/10 13:24:17 INFO mapreduce.Job:  map 0% reduce 0%
22/07/10 13:24:33 INFO mapreduce.Job:  map 100% reduce 0%
22/07/10 13:24:44 INFO mapreduce.Job:  map 100% reduce 100%
22/07/10 13:24:46 INFO mapreduce.Job: Job job_1657473815184_0001 completed succe
ssfully
```

图 3-8　向 Hadoop 集群提交并运行 WordCount 的执行过程(部分)

上述程序执行完毕后，会将结果输出到 HDFS 目录/OutputData 中，使用命令“hadoop

fs -ls /OutputData”来查看，使用的 HDFS Shell 命令及具体过程如图 3-9 所示。图 3-9 中/OutputData 目录下有两个文件，其中/OutputData/_SUCCESS 表示 Hadoop 程序已执行成功，该文件大小为 0，文件名就告知了 Hadoop 程序的执行状态，而第二个文件/OutputData/part-r-00000 才是 Hadoop 程序的运行结果。在命令终端利用命令“hadoop fs -cat /OutputData/part-r-00000”查看 Hadoop 程序的运行结果，运行结果如图 3-9 所示。

```
[xuluhui@master ~]$ hadoop fs -ls /OutputData
Found 2 items
-rw-r--r--   3 xuluhui supergroup          0 2022-07-10 13:24 /OutputData/_SUCCE
SS
-rw-r--r--   3 xuluhui supergroup         62 2022-07-10 13:24 /OutputData/part-r
-00000
[xuluhui@master ~]$ hadoop fs -cat /OutputData/part-r-00000
Flink   1
HDFS    1
Hadoop  1
Hello   6
Spark   1
University      2
Xijing  2
[xuluhui@master ~]$ 
```

图 3-9　查看 WordCount 运行结果

3.4　MapReduce 数据类型

在上节 MapReduce 程序 WordCount 中可以发现，MapReduce 使用了 Text 定义字符串，使用了 IntWritable 定义整型变量，而没有使用 Java 内置的 String 和 int 类型。这样做主要有以下两个方面的原因：

· MapReduce 是集群运算，因此必然会在执行期间进行网络传输，然而在网络中传输的数据必须是可序列化的类型。

· 为了良好地匹配 MapReduce 内部的运行机制，MapReduce 专门设计了一套数据类型。

MapReduce 中常见的数据类型如表 3-1 所示。

表 3-1　MapReduce 中常见数据类型

数 据 类 型	说　明
IntWritable	整型类型
LongWritable	长整型类型
FloatWritable	单精度浮点数类型
DoubleWritable	双精度浮点数类型
ByteWritable	字节类型
BooleanWritable	布尔类型
Text	UTF-8 格式存储的文本类型
NullWritable	空对象

需要注意的是，这些数据类型的定义类都实现了 WritableComparable 接口，其源码如

下所示。

```
public abstract interface WritableComparable extends Writable, Comparable {…}
```

可以发现，WritableComparable 继承自 Writable 和 Comparable 接口。其中 Writable 就是 MapReduce 提供的序列化接口(类似于 Java 中的 Serializable 接口)，源码如下所示。

```
public abstract interface org.apache.hadoop.io.Writable {
    public abstract void write(DataOutput output) throws IOException;
    public abstract void readFields(DataInput input) throws java.io.IOException;
    ⋮
}
```

其中，write()用于将数据进行序列化操作；readFields()用于将数据进行反序列化操作。

Comparable 接口就是 Java 中的比较器，用于对数据集进行排序操作。因此，如果要在 MapReduce 中自定义一个数据类型，就需要实现 Writable 接口；如果还需要对自定义的数据类型进行排序操作，就需要实现 WritableComparable 接口(或者分别实现 Writable 和 Comparable 接口)。

以下是 IntWritable 类型的完整定义，其他 MapReduce 中的数据类型与之类似。

```
package org.apache.hadoop.io;
import java.io.DataInput;
import java.io.DataOutput;
import java.io.IOException;
import org.apache.hadoop.classification.InterfaceAudience.Public;
import org.apache.hadoop.classification.InterfaceStability.Stable;

@Public
@Stable
public class IntWritable implements WritableComparable<IntWritable> {
    //封装了基本的 int 类型变量
    private int value;

    public IntWritable() {
    }

    public IntWritable(int value) {
        this.set(value);
    }

    public void set(int value) {
        his.value = value;
    }
```

```
public int get() {
    return this.value;
}
//反序列化
public void readFields(DataInput in) throws IOException {
    this.value = in.readInt();
}
//序列化
public void write(DataOutput out) throws IOException {
    out.writeInt(this.value);
}
//在比较时，重写了 equals()和 hashCode()方法
public boolean equals(Object o) {
    if (!(o instanceof IntWritable)) {
        return false;
    } else {
        IntWritable other = (IntWritable)o;
        return this.value == other.value;
    }
}

public int hashCode() {
    return this.value;
}
//比较大小
public int compareTo(IntWritable o) {
    int thisValue = this.value;
    int thatValue = o.value;
    return thisValue < thatValue ? -1 : (thisValue == thatValue ? 0 : 1);
}

public String toString() {
    return Integer.toString(this.value);
}

static {
    WritableComparator.define(IntWritable.class, new IntWritable.Comparator());
}
```

```
    public static class Comparator extends WritableComparator {
        public Comparator() {
            super(IntWritable.class);
        }

        public int compare(byte[] b1, int s1, int l1, byte[] b2, int s2, int l2) {
            int thisValue = readInt(b1, s1);
            int thatValue = readInt(b2, s2);
            return thisValue < thatValue ? -1 : (thisValue == thatValue ? 0 : 1);
        }
    }
}
```

由上述源码可知，IntWritable 通过 readFields()和 write()方法实现了网络传输必要的序列化和反序列化操作，并且使用 compareTo()方法实现了数字的比较功能。

3.5 MapReduce 接口

3.5.1 MapReduce Web UI

MapReduce Web UI 接口是面向管理员的。可以在页面上看到已经完成的所有 MR-App 执行过程中的统计信息，该页面只支持读，不支持写。MapReduce Web UI 的默认地址为 http://JobHistoryServerIP:19888，由此可以查看 MapReduce 作业的历史运行情况，如图 3-10 所示。

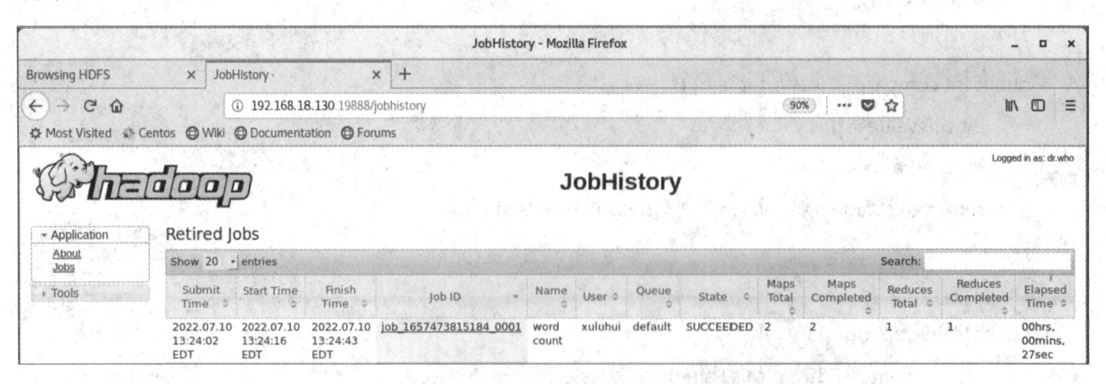

图 3-10　MapReduce 作业历史运行情况

3.5.2 MapReduce Shell

MapReduce Shell 接口是面向 MapReduce 程序员的。程序员通过 Shell 接口能够向 YARN 集群提交 MR-App，查看正在运行的 MR-App，甚至可以终止正在运行的 MR-App。

MapReduce Shell 命令统一入口为“mapred”，语法格式如下：

```
mapred [--config confdir] [--loglevel loglevel] COMMAND
```

需要注意的是，若$HADOOP_HOME/bin 目录未加入到系统环境变量 PATH 中，则需要切换到 Hadoop 安装目录下，输入“bin/mapred”。

读者可以使用“mapred -help”查看其帮助，命令“mapred”的具体用法和参数说明如图 3-11 所示。

```
[xuluhui@master ~]$ mapred -help
Usage: mapred [--config confdir] [--loglevel loglevel] COMMAND
       where COMMAND is one of:
  pipes                run a Pipes job
  job                  manipulate MapReduce jobs
  queue                get information regarding JobQueues
  classpath            prints the class path needed for running
                       mapreduce subcommands
  historyserver        run job history servers as a standalone daemon
  distcp <srcurl> <desturl> copy file or directories recursively
  archive -archiveName NAME -p <parent path> <src>* <dest> create a hadoop archi
ve
  archive-logs         combine aggregated logs into hadoop archives
  hsadmin              job history server admin interface

Most commands print help when invoked w/o parameters.
[xuluhui@master ~]$ 
```

图 3-11　命令“mapred”用法和参数说明

MapReduce Shell 命令分为用户命令和管理员命令。本章仅介绍部分命令，关于 MapReduce Shell 命令的完整说明，读者可参考官方网站 https://hadoop.apache.org /docs/r2.9.2/hadoop-mapreduce-client/hadoop-mapreduce-client-core/MapredCommands.html 中的内容。

3.5.3 MapReduce Java API

MapReduce Java API 接口是面向 Java 开发工程师的。Java 开发工程师可以通过该接口编写 MR-App 用户层代码 MRApplicationBusinessLogic。MapReduce 2.0 应用程序包含三部分：MRv2 框架中的 MRAppMaster、MRClient，再加上用户编写的 MRApplicationBusinessLogic (Mapper 类和 Reduce 类)。MR-App 编写步骤如下：

(1) 编写 MRApplicationBusinessLogic：自行编写，其编写步骤如下：

① 确定键值对<key,value>。

② 定制输入格式。

③ Mapper 阶段，其业务代码需要继承自 org.apache.hadoop.mapreduce.Mapper 类。

④ Reducer 阶段，其业务代码需要继承自 org.apache.hadoop.mapreduce.Reducer 类。

⑤ 定制输出格式。

(2) 编写 MRApplicationMaster：无须编写，Hadoop 开发人员已编写好 MRAppMaster.java。

(3) 编写 MRApplicationClient：无须编写，Hadoop 开发人员已编写好 YARNRunner.java。

关于 MapReduce API 的完整说明，读者可参考官方网站 https://hadoop.apache.org /docs/r2.9.2/api/index.html 中的内容。

3.6　综合实战：MapReduce 编程

前文所讲述的 MapReduce 入门案例 WordCount 统计的是单词数量，而单词本身属于字面值，是比较容易计算的。本案例将会讲解如何使用 MapReduce 统计对象中的某些属性。

【案例 3-1】 以下是某个超市的结算记录，从左往右各字段的含义依次是会员编号、结算时间、消费金额和用户身份，样例数据如下所示。

```
242315    2019-10-15.18:20:10  32   会员
984518    2019-10-15.18:21:02  167  会员
226335    2019-10-15.18:21:54  233  非会员
341665    2019-10-15.18:22:11  5    非会员
273367    2019-10-15.18:23:07  361  非会员
296223    2019-10-15.18:25:12  19   会员
193363    2019-10-15.18:25:55  268  会员
671512    2019-10-15.18:26:04  76   非会员
596233    2019-10-15.18:27:42  82   非会员
323444    2019-10-15.18:28:02  219  会员
345672    2019-10-15.18:28:48  482  会员
…
```

试完成以下任务：

(1) 编写 MapReduce 程序计算会员和非会员的平均消费金额，并打包成 jar 文件提交 Hadoop 集群运行，查看运行结果。

(2) 在该 MR-App 的运行过程中和运行结束后使用相关 MapReduce Shell 命令，查看 MR-App 的运行状态等信息。

(3) 在该 MR-App 的运行过程中和运行结束后查看 MapReduce Web UI 界面，查看 MR-App 的运行状态等信息。

接下来由以下五个步骤完整阐述本案例的实现过程。

3.6.1　启动 Hadoop 集群

在主节点上依次执行以下三条命令启动全分布模式 Hadoop 集群。

```
start-dfs.sh
start-yarn.sh
mr-jobhistory-daemon.sh start historyserver
```

“start-dfs.sh”命令会在主节点上启动 NameNode 和 SecondaryNameNode 服务，在从节点上启动 DataNode 服务；“start-yarn.sh”命令会在主节点上启动 ResourceManager 服务，在从节点上启动 NodeManager 服务；“mr-jobhistory-daemon.sh start historyserver”命令会在主节点上启动 JobHistoryServer 服务。

3.6.2　编写并运行 MapReduce 程序

在 Hadoop 集群主节点上搭建 MapReduce 开发环境 Eclipse，具体过程读者可参考 2.6.4 节，此处不再赘述。

与 2.6.5 节使用 HDFS Java API 编程过程相同，在 Eclipse 项目 MapReduceExample 下建立新包 com.xijing.mapreduce，模仿入门案例 WordCount，编写一个 WordCount 程序，最后打包成 jar 形式并在 Hadoop 集群上运行该 MR-App，查看运行结果。具体过程如下所示。

1. 在 Eclipse 中创建 Java 项目

进入目录/usr/local/eclipse，通过可视化桌面打开 Eclipse IDE，默认的工作空间为“/home/xuluhui/eclipse-workspace”。选择菜单『File』→『New』→『Java Project』，创建 Java 项目“MapReduceExample”。

2. 在项目中导入所需 JAR 包

为了编写关于 MapReduce 的应用程序，需要向 Java 项目中添加以下两个 jar 包：

(1) hadoop-mapreduce-client-core-2.9.2.jar，这是 MapReduce 的核心包，该包中包含了可以访问 MapReduce 的 Java API，位于$HADOOP_HOME/share/hadoop/mapreduce 目录下。

(2) hadoop-common-2.9.2.jar，由于需要对 HDFS 文件进行操作，所以还需要导入该包，该包位于$HADOOP_HOME/share/hadoop/common 目录下。

若不导入以上两个 jar 包，在运行代码后将会出现错误。读者可以参考 2.6.5 节步骤添加该应用程序编写时所需的 jar 包。

3. 在项目中新建包

右键单击项目“MapReduceExample”，从弹出的快捷菜单中选择『New』→『Package』，创建包“com.xijing.mapreduce”。

4. 使用 Java 语言编写 MapReduce 程序

1) 编写实体类

右键单击 Java 项目“MapReduceExample”中目录“src”下的包“com.xijing.mapreduce”，从弹出的菜单中选择『New』→『Class』，编写封装每个消费者记录的实体类 Customer，每个消费者至少包含了编号、消费金额和是否为会员等属性。Customer.java 源代码如下所示。

```
package com.xijing.mapreduce;

import org.apache.hadoop.io.Writable;
import java.io.DataInput;
import java.io.DataOutput;
import java.io.IOException;

public class Customer implements Writable {
    //会员编号
    private String id;
```

```
//消费金额
private int money;
// 0：非会员    1：会员
private int vip;
public Customer() {
}
public Customer( String id,int money, int vip) {
        this.id = id;
        this.money = money;
        this.vip = vip;
}
public int getMoney() {
        return money;
}
public void setMoney(int money) {
        this.money = money;
}

public String getId() {
        return id;
}

public void setId(String id) {
        this.id = id;
}

public int getVip() {
        return vip;
}

public void setVip(int vip) {
        this.vip = vip;
}

//序列化
public void write(DataOutput dataOutput) throws IOException {
        dataOutput.writeUTF(id);
        dataOutput.writeInt(money);
        dataOutput.writeInt(vip);
```

```
	}
	//反序列化(注意：各属性的顺序要和序列化保持一致)
	public void readFields(DataInput dataInput) throws IOException {
		this.id = dataInput.readUTF();
		this.money = dataInput.readInt();
		this.vip = dataInput.readInt() ;
	}
	@Override
	public String toString() {
		return    this.id + "\t" + this.money + "\t" + this.vip;
	}
}
```

由于本次统计的 Customer 对象需要在 Hadoop 集群中的多个节点之间传递数据，因此需要将 Customer 对象通过 write(DataOutput dataOutput)方法进行序列化操作，并通过 readFields(DataInput dataInput)进行反序列化操作。

2) 编写 Mapper 类

右键单击 Java 项目“MapReduceExample”中目录“src”下的包“com.xijing.mapreduce”，从弹出的菜单中选择『New』→『Class』，编写 Mapper 类 CustomerMapper。在 Map 阶段读取文本中的消费者记录信息，并将消费者的各个属性字段拆分读取，然后根据会员情况，将消费者的消费金额输出到 MapReduce 的下一个处理阶段(Shuffle)，本案例 Map 阶段输出的数据形式是“会员(或非会员)，消费金额”。CustomerMapper.java 源代码如下所示。

```
package com.xijing.mapreduce;

import org.apache.hadoop.io.IntWritable;
import org.apache.hadoop.io.LongWritable;
import org.apache.hadoop.io.Text;
import org.apache.hadoop.mapreduce.Mapper;
import java.io.IOException;

public class CustomerMapper extends Mapper<LongWritable, Text, Text, IntWritable> {
	@Override
	protected void map(LongWritable key, Text value, Context context) throws IOException, InterruptedException {
		//将一行内容转成 string
		String line = value.toString();
		//获取各个顾客的消费数据
		String[] fields = line.split("\t");
		//获取消费金额
```

```
            int money = Integer.parseInt(fields[2]);
            //获取会员情况
            String vip = fields[3];
                /*
                    输出
                    Key：会员情况，value：消费金额
                    例如：
                    会员        32
                    会员        167
                    非会员      233
                    非会员      5
                */
            context.write(new Text(vip), new IntWritable(money));
        }
}
```

3) 编写 Reducer 类

右键单击 Java 项目“MapReduceExample”中目录“src”下的包“com.xijing.mapreduce”，从弹出的菜单中选择『New』→『Class』，编写 Reducer 类 CustomerReducer。Map 阶段的输出数据在经过 shuffle 阶段混洗以后，就会传递给 Reduce 阶段。本案例 Reduce 阶段输入的数据形式是“会员(或非会员),[消费金额 1,消费金额 2,消费金额 3,…]”。因此，与 WordCount 类似，只需要在 Reduce 阶段累加会员或非会员的总消费金额就能完成本次任务。CustomerReducer.java 源代码如下所示。

```
package com.xijing.mapreduce;


import org.apache.hadoop.io.IntWritable;
import org.apache.hadoop.io.LongWritable;
import org.apache.hadoop.io.Text;
import org.apache.hadoop.mapreduce.Reducer;


import java.io.IOException;


public class CustomerReducer extends Reducer<Text, IntWritable, Text, LongWritable> {
    @Override
    protected void reduce(Text key, Iterable<IntWritable>values, Context context) throws IOException,
InterruptedException {
        //统计会员(或非会员)的个数
        int vipCount = 0 ;
        //总消费金额
```

```
            long sumMoney = 0;

            for(IntWritable money: values){
                vipCount++ ;
                sumMoney += money.get() ;
            }
            //会员(或非会员)的平均消费金额
            long avgMoney = sumMoney/vipCount ;
            context.write(key, new LongWritable(avgMoney));
        }
}
```

4) 编写 MapReduce 程序驱动类

右键单击 Java 项目“MapReduceExample”中目录“src”下的包“com.xijing.mapreduce”，从弹出的菜单中选择『New』→『Class』，编写 MapReduce 程序驱动类 CustomerDriver。在编写 MapReduce 程序时，程序的驱动类基本是相同的，因此，可以仿照之前的驱动类，编写该 MapReduce 驱动类。CustomerDriver.java 源代码如下所示。

```
package com.xijing.mapreduce;

import org.apache.hadoop.conf.Configuration;
import org.apache.hadoop.fs.Path;
import org.apache.hadoop.io.IntWritable;
import org.apache.hadoop.io.LongWritable;
import org.apache.hadoop.io.Text;
import org.apache.hadoop.mapreduce.Job;
import org.apache.hadoop.mapreduce.lib.input.FileInputFormat;
import org.apache.hadoop.mapreduce.lib.output.FileOutputFormat;

public class CustomerDriver {
    public static void main(String[] args) throws Exception {
        Configuration conf = new Configuration();
        Job job = Job.getInstance(conf);
        job.setJarByClass(CustomerDriver.class);
        job.setMapperClass(CustomerMapper.class);
        job.setReducerClass(CustomerReducer.class);
        job.setMapOutputKeyClass(Text.class);
        job.setMapOutputValueClass(IntWritable.class);
        job.setOutputKeyClass(Text.class);
        job.setOutputValueClass(LongWritable.class);
```

```
        FileInputFormat.setInputPaths(job, new Path(args[0]));
        FileOutputFormat.setOutputPath(job, new Path(args[1]));
        boolean result = job.waitForCompletion(true);
        System.exit(result?0:1);
    }
}
```

最后，使用与 WordCount 程序相同的方法，将本程序打包成 JAR 包后就可以提交到 Hadoop 集群中运行了。执行结果就是计算并输出会员与非会员的平均消费金额。

5. 将 MapReduce 程序打包成 jar 包

与 2.6.5 节相同，为了运行写好的 MapReduce 程序，需要首先将该程序打包成 jar 包，具体打包过程此处不再赘述。编者将其保存在 /home/xuluhui/eclipse-workspace/MapReduceExample 下，命名为 Customer.jar。该 Java 项目当前整体架构效果如图 3-12 所示。

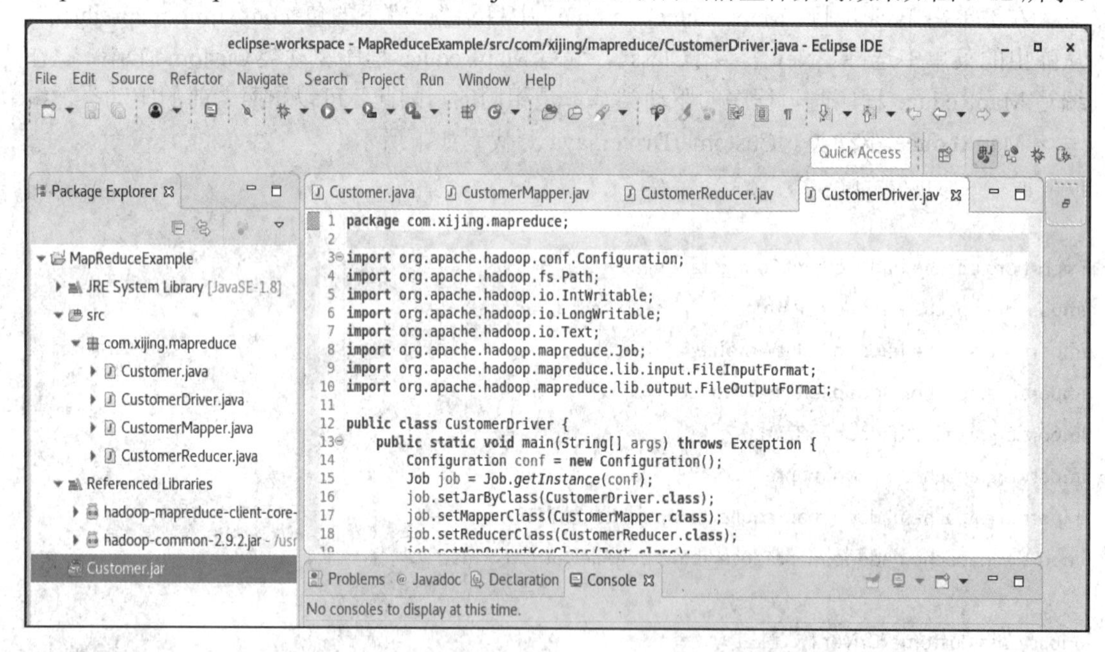

图 3-12　MapReduceExample 项目当前整体架构

6. 提交 jar 包到 Hadoop 集群中运行

与运行 hadoop-mapreduce-examples-2.9.2.jar 中的 wordcount 程序一样，只需要执行以下命令，就能在 Hadoop 集群中成功运行自己编写的 MapReduce 程序了，命令如下所示。

```
[xuluhui@master ~]$ hadoop jar /home/xuluhui/eclipse-workspace/MapReduceExample/Customer.jar com.xijing.mapreduce.CustomerDriver /InputData/customer.txt /CustomerOutputData
```

在上述命令中，HDFS 文件/InputData/customer.txt 表示输入文件，HDFS 目录/CustomerOutputData 表示输出目录。执行该命令前，要求输入文件已存在、输出目录不存在，否则会抛出异常，在执行过程中会自动创建输出目录。部分执行过程如图 3-13 所示。

```
[xuluhui@master ~]$ hadoop jar /home/xuluhui/eclipse-workspace/MapReduceExample/
Customer.jar com.xijing.mapreduce.CustomerDriver /InputData/customer.txt /Custom
erOutputData
22/07/11 08:51:41 INFO client.RMProxy: Connecting to ResourceManager at master/1
92.168.18.130:8032
22/07/11 08:51:43 WARN mapreduce.JobResourceUploader: Hadoop command-line option
 parsing not performed. Implement the Tool interface and execute your applicatio
n with ToolRunner to remedy this.
22/07/11 08:51:44 INFO input.FileInputFormat: Total input files to process : 1
22/07/11 08:51:45 INFO mapreduce.JobSubmitter: number of splits:1
22/07/11 08:51:45 INFO Configuration.deprecation: yarn.resourcemanager.system-me
trics-publisher.enabled is deprecated. Instead, use yarn.system-metrics-publishe
r.enabled
22/07/11 08:51:45 INFO mapreduce.JobSubmitter: Submitting tokens for job: job_16
57473815184_0002
22/07/11 08:51:47 INFO impl.YarnClientImpl: Submitted application application_16
57473815184_0002
22/07/11 08:51:47 INFO mapreduce.Job: The url to track the job: http://master:80
88/proxy/application_1657473815184_0002/
22/07/11 08:51:47 INFO mapreduce.Job: Running job: job_1657473815184_0002
22/07/11 08:52:04 INFO mapreduce.Job: Job job_1657473815184_0002 running in uber
 mode : false
22/07/11 08:52:04 INFO mapreduce.Job:  map 0% reduce 0%
22/07/11 08:52:17 INFO mapreduce.Job:  map 100% reduce 0%
22/07/11 08:52:29 INFO mapreduce.Job:  map 100% reduce 100%
22/07/11 08:52:29 INFO mapreduce.Job: Job job_1657473815184_0002 completed succe
ssfully
```

图 3-13 向 Hadoop 集群提交并运行 MapReduce 程序的执行过程(部分)

7. 查看运行结果

与入门案例 WordCount 相同，上述程序执行完毕后，会将结果输出到/CustomerOutputData 目录中，其中第 1 个文件/CustomerOutputData/_SUCCESS 表示 Hadoop 程序已执行成功，第 2 个文件/CustomerOutputData/part-r-00000 才是 Hadoop 程序的运行结果。使用 HDFS Shell 命令“hadoop fs -cat/CustomerOutputData/part-r-00000”查看运行结果，运行结果如图 3-14 所示。

```
[xuluhui@master ~]$ hadoop fs -cat /CustomerOutputData/part-r-00000
会员    197
非会员  151
[xuluhui@master ~]$
```

图 3-14 查看运行结果

3.6.3 练习使用 MapReduce Shell 命令

分别在自编 MapReduce 应用程序运行过程中和运行结束后练习 MapReduce Shell 常用命令。例如，使用如下命令查看 MapReduce 作业的状态信息。

```
mapred job -status <job-id>
```

如图 3-15 所示，当前 MapReduce 作业“job_1657473815184_0002”处于运行“SUCCEEDED”状态。

```
[xuluhui@master ~]$ mapred job -status job_1657473815184_0002
22/07/11 09:10:53 INFO client.RMProxy: Connecting to ResourceManager at master/1
92.168.18.130:8032
22/07/11 09:10:54 INFO mapred.ClientServiceDelegate: Application state is comple
ted. FinalApplicationStatus=SUCCEEDED. Redirecting to job history server

Job: job_1657473815184_0002
Job File: hdfs://192.168.18.130:9000/tmp/hadoop-yarn/staging/history/done/2022/0
7/11/000000/job_1657473815184_0002_conf.xml
Job Tracking URL : http://master:19888/jobhistory/job/job_1657473815184_0002
Uber job : false
Number of maps: 1
Number of reduces: 1
map() completion: 1.0
reduce() completion: 1.0
Job state: SUCCEEDED
retired: false
reason for failure:
Counters: 49
        File System Counters
                FILE: Number of bytes read=164
                FILE: Number of bytes written=397205
                FILE: Number of read operations=0
                FILE: Number of large read operations=0
                FILE: Number of write operations=0
                HDFS: Number of bytes read=541
                HDFS: Number of bytes written=25
```

图 3-15　通过命令“mapred job -status”查看该 MapReduce 作业状态

3.6.4　练习使用 MapReduce Web UI 界面

分别在自编 MapReduce 程序 WordCount 运行过程中和运行结束后查看 MapReduce Web UI 界面。

例如，如图 3-16 所示，当前 MapReduce 作业“job_1657473815184_0002”已运行结束，其 State 为成功(SUCCEEDED)状态。

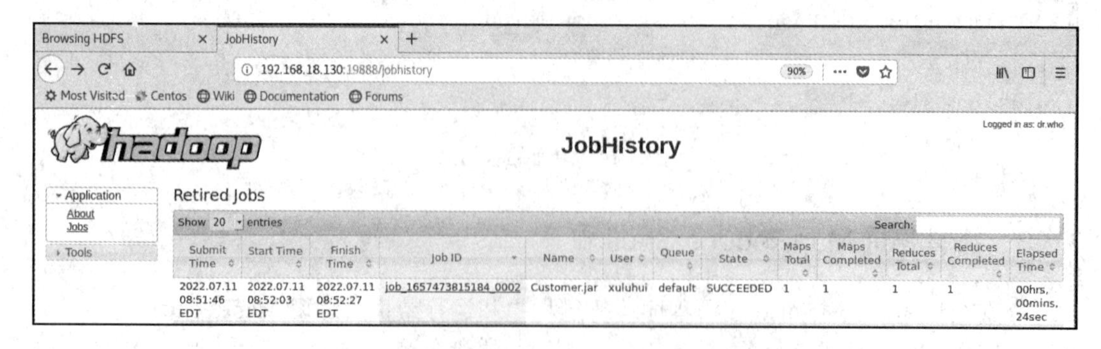

图 3-16　通过 MapReduce Web UI 查看该 MapReduce 作业信息

3.6.5　关闭 Hadoop 集群

关闭全分布模式 Hadoop 集群的命令与启动命令次序相反，只需在主节点 master 上依次执行以下三条命令即可关闭 Hadoop。

```
mr-jobhistory-daemon.sh stop historyserver
stop-yarn.sh
stop-dfs.sh
```

执行命令“mr-jobhistory-daemon.sh stop historyserver”时，*historyserver.pid 文件消失；执行命令“stop-yarn.sh”时，*resourcemanager.pid 和*nodemanager.pid 文件依次消失；执行命令“stop-dfs.sh”时，*namenode.pid、*datanode.pid、*secondarynamenode.pid 文件依次消失。

本 章 小 结

本章简要介绍了 MapReduce 的功能、来源和设计思想，详细阐述了 MapReduce 作业的执行流程、入门案例 WordCount 剖析和 MapReduce 独立设计的数据类型，简述了 MapReduce 三大接口 MapReduce Web UI、MapReduce Shell 和 MapReduce Java API，最后在上述理论基础上引入综合实战，详细阐述了一个 MapReduce 应用程序的编写过程。

MapReduce 是一个可用于大规模数据处理的分布式计算框架，Hadoop MapReduce 来源于 Google 公司 2004 年发表的一篇关于 MapReduce 的论文，其对大数据并行处理采用“分而治之”的设计思想，并把函数式编程思想构建成抽象模型 Map 和 Reduce。

MapReduce 作业的执行流程主要包括 InputFormat、Map、Shuffle、Reduce 和 OutputFormat 五个阶段。InputFormat 加载数据并转换为适合 Map 任务读取的键值对<key, value>，输入给 Map；Map 阶段会根据用户自定义的映射规则，输出一系列的键值对<key, value>作为中间结果；Shuffle 阶段对 Map 的输出进行一定的排序、分区、合并、归并等操作，得到键值对中间结果<key, List(value)>；Reduce 阶段以 Shuffle 输出作为输入，执行用户定义的逻辑，输出键值对<key, value>形式的结果给 OutputFormat；OutputFormat 模块完成输出验证后将 Reduce 结果写入分布式文件系统。

MapReduce 是集群运算，因此要求在网络中传输的数据必须是可序列化的类型，且为了良好匹配 MapReduce 内部运行机制，MapReduce 专门设计了一套数据类型。例如 MapReduce 使用 IntWritable 定义整型变量，而不是 Java 内置的 int 类型。

MapReduce 提供的接口有 MapReduce Web UI、MapReduce Shell 和 MapReduce Java API，读者需熟练掌握使用 Java 语言调用 MapReduce Java API 编写 MapReduce 应用程序的方法，重点是编写 Mapper 类和 Reducer 类，以实现对海量数据的离线分析。

第 4 章　部署 ZooKeeper 集群和 ZooKeeper 实战

学习目标

- 了解 ZooKeeper 功能、起源和应用场景；
- 理解 ZooKeeper 体系架构和工作原理；
- 理解 ZooKeeper 数据模型；
- 掌握 ZooKeeper 部署要点，包括运行环境、运行模式、主要配置文件等；
- 掌握 ZooKeeper Shell 命令，了解 ZooKeeper 四字命令和 ZooKeeper Java API；
- 熟练掌握在 Linux 环境下部署 ZooKeeper 集群、使用 ZooKeeper Shell 服务端命令和客户端命令。

4.1　初识 ZooKeeper

Apache ZooKeeper 是一个分布式的、开放源码的应用程序协调框架，是 Google Chubby 的开源实现。它为大型分布式系统中的各种协调问题提供了解决方案，主要用于解决分布式应用中经常遇到的一些数据管理问题，如配置管理、命名服务、分布式同步、集群管理等。

ZooKeeper 最早起源于雅虎研究院的一个研究小组。当时，研究人员发现，在雅虎内部很多大型系统基本都需要依赖一个类似的系统来进行分布式协调，但是这些系统往往都存在分布式单点问题。所以，雅虎的开户人员就试图开发一个通用的无单点问题的分布式协调框架，以便让开发人员将精力集中在处理业务逻辑上。雅虎模仿 Google Chubby 开发出了 ZooKeeper，实现了类似的分布式锁功能，并且将 ZooKeeper 捐赠给了 Apache，ZooKeeper 于 2010 年 11 月正式成为了 Apache 的顶级项目。

随着分布式架构的出现，越来越多的分布式应用会面临数据一致性问题。在解决分布式数据一致性问题上，除了 ZooKeeper 之外，目前还没有其他成熟稳定且被大规模应用的解决方案。ZooKeeper 无论从性能、易用性还是稳定性上来说，都已经达到了一个工业级产品标准，目前已得到广泛应用，诸如 Hadoop、HBase、Storm、Solr、Kafka 等越来越多的大型分布式项目都已经将 ZooKeeper 作为其核心组件，用于分布式协调。

4.2　ZooKeeper 工作原理

ZooKeeper 服务自身组成一个集群(2n + 1 个服务节点最多允许 n 个失效)，其集群模式架构如图 4-1 所示。ZooKeeper 服务主要有两种角色：一种是 Leader，负责投票的发起和决议，更新系统状态；另一种是 Follower，用于接收客户端请求并向客户端返回结果，在选举 Leader 过程中参与投票。

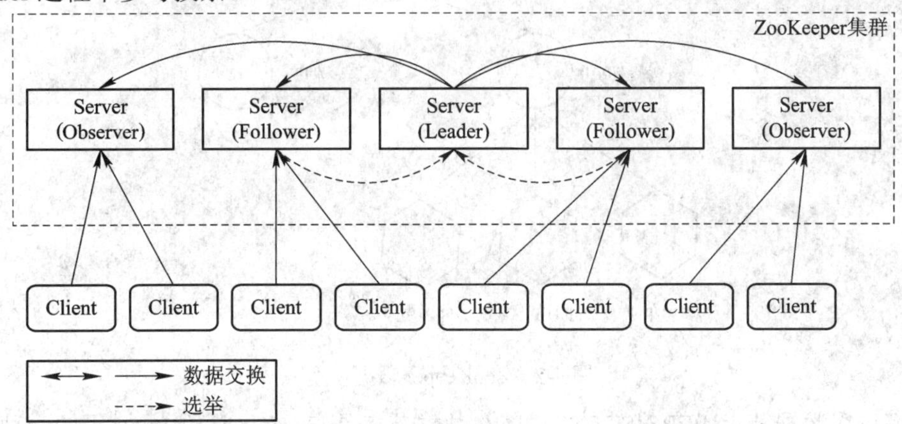

图 4-1　ZooKeeper 集群模式架构

ZooKeeper 集群模式采用对等结构，无 Master、Slave 之分，统一都是 QuorumPeerMain 进程。ZooKeeper 集群模式运行时采取选举方式选择 Leader，通过原子广播协议 ZAB 来保证分布式事务的最终一致性，此协议是对 Paxos 算法的修改与实现，获得 $n/2+1$ 票数的服务器成为 Leader，其余节点是 Follower。当发生客户端读写操作时，读操作可在所有节点上实现，但写操作必须经 Leader 同意后方可执行。若有新加入的服务器，则该服务器发起一次选举，如果该服务器获得 $n/2+1$ 个票数，则此服务器将成为整个 ZooKeeper 集群的 Leader。当 Leader 发生故障时，剩下的 Follower 将重新进行新一轮 Leader 选举。

Leader 选举时要求“可用节点数量>总节点数量/2”，即 ZooKeeper 集群中的存活节点必须过半。因此，在节点数量是奇数的情况下，ZooKeeper 集群总能对外提供服务(即使损失了一部分节点)。如果节点数量是偶数，会存在 ZooKeeper 集群不能用的可能性。在生产环境中，如果 ZooKeeper 集群不能提供服务，那将是致命的，所以 ZooKeeper 集群的节点数一般采用奇数。

4.3　ZooKeeper 数据模型

ZooKeeper 采用类似标准文件系统的数据模型，其节点构成了一个具有层次关系的树状结构，如图 4-2 所示。其中每个节点被称为数据节点 ZNode，ZNode 是 ZooKeeper 中数据的最小单元，每个数据节点上可以存储数据，同时也可以挂载数据子节点，因此构成了一个层次化的命名空间。

ZNode 通过路径引用，如同 UNIX 中的文件路径，而且还必须是绝对路径，因此它们必须由斜杠“/”来开头。

在 ZooKeeper 中，每个 ZNode 都是有生命周期的，其生命周期的长短取决于数据节点的节点类型。ZNode 类型在创建时即被确定，并且不能改变。数据节点可以分为持久数据节点(PERSISTENT)、临时数据节点(EPHEMERAL)和顺序数据节点(SEQUENTIAL)三大类型。在数据节点创建过程中，通过组合使用，可以生成以下四种组合型数据节点类型：

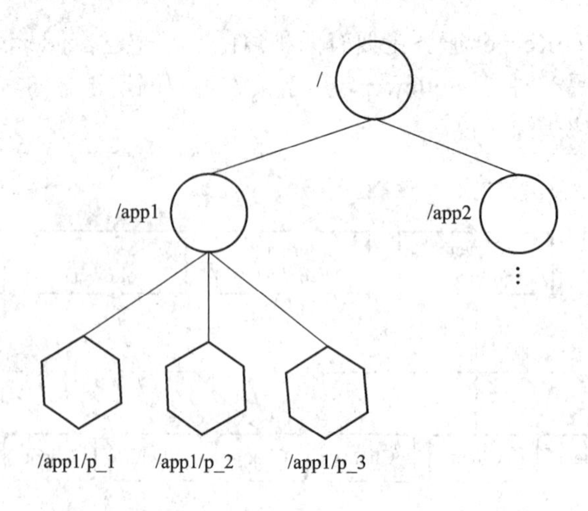

图 4-2　ZooKeeper 数据模型

(1) 持久数据节点 PERSISTENT：持久数据节点是 ZooKeeper 中最常见的一种数据节点类型。所谓持久数据节点，是指此类数据节点的生命周期不依赖于会话，自数据节点被创建时刻起就会一直存在于 ZooKeeper 服务器上，并且只有在客户端显式执行删除操作时，它们才能被删除。

(2) 持久顺序数据节点 PERSISTENT_SEQUENTIAL：持久顺序数据节点的基本特性与持久数据节点相同，额外特性表现在顺序性上。在 ZooKeeper 中，每个父数据节点都会为它的第一级数据子节点建立一个文件，用于记录每个数据子节点创建的先后顺序。基于这个顺序特性，在创建数据子节点时，可以设置这个标记，那么在创建数据子节点的过程中，ZooKeeper 会自动为给定数据节点名加上一个数字后缀，作为一个新的、完整的数据节点名。不过 ZooKeeper 会给此类数据节点名称进行顺序编号，自动在给定数据节点名后加上一个数字后缀。这个数字后缀的上限是整型的最大值，其格式为“%10d”(10 位数字，没有数值的数位用 0 补充，例如“0000000001”)，当计数值大于 $2^{32}-1$ 时，计数器将溢出。

(3) 临时数据节点 EPHEMERAL：与持久数据节点不同的是，临时数据节点的生命周期依赖于创建它的会话，也就是说，如果客户端会话失效，临时数据节点将被自动删除，当然也可以手动删除。注意，这里提到的是客户端会话失效，而非 TCP 连接断开。另外，ZooKeeper 规定临时数据节点不允许拥有数据子节点。

(4) 临时顺序数据节点 EPHEMERAL_SEQUENTIAL：临时顺序数据节点的基本特性和临时数据节点也是一致的，同样是在临时数据节点的基础上添加了顺序的特性。

下面简要介绍 ZooKeeper 中的三种机制：

(1) 版本机制。ZooKeeper 中为 ZNode 引入了版本机制，以保证分布式数据的原子性操作。每个 ZNode 都具有 version、cversion 和 aversion 三种类型的版本信息，对 ZNode 的任何更新操作都会引起版本号的重新编号。

(2) Watcher 机制。ZNode 以某种方式发生变化时，Watcher 机制可以让客户端得到通知，以实现分布式通知功能。ZooKeeper 允许客户端向服务端注册一个 Watcher 监听，如果服务端的一些指定事件触发了这个 Watcher，那么就会向指定客户端发送一个事件通知来实现分布式的通知功能。

(3) ACL 机制。ZooKeeper 作为一个分布式协调框架，其内部存储的都是一些关乎分布式系统运行时状态的元数据，尤其是一些涉及分布式锁、Master 选举和分布式协调等应用场景的数据，会直接影响基于 ZooKeeper 进行构建的分布式系统的运行状态。因此，保障 ZooKeeper 中数据的安全，可以避免因误操作使得数据随意变更而导致分布式系统出现异常的情况，ZooKeeper 提供了一套完善的 ACL(Access Control List)权限控制机制来保障数据的安全。

4.4　ZooKeeper 部署要点

4.4.1　ZooKeeper 运行环境

对于大部分 Java 开源产品而言，在部署与运行之前，总是需要搭建一个合适的环境，通常包括操作系统和 Java 环境两方面。同样，ZooKeeper 部署与运行所需要的系统环境也包括操作系统和 Java 环境两部分。

1．操作系统

ZooKeeper 支持不同平台，它在当前绝大多数主流的操作系统上都能够运行，例如 GNU/Linux、Sun Solaris、FreeBSD、Windows、Mac OS X 等。需要注意的是，ZooKeeper 官方文档中特别强调，不建议在 Mac OS X 系统上部署 ZooKeeper 服务器。本书采用的操作系统为 Linux 发行版 CentOS 7。

2．Java 环境

ZooKeeper 是由 Java 语言编写而成的，因此它的运行环境需要 Java 环境的支持，对于 ZooKeeper 3.4.13，需要 Java 1.6 及以上版本的支持。

4.4.2　ZooKeeper 运行模式

ZooKeeper 有两种运行模式：单机模式和集群模式。单机模式是只在一台机器上安装 ZooKeeper，主要用于开发测试；而集群模式则是在多台机器上安装 ZooKeeper，实际的生产环境中均采用集群模式。无论哪种部署模式，创建 ZooKeeper 的配置文件 zoo.cfg 都是至关重要的。单机模式和集群模式部署的步骤基本一致，只是在 zoo.cfg 文件的配置上有些差异。

假设用户拥有一台比较好的机器(CPU 核数大于 10，内存大于等于 8 GB)，如果作为单机模式进行部署，资源明显有点浪费，如果按照集群模式进行部署，需要借助硬件上的虚拟化技术，把一台物理机器转换成几台虚拟机，这样操作成本太高。幸运的是，和其他分布式系统如 Hadoop 一样，ZooKeeper 也允许在一台机器上完成一个伪集群的搭建。所谓伪集群，是指集群所有的机器都配置在一台机器上，但是还是以集群的特性来对外提供服务。这种模式和集群模式非常类似，只是把 zoo.cfg 文件中的配置项“server.id=host:port:port”略做修改。

4.4.3　ZooKeeper 配置文件

ZooKeeper 启动时，默认读取$ZOOKEEPER_HOME/conf/zoo.cfg 文件，zoo.cfg 文件需

要配置 ZooKeeper 的运行参数。ZooKeeper 部分配置参数及其含义如表 4-1 所示。需要注意的是，这里仅列举了部分参数，关于完整的配置参数介绍可参见官方文档 https://zookeeper.apache.org/doc/r3.4.13/zookeeperAdmin.html#sc_configuration 中的内容。

表 4-1 zoo.cfg 部分配置参数

<table>
<tr><th colspan="2">参 数 名</th><th>说 明</th></tr>
<tr><td rowspan="3">基本配置</td><td>clientPort</td><td>用于配置当前服务器对外的服务端口，客户端会通过该端口和 ZooKeeper 服务器创建连接，一般设置为 2181</td></tr>
<tr><td>dataDir</td><td>用于配置 ZooKeeper 服务器存储 ZooKeeper 数据快照文件的目录，同时用于存放集群的 myid 文件</td></tr>
<tr><td>tickTime</td><td>用于配置 ZooKeeper 中最小时间单元(单位为 ms)。ZooKeeper 所有时间均以这个时间单元的整数倍配置，如 Session 的最小超时时间是 2*tickTime</td></tr>
<tr><td rowspan="4">高级配置</td><td>dataLogDir</td><td>用于配置 ZooKeeper 服务器存储 ZooKeeper 事务日志文件的目录。默认情况下，ZooKeeper 会将事务日志文件和数据快照文件存储在同一个目录 dataDir 中。应尽量给事务日志的输出配置一个单独的磁盘或者挂载点，这将允许使用一个专用日志设备，帮助避免事务日志和数据快照之间的竞争</td></tr>
<tr><td>maxClientCnxns</td><td>用于配置单个客户端与单台服务器之间的最大并发连接数，根据 IP 来区分。默认值为 60，如果设置为 0，则表示没有任何限制</td></tr>
<tr><td>minSessionTimeout</td><td>用于配置服务端对客户端会话超时时间的最小值，默认值为 2*tickTime</td></tr>
<tr><td>maxSessionTimeout</td><td>用于配置服务端对客户端会话超时时间的最大值，默认值为 20*tickTime</td></tr>
<tr><td rowspan="3">集群选项</td><td>initLimit</td><td>用于配置 Leader 服务器等待 Follower 启动，并完成数据同步的时间，以 tickTime 的倍数来表示，当超过设置倍数的 tickTime 时间，则连接失败</td></tr>
<tr><td>syncLimit</td><td>用于配置 Leader 服务器和 Follower 之间进行心跳检测的最大延迟时间，如果超过此时间 Leader 还没有收到响应，那么 Leader 就会认为该 Follower 已经脱离了和自己的同步</td></tr>
<tr><td>server.id=host:port:port</td><td>用于配置组成 ZooKeeper 集群的机器列表。集群中每台机器都需要感知到整个集群是由哪几台机器组成的，它被用来表示不同 ZooKeeper 服务器的自身标识。“id”被称为 Server ID，用来标识该机器在集群中的机器序号，与每台服务器 myid 文件中的数字相对应；“host”代表服务器的 IP 地址；第一个端口“host”用于指定 Follower 服务器与 Leader 进行运行时通信和数据同步时所使用的端口；第二个端口“port”代表进行 Leader 选举时服务器相互通信的端口。myid 文件应创建于服务器的 dataDir 目录下，这个文件的内容只有一行且是一个数字，对应于每台机器的 Server ID 数字。例如，服务器“1”应该在 myid 文件中写入“1”，该 id 必须在集群环境下服务器标识中是唯一的，且大小为 1～255</td></tr>
</table>

例如，单机模式的 zoo.cfg 文件示例内容如下：

```
tickTime=2000
dataDir=/var/lib/zookeeper
clientPort=2181
```

集群模式的 zoo.cfg 文件示例内容如下：

```
tickTime=2000
dataDir=/var/lib/zookeeper/
clientPort=2181
initLimit=5
syncLimit=2
server.1=zoo1:2888:3888
server.2=zoo2:2888:3888
server.3=zoo3:2888:3888
```

4.5　ZooKeeper 接口

4.5.1　ZooKeeper 四字命令

ZooKeeper 中有一系列的命令可以查看服务器的运行状态，它们的长度通常都是四个英文字母，因此又被称为“四字命令”。ZooKeeper 四字命令及功能如表 4-2 所示。

表 4-2　ZooKeeper 四字命令

命令	功 能 描 述
conf	用于输出 ZooKeeper 服务器运行时使用的基本配置信息，包括 clientPort、dataDir、tickTime 等
cons	用于输出当前这台服务器上所有客户端连接的详细信息，包括每个客户端的客户端 IP、会话 ID、最后一次与服务器交互的操作类型等
crst	功能性命令，用于重置所有的客户端连接统计信息
dump	用于输出当前集群的所有会话信息，包括这些会话的会话 ID，以及每个会话创建的临时节点等信息
envi	用于输出 ZooKeeper 所在服务器运行时的环境信息，包括 os.version、java.version、user.home 等
mntr	用于输出比 stat 命令更为详尽的服务器统计信息，包括请求处理的延迟情况、服务器内存数据库大小和集群的数据同步情况
ruok	用于输出当前 ZooKeeper 服务器是否正在运行。该命令的名字非常有趣，其谐音正好是“Are you ok”。执行该命令后，如果当前 ZooKeeper 服务器正在运行，那么返回“imok”，否则没有任何响应输出
stat	用于获取 ZooKeeper 服务器的运行时状态信息，包括基本的 ZooKeeper 版本、打包信息、运行时角色、集群数据节点个数等信息

续表

命令	功 能 描 述
srvr	和 stat 命令的功能一致，唯一的区别是 srvr 不会将客户端的连接情况输出，仅仅输出服务器的自身信息
srst	功能性命令，用于重置所有服务器的统计信息
wchc	用于输出当前服务器上管理的 Watcher 的详细信息，以会话为单位进行归组，同时列出被该会话注册了 Watcher 的节点路径
wchp	和 wchc 命令非常类似，也是用于输出当前服务器上管理的 Watcher 的详细信息，不同点在于 wchp 命令的输出信息以节点路径为单位进行归组
wchs	用于输出当前服务器上管理的 Watcher 的概要信息

需要注意的是，其中“ruok”命令的输出仅仅只能表明当前服务器是否正在运行，准确地讲，只能说明 2181 端口打开着，同时四字命令执行流程正常，但是不能代表 ZooKeeper 服务器运行正常。在很多时候，如果当前服务器无法正常处理客户端的读写请求，甚至已经无法和集群中的其他机器进行通信，那么“ruok”命令依然会返回“imok”。

ZooKeeper 四字命令的使用很简单，通常有两种方式。第一种是通过 Telnet 方式，使用 Telnet 客户端登录 ZooKeeper 对外服务端口，然后直接输入四字命令即可，此方式需要在机器上安装 Telnet。例如，Telnet 方式使用 ZooKeeper 四字命令“conf”的效果如图 4-3 所示。

```
[xuluhui@master ~]$ telnet localhost 2181
Trying ::1...
Connected to localhost.
Escape character is '^]'.
conf
clientPort=2181
dataDir=/usr/local/zookeeper-3.4.13/data/version-2
dataLogDir=/usr/local/zookeeper-3.4.13/datalog/version-2
tickTime=2000
maxClientCnxns=60
minSessionTimeout=4000
maxSessionTimeout=40000
serverId=1
initLimit=10
syncLimit=5
electionAlg=3
electionPort=3888
quorumPort=2888
peerType=0
Connection closed by foreign host.
[xuluhui@master ~]$ 
```

图 4-3　Telnet 方式使用 ZooKeeper 四字命令 conf 的效果图

第二种则是使用 NC 方式，命令语法如下：

```
echo {command} | nc {host} 2181
```

NC 方式使用 ZooKeeper 四字命令“conf”效果如图 4-4 所示。

```
[xuluhui@master ~]$ echo conf | nc localhost 2181
clientPort=2181
dataDir=/usr/local/zookeeper-3.4.13/data/version-2
dataLogDir=/usr/local/zookeeper-3.4.13/datalog/version-2
tickTime=2000
maxClientCnxns=60
minSessionTimeout=4000
maxSessionTimeout=40000
serverId=1
initLimit=10
syncLimit=5
electionAlg=3
electionPort=3888
quorumPort=2888
peerType=0
[xuluhui@master ~]$
```

图 4-4　NC 方式使用 ZooKeeper 四字命令 conf 的效果图

4.5.2　ZooKeeper Shell

1. 服务器命令行工具 zkServer.sh

zkServer.sh 用于启动、查看、关闭 ZooKeeper 集群等，可以使用“zkServer.sh -help”查看其帮助，其具体用法如图 4-5 所示。

```
[xuluhui@master ~]$ zkServer.sh -help
ZooKeeper JMX enabled by default
Using config: /usr/local/zookeeper-3.4.13/bin/../conf/zoo.cfg
Usage: /usr/local/zookeeper-3.4.13/bin/zkServer.sh {start|start-foreground|stop|
restart|status|upgrade|print-cmd}
[xuluhui@master ~]$
```

图 4-5　ZooKeeper Shell 服务器命令用法

命令 zkServer.sh 常用选项功能如下：

(1) start：启动 ZooKeeper 服务。

(2) stop：停止 ZooKeeper 服务。

(3) restart：重启 ZooKeeper 服务。

(4) status：查看 ZooKeeper 状态。

2. 客户端命令行工具 zkCli.sh

zkCli.sh 用于对 ZooKeeper 文件系统中数据节点进行新建、查看、删除等操作，进入客户端命令行的方法有如下几种：

(1) 连接本地 ZooKeeper 服务器。

使用命令“zkCli.sh”即可连接本地 ZooKeeper 服务器，如果该命令中没有显式指定 ZooKeeper 服务器地址，那么默认就是本地 ZooKeeper 服务器。使用效果如下所示。

```
[xuluhui@master ~]$ zkCli.sh
[zk: localhost:2181(CONNECTED) 0]
```

(2) 连接指定 ZooKeeper 服务器。

若希望连接指定的 ZooKeeper 服务器，则可以通过如下命令实现。

```
zkCli.sh -server host:port
```

其中参数“host”表示提供 ZooKeeper 服务的节点 IP 或主机名，参数“port”是上文介绍的客户端连接当前 ZooKeeper 服务器的端口号，一般设置为 2181。例如，连接到 slave1 节点的 ZooKeeper 服务器通过如下命令实现。

```
[xuluhui@master ~]$ zkCli.sh -server slave1:2181
[zk: slave1:2181(CONNECTED) 0]
```

再如，以下命令并不是连接了两个节点，而是按照顺序连接一个，当第一个连接无法获取时，才会连接第二个。

```
[xuluhui@master ~]$ zkCli.sh -server slave1:2181,slave2:2181
[zk: slave1:2181,slave2:2181(CONNECTED) 0]
```

可以通过客户端命令行工具 zkCli.sh 命令“help”来查看可以进行的所有操作，如图 4-6 所示。

```
[zk: slave1:2181(CONNECTED) 0] help
ZooKeeper -server host:port cmd args
        stat path [watch]
        set path data [version]
        ls path [watch]
        delquota [-n|-b] path
        ls2 path [watch]
        setAcl path acl
        setquota -n|-b val path
        history
        redo cmdno
        printwatches on|off
        delete path [version]
        sync path
        listquota path
        rmr path
        get path [watch]
        create [-s] [-e] path data acl
        addauth scheme auth
        quit
        getAcl path
        close
        connect host:port
[zk: slave1:2181(CONNECTED) 1]
```

图 4-6　ZooKeeper Shell 客户端命令

图 4-6 所展示的客户端命令中，“create”用于新建节点，“set”用于设置节点数据，“get”用于获取节点数据，“delete”只能删除一个节点，“rmr”可以级联删除，“close”用于关闭当前 session，“quit”用于退出客户端命令行。关于几个常用命令的使用方法如表 4-3 所示，由于命令众多，此处不再一一讲解，读者可以自行查阅相关资料并进行实践。

表 4-3　ZooKeeper Shell 客户端部分命令使用说明

命令	语　法	功　能
ls	ls path [watch]	列出 ZooKeeper 指定数据节点下的所有子节点。这个命令仅能列出指定数据节点下第一级的所有子节点，其中参数 path 用于指定数据节点的路径
create	create [-s] [-e] path data acl	创建 ZooKeeper 数据节点。其中：参数-s 和-e 用于指定数据节点特性，-s 为顺序数据节点，-e 为临时数据节点(默认情况下，即不添加-s 或-e 参数的情况下，创建的是持久数据节点)；参数 path 指定数据节点路径；参数 data 指定数据节点数据内容；参数 acl 用来进行权限控制，默认情况下，不做任何权限控制
get	get path [watch]	获取 ZooKeeper 指定数据节点的数据内容和属性信息
set	set path data [version]	更新 ZooKeeper 指定数据节点的数据内容。其中：参数 data 就是要更新的新内容；参数 version 用于指定本次更新操作是基于数据节点的哪一个版本进行的
delete	delete path [version]	删除 ZooKeeper 上指定数据节点。其中，参数 version 的作用与 set 命令中 version 参数一致

4.5.3 ZooKeeper Java API

ZooKeeper 作为一个分布式服务框架，主要用来解决分布式数据的一致性问题，提供了简单的分布式原语，并且对多种编程语言提供了 API。下面将重点介绍 ZooKeeper 的 Java 客户端 API 使用方式。

ZooKeeper Java API 是面向开发工程师的，它包含 org.apache.zookeeper、org.apache.zookeeper.data、org.apache.zookeeper.server、org.apache.zookeeper.server.quorum、org.apache.zookeeper.server.upgrade 等包，其中 org.apache.zookeeper 包含 ZooKeeper 类，它是编程时最常用的类文件。本小节仅讲述几个常用的 ZooKeeper Java API 的使用方法，完整的 ZooKeeper Java API 使用方法可参考官方参考指南 http://zookeeper.apache.org/doc/r3.4.13/api/index.html 中的内容。

4.6 综合实战：部署 ZooKeeper 集群和 ZooKeeper 实战

4.6.1 规划 ZooKeeper 集群

1. ZooKeeper 集群部署规划

本节拟将 ZooKeeper 集群运行在 Linux 上，将使用三台安装有 Linux 操作系统的机器，主机名分别为 master、slave1 和 slave2。具体 ZooKeeper 集群部署规划表如表 4-4 所示。

表 4-4　ZooKeeper 集群部署规划表

主机名	IP 地址	运行服务	软硬件配置
master	192.168.18.130	QuorumPeerMain	内存：4 GB CPU：1 个 2 核 硬盘：20 GB 操作系统：CentOS 7.6.1810 Java：Oracle JDK 8u191 ZooKeeper：ZooKeeper 3.4.13 Eclipse：Eclipse IDE 2018-09 for Java Developers
slave1	192.168.18.131	QuorumPeerMain	内存：1 GB CPU：1 个 1 核 硬盘：20 GB 操作系统：CentOS 7.6.1810 Java：Oracle JDK 8u191 ZooKeeper：ZooKeeper 3.4.13
slave2	192.168.18.132	QuorumPeerMain	内存：1 GB CPU：1 个 1 核 硬盘：20 GB 操作系统：CentOS 7.6.1810 Java：Oracle JDK 8u191 ZooKeeper：ZooKeeper 3.4.13

2. 软件选择

本节部署 ZooKeeper 所使用的各种软件的名称、版本、发布日期及下载地址如表 4-5 所示。

表 4-5　本节部署 ZooKeeper 使用的软件名称、版本、发布日期及下载地址

软件名称	软件版本	发布日期	下载地址
VMware Workstation Pro	VMware Workstation 14.5.7 Pro for Windows	2017 年 6 月 22 日	https://www.vmware.com/products/workstation-pro.html
CentOS	CentOS 7.6.1810	2018 年 11 月 26 日	https://www.centos.org/download/
Java	Oracle JDK 8u191	2018 年 10 月 16 日	http://www.oracle.com/technetwork/java/javase/downloads/index.html
ZooKeeper	ZooKeeper 3.4.13	2018 年 7 月 15 日	http://zookeeper.apache.org/releases.html

注意：本节采用的 ZooKeeper 版本是 3.4.13，三个节点的机器名分别为 master、slave1 和 slave2，IP 地址依次为 192.168.18.130、192.168.18.131 和 192.168.18.132，后续内容均在表 4-4 规划基础上完成，读者务必与之对照确认自己的 ZooKeeper 版本、机器名等信息。

由于第 1 章中已完成 VMware Workstation Pro、CentOS、Java 的安装，故本节直接从部署 ZooKeeper 集群开始讲述。

4.6.2　部署 ZooKeeper 集群

本节采用的 ZooKeeper 版本是 3.4.13，本章的讲解都是针对这个版本进行的。由于 ZooKeeper 各个版本在部署和运行方式上的变化不大，因此本章的大部分内容都适用于 ZooKeeper 其他版本。

1. 初始软硬件环境准备

(1) 准备三台机器，安装操作系统，编者使用 CentOS Linux 7。

(2) 对集群内每一台机器都要配置静态 IP、修改机器名、添加集群级别域名映射和关闭防火墙。

(3) 对集群内每一台机器都要安装和配置 Java，要求 Java 1.6 或更高版本，编者使用 Oracle JDK 8u191。

(4) 可以选择性地安装和配置 Linux 集群中各节点间的 SSH 免密登录。安装和配置 SSH 免密登录并不是部署 ZooKeeper 集群必需的，这样做仅是为了操作方便。

以上步骤的具体内容已在本书第 1 章中详细介绍，此处不再赘述。

2. 获取 ZooKeeper

ZooKeeper 官方下载地址为 https://zookeeper.apache.org/releases.html，建议读者下载 stable 目录下的当前稳定版本。本节选用的 ZooKeeper 版本是 2018 年 7 月 15 日发布的稳定版 ZooKeeper 3.4.13，其安装包文件 zookeeper-3.4.13.tar.gz 可存放在相应目录下，如 master 机器的/home/xuluhui/Downloads 目录。

3. 安装 ZooKeeper

切换到 root，在 master 机器上解压 zookeeper-3.4.13.tar.gz 到相应的安装目录如/usr/local 下，依次使用的命令如下所示。

```
[xuluhui@master ~]$ su root
[root@master xuluhui]# cd /usr/local
[root@master local]# tar -zxvf /home/xuluhui/Downloads/zookeeper-3.4.13.tar.gz
```

4. 配置 ZooKeeper

1) 复制模板配置文件 zoo_sample.cfg 为 zoo.cfg

在 master 机器上使用命令“cp”将 ZooKeeper 示例配置文件 zoo_sample.cfg 复制并重命名为 zoo.cfg，依次使用的命令如下所示。

```
[root@master local]# cd zookeeper-3.4.13
[root@master zookeeper-3.4.13]# cp conf/zoo_sample.cfg conf/zoo.cfg
```

2) 修改配置文件 zoo.cfg

读者可以发现，模板中已配置好 tickTime、initLimit、syncLimit、dataDir、clientPort 等配置项，此处，编者仅需在 master 机器上修改配置参数 dataDir 和添加配置参数 dataLogDir 即可。首先，由于机器重启后，系统会自动清空/tmp 目录下的文件，所以将存放数据快照的目录更改为某固定目录，将原始的“dataDir=/tmp/zookeeper”修改为“/usr/local/zookeeper-3.4.13/data”；另外，添加事务日志存放路径 dataLogDir，设置为

“/usr/local/zookeeper-3.4.13/datalog”。修改后的配置文件 zoo.cfg 内容如图 4-7 所示。

```
# The number of milliseconds of each tick
tickTime=2000
# The number of ticks that the initial
# synchronization phase can take
initLimit=10
# The number of ticks that can pass between
# sending a request and getting an acknowledgement
syncLimit=5
# the directory where the snapshot is stored.
# do not use /tmp for storage, /tmp here is just
# example sakes.
dataDir=/usr/local/zookeeper-3.4.13/data
dataLogDir=/usr/local/zookeeper-3.4.13/datalog
# the port at which the clients will connect
clientPort=2181
```

图 4-7　配置文件 zoo.cfg 的内容

其次，在 master 机器上配置 ZooKeeper 集群地址，即在配置文件 zoo.cfg 的最后补充如下几行内容：

```
server.1=master:2888:3888
server.2=slave1:2888:3888
server.3=slave2:2888:3888
```

5. 创建所需目录和新建 myid 文件

在上步修改配置文件 zoo.cfg 中，将存放数据快照和事务日志的目录分别设置为目录 data 和 datalog，因此首先需要在 master 机器上创建这两个目录，使用如下命令实现(这里假设当前目录为以上步骤操作后的所在目录“/usr/local/zookeeper-3.4.13”)。

```
[root@master zookeeper-3.4.13]# mkdir data
[root@master zookeeper-3.4.13]# mkdir datalog
```

然后，在数据快照目录下新建文件 myid 并填写 ID。在 master 机器配置项 dataDir 指定目录下创建文件“myid”，例如在 dataDir 目录“/usr/local/zookeeper3.4.13/data”下使用命令“vim”新建文件 myid，并将其内容设置为“1”。之所以将其内容设置为“1”，是由于配置文件 zoo.cfg 中“server.id=host:port:port”配置项 master 机器对应的“id”为“1”。

6. 同步 ZooKeeper 文件至 slave1、slave2

使用 scp 命令将 master 机器中目录“zookeeper-3.4.13”及下属子目录和文件统一拷贝至 slave1 和 slave2 上，依次使用的命令如下所示。

```
[root@master zookeeper-3.4.13]# scp -r /usr/local/zookeeper-3.4.13 root@slave1:/usr/local/zookeeper-3.4.13
[root@master zookeeper-3.4.13]# scp -r /usr/local/zookeeper-3.4.13 root@slave2:/usr/local/zookeeper-3.4.13
```

7. 设置$ZOOKEEPER_HOME 目录属主

为了在普通用户下使用 ZooKeeper 集群，需要依次将三台机器 master、slave1 和 slave2 上的$ZOOKEEPER_HOME 目录属主设置为 Linux 普通用户如 xuluhui，使用以下命令完成。

```
[root@master zookeeper-3.4.13]# chown -R xuluhui /usr/local/zookeeper-3.4.13
```

8. 修改 slave1、slave2 文件的 myid 内容

配置文件 conf/zoo.cfg 中“server.id=host:port:port”配置项中的 id 与哪台主机对应，则

该主机上文件 myid 的内容就与上述 id 保持一致。本例中，三台机器按 master、slave1、slave2 对应的“id”依次为“1、2、3”，因此将 slave1 机器上文件 myid 的内容修改为“2”，将 slave2 机器上文件 myid 的内容修改为“3”。

至此，Linux 集群中三台机器的 ZooKeeper 均已安装和配置完毕。

9. 在系统配置文件目录/etc/profile.d 下新建文件 zookeeper.sh

在 ZooKeeper 集群的所有机器上执行以下操作：

首先，切换到 root 用户，使用“vim /etc/profile.d/zookeeper.sh”命令在/etc/profile.d 文件夹下新建文件 zookeeper.sh，并添加如下内容：

```
export ZOOKEEPER_HOME=/usr/local/zookeeper-3.4.13
export PATH=$ZOOKEEPER_HOME/bin:$PATH
```

其次，重启机器，使之生效。

此步骤可省略。之所以将$ZOOKEEPER_HOME/bin 目录加入到系统环境变量 PATH 中，是因为当输入启动和管理 ZooKeeper 集群命令时，无须再切换到$ZOOKEEPER_HOME/bin 目录，否则会出现错误信息“bash: ****: command not found...”。

4.6.3 启动 ZooKeeper 集群

在 ZooKeeper 集群的每个节点上，在普通用户 xuluhui 下使用命令“zkServer.sh start”来启动 ZooKeeper，使用的命令及运行效果如图 4-8 所示。从图 4-8 中可以看出，三个节点均显示“Starting zookeeper ... STARTED”信息。

```
[xuluhui@master ~]$ /usr/local/zookeeper-3.4.13/bin/zkServer.sh start
ZooKeeper JMX enabled by default
Using config: /usr/local/zookeeper-3.4.13/bin/../conf/zoo.cfg
Starting zookeeper ... STARTED
[xuluhui@master ~]$ 
```

```
[xuluhui@slave1 ~]$ /usr/local/zookeeper-3.4.13/bin/zkServer.sh start
ZooKeeper JMX enabled by default
Using config: /usr/local/zookeeper-3.4.13/bin/../conf/zoo.cfg
Starting zookeeper ... STARTED
[xuluhui@slave1 ~]$ 
```

```
[xuluhui@slave2 ~]$ /usr/local/zookeeper-3.4.13/bin/zkServer.sh start
ZooKeeper JMX enabled by default
Using config: /usr/local/zookeeper-3.4.13/bin/../conf/zoo.cfg
Starting zookeeper ... STARTED
[xuluhui@slave2 ~]$ 
```

图 4-8　启动 ZooKeeper 集群

4.6.4 验证 ZooKeeper 集群

ZooKeeper 集群被启动后，可查看其日志文件 zookeeper.out。由于 ZooKeeper 集群在启动时，每个节点都试图去连接集群中的其他节点，故存在其试图连接的节点还未被启动的情况，这时就会出现异常的日志信息。显然出现这种情况是正常的，当启动选出一个 Leader 后就稳定了。

查看 ZooKeeper 是否部署成功的第一种方法是：在各个节点上通过“zkServer.sh status”命令查看状态，包括集群中各个节点的角色，使用命令及运行效果如图 4-9 所示。从图 4-9 中可以看出，slave1 是 Leader。

```
[xuluhui@master ~]$ /usr/local/zookeeper-3.4.13/bin/zkServer.sh status
ZooKeeper JMX enabled by default
Using config: /usr/local/zookeeper-3.4.13/bin/../conf/zoo.cfg
Mode: follower
[xuluhui@master ~]$
```

```
[xuluhui@slave1 ~]$ /usr/local/zookeeper-3.4.13/bin/zkServer.sh status
ZooKeeper JMX enabled by default
Using config: /usr/local/zookeeper-3.4.13/bin/../conf/zoo.cfg
Mode: leader
[xuluhui@slave1 ~]$
```

```
[xuluhui@slave2 ~]$ /usr/local/zookeeper-3.4.13/bin/zkServer.sh status
ZooKeeper JMX enabled by default
Using config: /usr/local/zookeeper-3.4.13/bin/../conf/zoo.cfg
Mode: follower
[xuluhui@slave2 ~]$
```

图 4-9　通过 zkServer.sh status 查看 ZooKeeper 集群启动状态

查看 ZooKeeper 是否部署成功的第二种方法是：在各个节点上通过“jps”命令查看进程服务，若部署成功，则可在各个节点上看到 QuorumPeerMain 进程，运行效果如图 4-10 所示。

```
[xuluhui@master ~]$ jps
13932 QuorumPeerMain
14238 Jps
[xuluhui@master ~]$
```

```
[xuluhui@slave1 ~]$ jps
10001 Jps
9756 QuorumPeerMain
[xuluhui@slave1 ~]$
```

```
[xuluhui@slave2 ~]$ jps
9605 QuorumPeerMain
9852 Jps
[xuluhui@slave2 ~]$
```

图 4-10　通过“jps”命令查看进程服务

4.6.5　使用 ZooKeeper Shell 客户端命令

【案例 4-1】 使用 zkCli.sh 实现对 ZooKeeper 文件系统中数据节点进行新建、查看或删除等操作。

(1) 连接 slave1 节点 ZooKeeper 服务器，进入 ZooKeeper 客户端命令行，使用的命令及运行效果如图 4-11 所示。

```
[xuluhui@master ~]$ zkCli.sh -server slave1:2181
Connecting to slave1:2181
2022-07-14 04:23:36,941 [myid:] - INFO  [main:Environment@100] - Client environm
ent:zookeeper.version=3.4.13-2d71af4dbe22557fda74f9a9b4309b15a7487f03, built on
06/29/2018 04:05 GMT
2022-07-14 04:23:36,945 [myid:] - INFO  [main:Environment@100] - Client environm
ent:host.name=master
2022-07-14 04:23:36,945 [myid:] - INFO  [main:Environment@100] - Client environm
ent:java.version=1.8.0_191
2022-07-14 04:23:36,949 [myid:] - INFO  [main:Environment@100] - Client environm
ent:java.vendor=Oracle Corporation
2022-07-14 04:23:36,949 [myid:] - INFO  [main:Environment@100] - Client environm
ent:java.home=/usr/java/jdk1.8.0_191/jre
2022-07-14 04:23:36,949 [myid:] - INFO  [main:Environment@100] - Client environm
ent:java.class.path=/usr/local/zookeeper-3.4.13/bin/../build/classes:/usr/local/
zookeeper-3.4.13/bin/../build/lib/*.jar:/usr/local/zookeeper-3.4.13/bin/../lib/s
```

图 4-11　进入 ZooKeeper 客户端命令行

连接成功后，系统会输出该 ZooKeeper 服务器的相关环境及配置信息，并在屏幕输出“Welcome to ZooKeeper!”等信息。

(2) 使用 ZooKeeper Shell 命令进行下列一系列简单操作：

① 查看 ZooKeeper 根目录结构。使用命令“ls”查看根数据节点下的所有子数据节点，使用命令及运行效果如下所示。

```
[zk: slave1:2181(CONNECTED) 1] ls /
[zookeeper]
```

② 创建 ZNode。使用命令“create”在根目录“/”下创建 ZNode“xijing”及相关数据内容，默认创建持久数据节点，使用命令及运行效果如下所示。

```
[zk: slave1:2181(CONNECTED) 2] create /xijing "it's a persistent node"
Created /xijing
```

③ 查看 ZNode。使用命令“get”查看 ZNode“/xijing”数据内容及节点信息，使用命令及运行效果如下所示。其中，“#”及其后的内容为本书作者添加的注释。

```
[zk: slave1:2181(CONNECTED) 3] get /xijing
it's a persistent node  # 数据节点的数据内容
cZxid = 0x100000002  # 数据节点创建时的事务 ID
ctime = Thu Jul 14 04:32:51 EDT 2022   # 数据节点创建时的时间
mZxid = 0x100000002  # 数据节点最后一次更新时的事务 ID
mtime = Thu Jul 14 04:32:51 EDT 2022   # 数据节点最后一次更新时的时间
pZxid = 0x100000002  # 数据节点的子数据节点列表在最后一次被修改(子数据节点列表的变更而非子数据节点内容的变更)时的事务 ID
cversion = 0       # 子数据节点的版本号
dataVersion = 0  # 数据节点的版本号
aclVersion = 0     # 数据节点的 ACL 版本号
ephemeralOwner = 0x0        # 如果数据节点是临时数据节点，则表示创建该数据节点的会话的 SessionID；如果数据节点是持久数据节点，则该属性值为 0
```

```
dataLength = 22  #  数据内容的长度
numChildren = 0 #  数据节点当前的子数据节点个数
```

由上面的输出信息可以看出，第一行是数据节点/xijing 的数据内容，其他几行是创建该数据节点的事务 ID(cZxid)、最后一次更新该数据节点的事务 ID(mZxid)、最后一次更新该数据节点的时间(mtime)、数据节点的版本号(dataVersion)等属性信息。

④ 修改 ZNode。使用命令“set”对 ZNode“/xijing”数据内容进行更新，使用命令及运行效果如下所示。

```
[zk: slave1:2181(CONNECTED) 4] set /xijing "xijing is a persistent node"
cZxid = 0x100000002
ctime = Thu Jul 14 04:32:51 EDT 2022
mZxid = 0x100000003
mtime = Thu Jul 14 04:34:23 EDT 2022
pZxid = 0x100000002
cversion = 0
dataVersion = 1
aclVersion = 0
ephemeralOwner = 0x0
dataLength = 27
numChildren = 0
```

执行以上命令后，数据节点“/xijing”的数据内容被更新为“xijing is a persistent node”。由上面的输出信息可以看出，数据节点最后一次更新时的事务 ID(mZxid)发生了变化，最后一次更新该数据节点的时间(mtime)发生了变化，数据节点的版本号(dataVersion)由原来的“0”变化为当前的“1”，数据内容的长度(dataLength)由原来的“22”变化为当前的“27”。

⑤ 删除 ZNode。使用“delete”命令删除持久数据节点“/xijing”，使用的命令如下所示。

```
[zk: slave1:2181(CONNECTED) 5] delete /xijing
```

(3) 退出与 slave1 数据节点的 ZooKeeper 服务器连接，使用命令及运行效果如下所示。

```
[zk: slave1:2181(CONNECTED) 6] quit
Quitting...
2022-07-14 04:44:37,777 [myid:] - INFO   [main:ZooKeeper@693] - Session: 0x2000d1fe8f60000 closed
2022-07-14 04:44:37,791 [myid:] - INFO   [main-EventThread:ClientCnxn$EventThread@522] - EventThread shut
down for session: 0x2000d1fe8f60000
[xuluhui@master ~]$
```

4.6.6 关闭 ZooKeeper 集群

在 ZooKeeper 集群的每个数据节点上，在普通用户 xuluhui 下使用命令“zkServer.sh stop”来关闭 ZooKeeper 服务。若 Linux 集群各机器数据节点间已配置好 SSH 免密登录，也可以仅在 master 一台机器上输入一系列命令以关闭整个 ZooKeeper 集群，依次使用的命令及运行效果如图 4-12 所示。从图 4-12 中可以看出，三个节点均显示“Stoppping zookeeper ...

STOPPED”信息。

```
[xuluhui@master ~]$ zkServer.sh stop
ZooKeeper JMX enabled by default
Using config: /usr/local/zookeeper-3.4.13/bin/../conf/zoo.cfg
Stopping zookeeper ... STOPPED
[xuluhui@master ~]$ ssh slave1
Last login: Thu Jul 14 04:20:29 2022 from master
[xuluhui@slave1 ~]$ zkServer.sh stop
ZooKeeper JMX enabled by default
Using config: /usr/local/zookeeper-3.4.13/bin/../conf/zoo.cfg
Stopping zookeeper ... STOPPED
[xuluhui@slave1 ~]$ exit
logout
Connection to slave1 closed.
[xuluhui@master ~]$ ssh slave2
Last login: Thu Jul 14 04:20:53 2022 from master
[xuluhui@slave2 ~]$ zkServer.sh stop
ZooKeeper JMX enabled by default
Using config: /usr/local/zookeeper-3.4.13/bin/../conf/zoo.cfg
Stopping zookeeper ... STOPPED
[xuluhui@slave2 ~]$ exit
logout
Connection to slave2 closed.
[xuluhui@master ~]$
```

图 4-12　在 master 一台机器上输入一系列命令关闭整个 ZooKeeper 集群

本 章 小 结

本章简要介绍了 ZooKeeper 的功能、起源和应用场景，详细介绍了 ZooKeeper 的体系架构、工作原理、数据模型、运行环境、运行模式、配置文件、接口等基本知识，最后在上述理论基础上引入综合实战，详细阐述了如何在 Linux 操作系统下部署 ZooKeeper 集群和使用 ZooKeeper Shell 的实战过程。

Apache ZooKeeper 是一个分布式应用程序协调框架，是 Google Chubby 的开源实现，它可以解决分布式系统中的数据一致性问题。

ZooKeeper 集群模式采用对等架构，其中服务器角色 Leader 负责投票的发起和决议，并更新系统状态；服务器角色 Follower 用于接收客户端请求并向客户端返回结果，在选举 Leader 过程中参与投票。ZooKeeper 集群模式运行时采取选举方式选择 Leader，并通过原子广播协议 ZAB 来保证分布式事务的最终一致性，此协议是对 Paxos 算法的修改与实现。

ZooKeeper 采用树状结构的数据模型，树中的节点被称为数据节点 ZNode，每个 ZNode 都有生命周期，其生命周期的长短取决于 ZNode 数据节点类型，ZNode 类型在创建时即被确定，并且不能改变。ZNode 有四种组合型数据节点类型：持久数据节点 PERSISTENT、持久顺序节点 PERSISTENT_SEQUENTIAL、临时数据节点 EPHEMERAL 和临时顺序数据节点 EPHEMERAL_ SEQUENTIAL。

部署与运行 ZooKeeper 需要的系统环境包括操作系统和 Java，ZooKeeper 有单机模式和集群模式两种运行模式，单机模式和集群模式的部署步骤基本一致，只是在

$ZOOKEEPER_HOME/conf/zoo.cfg 文件的配置上有些差异。

为方便使用 ZooKeeper，其提供了一些接口，包括 ZooKeeper 四字命令、ZooKeeper Shell 和 ZooKeeper Java API。其中读者需要重点掌握 ZooKeeper Shell 服务端和客户端命令。

第 5 章 部署本地模式 Hive 和 Hive 实战

学习目标

- 了解 Hive 功能、来源和优缺点；
- 理解 Hive 体系架构及各个组件功能；
- 掌握 Hive 数据类型，包括基本数据类型和集合数据类型；
- 理解 Hive 数据模型，包括表、分区和分桶；
- 掌握 Hive 函数，主要为内置函数；
- 理解 Hive 部署要点，包括运行环境、运行模式和配置文件 zoo.cfg；
- 掌握 HiveQL 中的 DDL、DML 和 SELECT 语句，了解接口 HWI 和 Hive API；
- 熟练掌握在 Linux 环境下部署本地模式 Hive，综合运用 HiveQL 语句进行海量结构化数据的离线分析。

5.1 初识 Hive

Hive 是一个基于 Hadoop 的数据仓库工具，它可以将结构化的数据文件映射为一张表，并提供了类 SQL 查询语言 HiveQL(Hive Query Language)。Hive 由 Facebook 公司开源，主要用于解决海量结构化日志数据的离线分析。Hive 的本质是将 HiveQL 语句转化成 MapReduce 程序，并提交到 Hadoop 集群上运行，其基本工作流程如图 5-1 所示。Hive 让不熟悉 MapReduce 编程的开发人员可以直接编写 SQL 语句来实现对大规模数据的统计分析操作，大大降低了学习门槛，同时也提升了开发效率。Hive 处理的数据存储在 HDFS 上，Hive 分析数据底层的实现是 MapReduce，执行程序运行在 YARN 上。

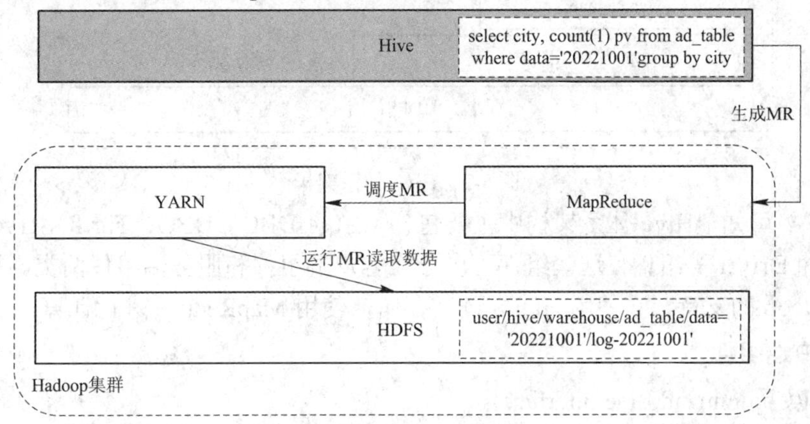

图 5-1 Hive 基本工作流程

Hive 优点包括以下几个方面：

(1) 操作接口采用类 SQL 语法，简单易学，提供快速开发的能力。

(2) 避免编写 MapReduce 应用程序，减少开发人员的学习成本。

(3) Hive 支持用户自定义函数，用户可以根据需求来实现自己的函数。

同时，Hive 也有自身缺陷，包括以下几个方面：

(1) Hive 执行延迟比较高，常用于对实时性要求不高的海量数据分析。

(2) Hive 的 HiveQL 表达能力有限，例如无法表达迭代式算法，不擅长数据挖掘等。

(3) Hive 效率比较低，例如 Hive 自动生成的 MapReduce 作业，通常情况下不够智能化，另外 Hive 粒度较粗，调优比较困难。

5.2 Hive 体系架构

Hive 通过给用户提供的一系列交互接口接收用户提交的 Hive 脚本，再使用自身的驱动器 Driver，结合元数据 Metastore，将这些脚本翻译成 MapReduce，并提交到 Hadoop 集群中执行，最后，将执行返回的结果输出到用户交互接口。Hive 体系架构如图 5-2 所示。

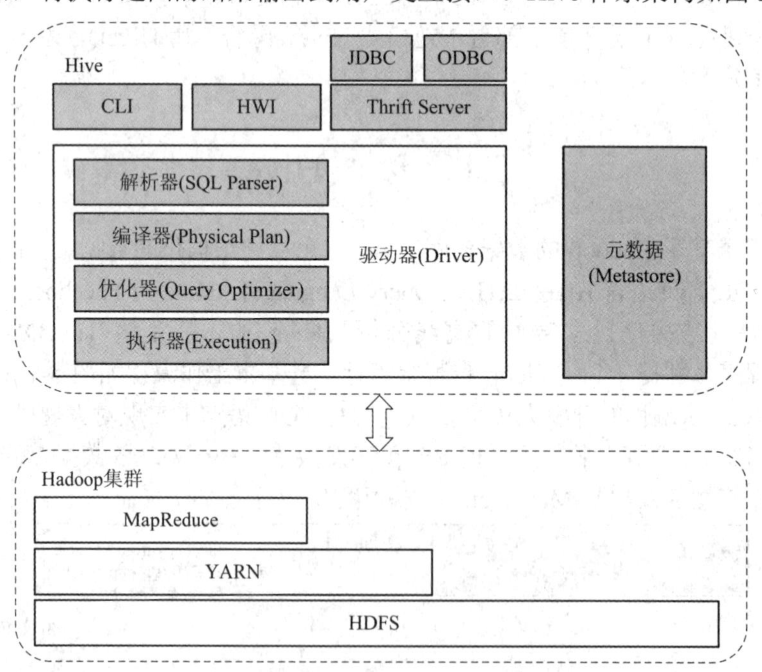

图 5-2　Hive 体系架构

由图 5-2 可知，Hive 体系架构中主要包括 CLI、JDBC/ODBC、Thrift Server、HWI、Metastore 和 Driver 等组件，这些组件可以分为客户端组件和服务端组件两类。另外，Hive 还需要 Hadoop 的支持，它使用 HDFS 进行存储，使用 MapReduce 进行计算。

1. 客户端组件

1) CLI(Commmand Line Interface)

CLI 是 Hive 命令行接口，是最常用的一种用户接口。CLI 启动时会同时启动一个 Hive

副本。CLI 是用户与 Hive 交互的最简单、最常用方式，只需要在一个具备完整 Hive 环境下的 Shell 终端中键入“hive”即可启动服务。用户可以在 CLI 上输入 HiveQL 来执行创建表、更改属性以及查询等操作。不过 Hive CLI 不适用于高并发的生产环境，仅适用于 Hive 管理员的一种工具。

2) JDBC/ODBC

JDBC 是 Java Database Connection 规范，它定义了一系列 Java 访问各类数据库的访问接口，因此 Hive-JDBC 其实本质上扮演了一个网络协议转换的角色，把 JDBC 标准协议转换为访问 Hive Server 服务的协议。Hive-JDBC 除了扮演网络协议转化的角色外，并不承担其他工作，比如 SQL 的合法性校验和解析等。ODBC 是一组对数据库访问的标准 API，它的底层实现源码采用 C/C++编写。JDBC/ODBC 都是通过 Hive Client 与 Hive Server 保持通信的，且借助 Thrift RPC 协议来实现交互。

3) HWI(Hive Web Interface)

HWI 是 Hive 的 Web 访问接口，提供了一种可以通过浏览器来访问 Hive 的服务。

2. 服务端组件

1) Thrift Server

Thrift 是 Facebook 开发的一个软件框架，用于进行可扩展且跨语言的服务开发，Hive 集成了 Thrift Server 服务，能让不同的编程语言如 Java、Python 等调用 Hive 接口。

2) 元数据(Metastore)

Metastore 组件用于存储 Hive 的元数据，包括表名、表所属的数据库(默认是 default)、表的拥有者、列/分区字段、表的类型(是否为外部表)、表的数据所在目录等。Hive 元数据默认存储在自带的 Derby 数据库中，推荐使用 MySQL 存储 Metastore。元数据对于 Hive 十分重要，因此 Hive 支持把 Metastore 服务独立出来，安装到远程的服务器集群中，从而解耦 Hive 服务和 Metastore 服务，保证 Hive 运行的健壮性。

3) 驱动器(Driver)

Hive 的核心是 Hive 驱动器(Driver)。Driver 组件的作用是将用户编写的 HiveQL 语句进行解析、编译、优化和生成执行计划，然后调用底层的 MapReduce 计算框架。Hive 驱动器由以下四部分组成：

(1) 解析器(SQL Parser)：将 SQL 字符串转换成抽象语法树 AST，这一步一般都是用第三方工具库如 Antlr 完成的，然后对 AST 进行语法分析，例如表是否存在、字段是否存在、SQL 语义是否有误等。

(2) 编译器(Physical Plan)：将 AST 编译生成逻辑执行计划。

(3) 优化器(Query Optimizer)：对逻辑执行计划进行优化。

(4) 执行器(Execution)：把逻辑执行计划转换成可以运行的物理计划，对于 Hive 来说，就是 MapReduce/Spark。

这里需要说明一下，Hive Server 和 Hive Server 2 两者的联系和区别。Hive Server 和 Hive Server 2 都是基于 Thrift 的，但 Hive Sever 有时被称为 Thrift Server，而 Hive Server 2 却不会；两者都允许远程客户端使用多种编程语言在不启动 CLI 的情况下通过 Hive Server 和 Hive Server 2 对 Hive 中的数据进行操作。但是官方表示从 Hive 0.15 起就不再支持 Hive

Server 了，这是因为 Hive Server 不能处理多于一个客户端的并发请求，究其原因是 Hive Server 使用 Thrift 接口而导致的限制，且无法通过修改 Hive Server 的代码进行修正。因此在 Hive 0.11.0 版本中重写了 Hive Server 代码得到了 Hive Server 2，进而解决了该问题。Hive Server 2 支持多客户端的并发和认证，为开放 API 客户端如 JDBC、ODBC 提供更好的支持。

另外，还需要说明一下 Hive 元数据 Metastore。Hive 元数据是数据仓库的核心数据，它作为一个服务进程运行在服务器端，完成 HDFS 中表数据的读写和管理功能。如上文所述，元数据默认存储在自带的 Derby 数据库中，但推荐使用关系型数据库如 MySQL 来存储元数据，这样可以满足快速响应数据存取的需求。Hive 元数据通常有三种存储位置形式：嵌入式元数据、本地元数据和远程元数据，根据元数据存储位置的不同，Hive 部署模式也有所不同，具体参考 5.6 节的内容。

5.3 Hive 数据类型

Hive 数据类型分为两类：基本数据类型和集合数据类型。

1. 基本数据类型

基本数据类型又称为原始类型，与大多数关系数据库中的数据类型相同。Hive 的基本数据类型及说明如表 5-1 所示。

表 5-1 Hive 基本数据类型

<table>
<tr><th colspan="2">数据类型</th><th>长 度</th><th>说 明</th></tr>
<tr><td rowspan="9">数字类</td><td>TINYINT</td><td>1 B</td><td>有符号整型，−128～127</td></tr>
<tr><td>SMALLINT</td><td>2 B</td><td>有符号整型，−32 768～32 767</td></tr>
<tr><td>INT</td><td>4 B</td><td>有符号整型，−2 147 483 648～2 147 483 647</td></tr>
<tr><td>BIGINT</td><td>8 B</td><td>有符号整型，−9 223 372 036 854 775 808～9 223 372 036 854 775 807</td></tr>
<tr><td>FLOAT</td><td>4 B</td><td>有符号单精度浮点数</td></tr>
<tr><td>DOUBLE</td><td>8 B</td><td>有符号双精度浮点数</td></tr>
<tr><td>DOUBLE PRECISION</td><td>8 B</td><td>同 DOUBLE，Hive 2.2.0 开始可用</td></tr>
<tr><td>DECIMAL</td><td>—</td><td>可带小数的精确数字字符串</td></tr>
<tr><td>NUMERIC</td><td>—</td><td>同 DECIMAL，Hive 3.0.0 开始可用</td></tr>
<tr><td rowspan="3">日期时间类</td><td>TIMESTAMP</td><td>—</td><td>时间戳，内容格式：yyyy-mm-dd hh:mm:ss [.f...]</td></tr>
<tr><td>DATE</td><td>—</td><td>日期，内容格式：YYYYMMDD</td></tr>
<tr><td>INTERVAL</td><td>—</td><td>存储两个时间戳之间的时间间隔</td></tr>
<tr><td rowspan="3">字符串类</td><td>STRING</td><td>—</td><td>字符串</td></tr>
<tr><td>VARCHAR</td><td>字符数范围 1～65 535</td><td>长度不定字符串</td></tr>
<tr><td>CHAR</td><td>最大的字符数：255</td><td>长度固定字符串</td></tr>
<tr><td rowspan="2">Misc 类</td><td>BOOLEAN</td><td>—</td><td>布尔类型 TRUE/FALSE</td></tr>
<tr><td>BINARY</td><td>—</td><td>字节序列</td></tr>
</table>

Hive 的基本数据类型是可以进行隐式转换的，类似于 Java 类型转换。例如某表达式使用 INT 类型，TINYINT 会自动转换为 INT 类型，但是 Hive 不会进行反向转换，例如，某表达式使用 TINYINT 类型，INT 不会自动转换为 TINYINT 类型，而会返回错误，除非使用 CAST 函数。隐式类型转换规则如下：

(1) 任何整数类型都可以隐式地转换为一个范围更广的类型，如 TINYINT 可以转换为 INT，INT 可以转换为 BIGINT。

(2) 所有整数类型、FLOAT 和 STRING 类型都可以隐式地转换为 DOUBLE。

(3) TINYINT、SMALLINT 和 INT 都可以转换为 FLOAT。

(4) BOOLEAN 类型不能转换为任何其他类型。

我们可以使用 CAST 函数对数据类型进行显式转换，例如 CAST('1' AS INT)把字符串'1'转换成整数 1。如果强制类型转换失败，例如执行 CAST('X' AS INT)，则表达式返回空值 NULL。

2. 集合数据类型

除了基本数据类型，Hive 还提供了四种集合数据类型：ARRAY、MAP、STRUCT 和 UNIONTYPE。所谓集合类型是指该字段可以包含多个值，有时也被称为复杂数据类型。Hive 集合数据类型说明如表 5-2 所示。

表 5-2　Hive 集合数据类型

数据类型	说　明
ARRAY	数组，存储相同类型的数据，索引从 0 开始，可以通过下标获取数据
MAP	字典，存储键值对数据，键或者值的数据类型必须相同，通过键获取数据，MAP<primitive_type, data_type>
STRUCT	结构体，存储多种不同类型的数据，结构体一旦被声明，则其各字段的位置就不能再改变，STRUCT<col_name : data_type [COMMENT col_comment], …>
UNIONTYPE	联合体，UNIONTYPE<data_type, data_type, …>

5.4　Hive 数据模型

Hive 没有专门的数据存储格式，也没有为数据建立索引，用户可以非常自由地组织 Hive 中的表，只需在创建表时告诉 Hive 数据中的列分隔符和行分隔符，Hive 就可以解析数据。Hive 中所有的数据都存储在 HDFS 中，根据对数据的划分粒度，Hive 包含以下数据模型：表(Table)、分区(Partition)和分桶(Bucket)，表、分区和分桶依次对数据的划分粒度越来越小。Hive 数据模型如图 5-3 所示。

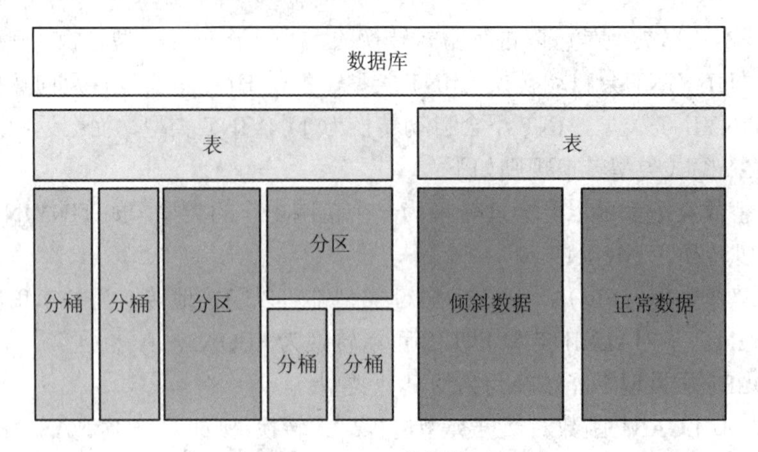

图 5-3　Hive 数据模型

1. 表(Table)

Hive 的表和关系数据库中的表相同，具有各种关系代数操作。Hive 中有两种表：内部表(Table)和外部表(External Table)。

1) 内部表(Table)

Hive 默认创建的表都是内部表，对于内部表，Hive 会(或多或少地)控制着数据的生命周期。默认情况下 Hive 会将这些表的数据存储在由配置项 hive.metastore.warehouse.dir(例如/user/hive/warehouse)所定义的 HDFS 目录的子目录下，每个 Table 在该数据仓库目录下都拥有一个对应的目录用于存储其数据。当删除一个内部表时，Hive 会同时删除这个数据目录。内部表不适合与其他工具共享数据。

2) 外部表(External Table)

Hive 创建外部表时需要指定数据读取的目录，外部表仅记录数据所在的路径，不对数据的位置做任何改变。而内部表创建时就把数据存放到默认路径下，当删除表时，内部表会将数据和元数据全部删除，而外部表只删除元数据，数据文件不会被删除。外部表和内部表在元数据的组织上是相同的，外部表加载数据和创建表同时完成，并不会移动数据到数据仓库目录中。

2. 分区(Partition)

分区表通常分为静态分区表和动态分区表，前者在导入数据时需要静态指定分区，后者可以直接根据导入数据进行分区。

一个分区表对应着 HDFS 文件系统上的一个独立文件夹，该文件夹下是该分区所有的数据文件。Hive 中的分区就是分目录，把一个大的数据集根据业务需要分割成小的数据集。分区的好处是可以让数据按照区域进行分类，避免了查询时的全表扫描。

3. 分桶(Bucket)

分桶就是将同一个目录下的一个文件拆分成多个文件，每个文件包含一部分数据，方便获取值，提高检索效率。

分区针对的是数据的存储路径，分桶针对的是数据文件。分区提供一个隔离数据和优化查询的便利方式，但并非所有的数据集都可形成合理的分区；分桶是将数据集分解成更容易管理的若干部分数据的另一种技术。

5.5　Hive 函数

Hive 支持多种内置运算符和内置函数，方便开发人员调用。在 Hive 命令行中使用命令 "show functions" 可以查看所有函数列表，如果要查看某个函数的帮助信息，可以使用 "describe function" 加函数名来显示。另外，对于部分高级用户，可能需要开发自定义函数来实现特定功能。

1. 内置运算符

内置运算符包括算术运算符、关系运算符、逻辑运算符和复杂运算符，关于 Hive 内置运算符的说明如表 5-3 所示。

表 5-3　Hive 内置运算符

类　型	运　算　符	说　明
算术运算符	+、–、*、/	加、减、乘、除
	%	求余
	&、|、^、~	按位与、或、异或、非
关系运算符	=、!=(或<>)、<、<=、>、>=	等于、不等于、小于、小于等于、大于、大于等于
	IS NULL、IS NOT NULL	判断值是否为"NULL"
	LIKE、RLIKE、REGEXP	LIKE 进行 SQL 匹配，RLIKE 进行 Java 匹配，REGEXP 与 RLIKE 相同
逻辑运算符	AND、&&	逻辑与
	OR、|	逻辑或
	NOT、!	逻辑非
复杂运算符	A[n]	A 是一个数组，n 为 int 型。返回数组 A 的第 n 个元素，第一个元素的索引为 0
	M[key]	M 是 Map，关键值是 key，返回关键值对应的值
	S.x	S 为 struct，返回 x 字符串在结构 S 中的存储位置

2. 内置函数

常用内置函数包括数学函数、字符串函数、条件函数、日期函数、聚集函数、XML 和 JSON 函数。关于 Hive 部分内置函数的说明如表 5-4、表 5-5 所示。

表 5-4　Hive 内置函数中的字符串函数

函　数	说　明
length(string A)	返回字符串的长度
reverse(string A)	返回倒序字符串
concat(string A, string B, …)	连接多个字符串且合并为一个字符串，可以接收任意数量的输入字符串
concat_ws(string SEP, string A, string B, …)	连接多个字符串，字符串之间以指定的分隔符分开
substr(string A, int start) substring(string A, int start)	返回文本字符串中从指定位置开始的其后所有字符串
substr(string A, int start, int len) substring(string A, int start, int len)	返回文本字符串中从指定位置开始的指定长度的字符串
upper(string A) ucase(string A)	将文本字符串转换成字母全部大写的形式
lower(string A) lcase(string A)	将文本字符串转换成字母全部小写形式
trim(string A)	删除字符串两端的空格，字符之间的空格保留
ltrim(string A)	删除字符串左边的空格，其他的空格保留
rtrim(string A)	删除字符串右边的空格，其他的空格保留
regexp_replace(string A, string B, string C)	字符串 A 中的 B 字符被 C 字符替换
regexp_extract(string subject, string pattern, int index)	通过下标返回正则表达式指定的部分
parse_url(string urlString, string partToExtract [, string keyToExtract])	返回 URL 指定的部分
get_json_object(string json_string, string path)	select a.timestamp, get_json_object(a.appevents, '$.eventid'), get_json_object(a.appenvets, '$.eventname') FROM log a;
space(int n)	返回指定数量的空格
repeat(string str, int n)	重复 *n* 次字符串
ascii(string str)	返回字符串中首字符的数字值
lpad(string str, int len, string pad)	返回指定长度的字符串，给定字符串长度小于指定长度时，由指定字符从左侧填补
rpad(string str, int len, string pad)	返回指定长度的字符串，给定字符串长度小于指定长度时，由指定字符从右侧填补
split(string str, string pat)	将字符串转换为数组
find_in_set(string str, string strList)	返回字符串 str 第一次在 strlist 出现的位置。如果任一参数为 NULL，返回 NULL；如果第一个参数包含逗号，返回 0
sentences(string str, string lang, string locale)	将字符串中内容按语句分组，每个单词间以逗号分隔，最后返回数组
ngrams(array>, int N, int K, int pf)	select ngrams(sentences(lower(tweet)), 2, 100 [, 1000]) FROM twitter;
context_ngrams(array>, array, int K, int pf)	select context_ngrams(sentences(lower(tweet)), array (null, null), 100, [, 1000]) FROM twitter;

表 5-5　Hive 内置函数中的日期函数

函　数	说　明
from_unixtime(bigint unixtime[, string format])	将 UNIX 时间戳(从 1970-01-01 00:00:00 UTC 到指定时间的 s 数)转换为当前时区的时间格式，如 YYYY-MM-DD HH:MM:SS
unix_timestamp()	返回 1970-01-01 00:00:00 UTC 到当前时间的 s 数
unix_timestamp(string date)	返回 1970-01-01 00:00:00 UTC 到指定日期的 s 数
unix_timestamp(string date, string pattern)	指定时间输入格式，返回 1970-01-01 00:00:00 UTC 到指定日期的 s 数
to_date(string timestamp)	返回日期时间中的日期部分
to_dates(string date)	返回从 1970-01-01 00:00:00 UTC 到指定日期之间的天数
year(string date)	返回指定时间的年份，范围在 1000～9999，或为“零”日期的 0
month(string date)	返回指定时间的月份，范围为 1～12 月，或为“零”月份的 0
day(string date) dayofmonth(date)	返回指定时间的日期
hour(string date)	返回指定时间的小时，范围为 0～23
minute(string date)	返回指定时间的分钟，范围为 0～59
second(string date)	返回指定时间的秒，范围为 0～59
weekofyear(string date)	返回指定日期所在一年中的星期号，范围为 0～53
datediff(string enddate, string startdate)	两个时间参数的日期之差
date_add(string startdate, int days)	给定时间，在此基础上加上指定的时间段
date_sub(string startdate, int days)	给定时间，在此基础上减去指定的时间段

读者可以使用命令“describe function <函数名>”查看该函数的英文帮助，效果如图 5-4 所示。

```
hive> describe function from_unixtime;
OK
from_unixtime(unix_time, format) - returns unix_time in the specified format
Time taken: 0.064 seconds, Fetched: 1 row(s)
hive> describe function date_sub;
OK
date_sub(start_date, num_days) - Returns the date that is num_days before start_
date.
Time taken: 0.033 seconds, Fetched: 1 row(s)
hive> █
```

图 5-4　使用命令 describe function 查看函数帮助

3. 自定义函数

虽然 HiveQL 内置了许多函数，但是在某些特殊场景下，可能还是需要自定义函数。Hive 自定义函数包括三种：普通自定义函数(UDF)、表生成自定义函数(UDTF)和聚合自定义函数(UDAF)。

1) 普通自定义函数(UDF)

普通自定义函数 UDF 支持一个输入产生一个输出。普通自定义函数需要继承

org.apache.hadoop.hive.ql.exec.UDF，重写类 UDF 中的 evaluate()方法。

2) 表生成自定义函数(UDTF)

表生成自定义函数 UDTF 支持一个输入多个输出。实现表生成自定义函数需要继承类 org.apache.hadoop.hive.ql.udf.generic.GenericUDTF，需要依次实现以下三个方法：

(1) initialize()：行初始化，返回 UDTF 的输出结果的行信息(行数，类型等)。

(2) process()：对传入的参数进行处理，可以通过函数 forward()返回结果。

(3) close()：清理资源。

3) 聚合自定义函数(UDAF)

当系统内置聚合函数不能满足用户需求时，就需要用户自定义聚合函数。UDAF 支持多个输入一个输出。自定义聚合函数需要继承类 org.apache.hadoop.hive.ql.exec.UDAF，自定义的内部类要实现接口 org.apache.hadoop.hive.ql.exec.UDAFEvaluator，相对于普通自定义函数，聚合自定义函数较为复杂，需要依次实现以下五个方法：

(1) init()：初始化中间结果。

(2) iterate()：接收传入的参数，并进行内部转化，定义聚合规则，返回值为 boolean 类型。

(3) terminatePartial()：当 iterate()调用结束后，返回当前 iterate()迭代结果，类似于 Hadoop 的 Combiner()。

(4) merge()：用于接收 terminatePartial()返回的数据，且进行合并操作。

(5) terminate()：用于返回最后聚合结果。

5.6 Hive 部署要点

5.6.1 Hive 运行环境

对于大部分 Java 开源产品而言，在部署与运行之前，总是需要搭建一个合适的环境，通常包括操作系统和 Java 环境两方面。由于 Hive 依赖于 Hadoop，因此 Hive 部署与运行所需要的系统环境包括以下几个方面。

1. 操作系统

Hive 支持不同平台，在当前绝大多数主流的操作系统上都能够运行，例如 UNIX/Linux、Windows 等。本书采用的操作系统为 Linux 发行版 CentOS 7。

2. Java 环境

Hive 使用 Java 语言编写，因此它的运行环境需要 Java 环境的支持。

3. Hadoop

Hive 需要 Hadoop 的支持，它使用 HDFS 进行存储，使用 MapReduce 进行计算。

5.6.2 Hive 部署模式

根据元数据 Metastore 存储位置的不同，Hive 部署模式分为以下三种。

1. 内嵌模式(Embedded Metastore)

内嵌模式是 Metastore 最简单的部署模式，使用 Hive 内嵌的 Derby 数据库来存储元数据。但是 Derby 只能接收一个 Hive 会话的访问，如果试图启动第二个 Hive 会话就会导致 Metastore 连接失败。Hive 官方并不推荐使用内嵌模式，此模式通常被用于开发者的调试环境中，真正生产环境中很少使用。Hive 内嵌模式示例如图 5-5 所示。

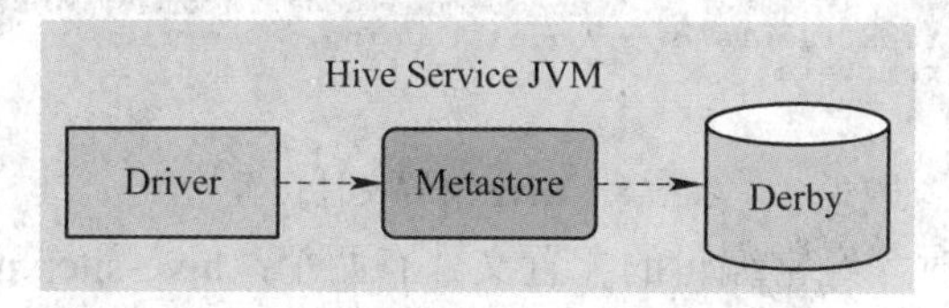

图 5-5　Hive 内嵌模式示例

2. 本地模式(Local Metastore)

本地模式是 Metastore 的默认模式。在该模式下，单 Hive 会话(一个 Hive 服务 JVM)以组件方式调用 Metastore 和 Driver，允许同时存在多个 Hive 会话，即多个用户可以同时连接到数据库。常见 JDBC 兼容的数据库如 MySQL 都可以使用，数据库运行在一个独立的 Java 虚拟机上。Hive 本地模式示例如图 5-6 所示。

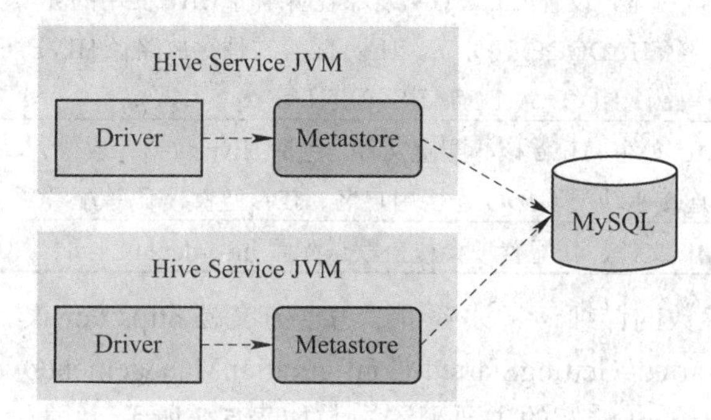

图 5-6　Hive 本地模式示例

3. 远程模式(Remote Metastore)

远程模式将 Metastore 分离出来，成为一个独立的 Hive 服务，而不是和 Hive 服务运行在同一个 Java 虚拟机上。这种模式使得多个用户之间不需要共享 JDBC 登录账户信息就可以存取元数据，避免了认证信息的泄漏，同时，可以部署多个 Metastore 服务，以提高数据仓库可用性。Hive 远程模式示例如图 5-7 所示。

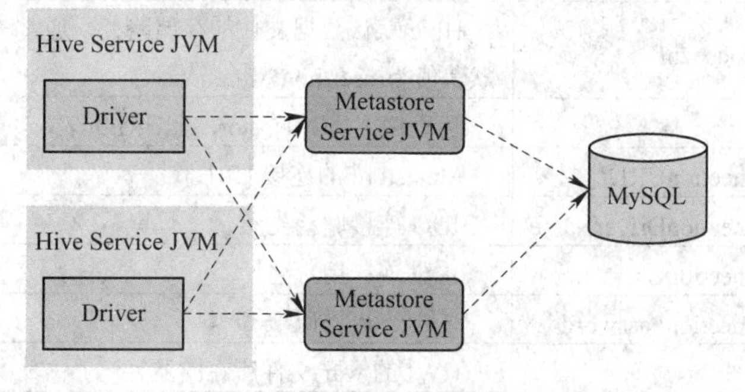

图 5-7　Hive 远程模式示例

5.6.3 Hive 配置文件

Hive 的所有配置文件均位于目录$HIVE_HOME/conf 下，具体的配置文件如图 5-8 所示。

```
[xuluhui@master ~]$ ls /usr/local/hive-2.3.4/conf
beeline-log4j2.properties.template    ivysettings.xml
hive-default.xml.template             llap-cli-log4j2.properties.template
hive-env.sh.template                  llap-daemon-log4j2.properties.template
hive-exec-log4j2.properties.template  parquet-logging.properties
hive-log4j2.properties.template
[xuluhui@master ~]$ 
```

图 5-8　Hive 配置文件位置

用户在部署 Hive 时，经常编辑的配置文件有两个：hive-site.xml 和 hive-env.sh，它们可以在原始模板配置文件 hive-env.sh.template 和 hive-default.xml.template 的基础上创建并进行修改。另外，还需要将 hive-default.xml.template 复制为 hive-default.xml，Hive 会先加载 hive-default.xml 文件，再加载 hive-site.xml 文件，如果两个文件里有相同的配置，那么以 hive-site.xml 为准。Hive 常用的部分配置文件的说明如表 5-6 所示。

表 5-6　Hive 配置文件(部分)

文件名称	描　述
hive-env.sh	Bash 脚本，设置 Linux/UNIX 环境下运行 Hive 要用的环境变量，主要包括 Hadoop 安装路径 HADOOP_HOME、Hive 配置文件存放路径 HIVE_CONF_DIR、Hive 运行资源库路径 HIVE_AUX_JARS_PATH 等
hive-default.xml	XML 文件，Hive 核心配置文件，包括 Hive 数据存放位置、Metastore 的连接 URL、JDO 连接驱动类、JDO 连接用户名、JDO 连接密码等配置项
hive-site.xml	XML 文件，其配置项会覆盖默认配置 hive-default.xml

关于 Hive 配置参数的详细信息读者可参考官方文档 https://cwiki.apache.org/confluence/display/Hive/GettingStarted#GettingStarted-ConfigurationManagementOverview 中的内容。其中，配置文件 hive-site.xml 涉及的主要配置参数如表 5-7 所示。

表 5-7　配置文件 hive-site.xml 涉及的主要参数

配置参数	功　能
hive.exec.scratchdir	HDFS 路径，用于存储不同 Map/Reduce 阶段的执行计划和这些阶段的中间输出结果，默认值为/tmp/hive，对于每个连接用户，都会创建目录${hive.exec.scratchdir}/username，该目录的权限为 733
hive.metastore.warehouse.dir	Hive 默认数据文件的存储路径，通常为 HDFS 的可写路径，默认值为/user/hive/warehouse
hive.metastore.uris	远程模式下 Metastore 的 URI 列表
javax.jdo.option.ConnectionURL	Metastore 的连接 URL
javax.jdo.option.ConnectionDriverName	JDO 连接驱动类
javax.jdo.option.ConnectionUserName	JDO 连接用户名
javax.jdo.option.ConnectionPassword	JDO 连接密码
hive.hwi.war.file	HWI 的 war 文件所在的路径

部署内嵌模式 Hive 时，配置文件 hive-site.xml 中需要设置的配置参数及示例如表 5-8 所示。

表 5-8　内嵌模式 Hive 配置文件 hive-site.xml 所需配置参数示例

配置参数	设置值示例
javax.jdo.option.ConnectionURL	jdbc:derby:;databaseName=metastore_db;create=true
javax.jdo.option.ConnectionDriverName	org.apache.derby.jdbc.EmbeddedDriver
javax.jdo.option.ConnectionUserName	hiveEmbedded
javax.jdo.option.ConnectionPassword	hiveEmbedded

部署本地模式 Hive 时，配置文件 hive-site.xml 中需要设置的配置参数及示例如表 5-9 所示。

表 5-9　本地模式 Hive 配置文件 hive-site.xml 所需配置参数示例

配置参数	设置值示例
javax.jdo.option.ConnectionURL	jdbc:mysql://localhost:3306/hive?createDatabaseIfNotExist=true &useSSL=false
javax.jdo.option.ConnectionDriverName	com.mysql.jdbc.Driver
javax.jdo.option.ConnectionUserName	hiveLocal
javax.jdo.option.ConnectionPassword	hiveLocal

部署远程模式 Hive 时，配置文件 hive-site.xml 中需要设置的配置参数及示例如表 5-10 所示。

表 5-10　远程模式 Hive 配置文件 hive-site.xml 所需配置参数示例

配置参数	设置值示例
hive.metastore.uris	thrift://192.168.18.130:9083
javax.jdo.option.ConnectionURL	jdbc:mysql://192.168.18.131:3306/hiveremote?createDatabaseIfNotExist=true&useSSL=false
javax.jdo.option.ConnectionDriverName	com.mysql.jdbc.Driver
javax.jdo.option.ConnectionUserName	hiveRemote
javax.jdo.option.ConnectionPassword	hiveRemote

5.7　Hive 接口

Hive 用户接口主要包括三类：CLI、Client 和 HWI。其中，CLI(Commmand Line Interface)是 Hive 的命令行接口；Client 是 Hive 的客户端，用户连接至 Hive Server，在启动 Client 模式时，需要指出 Hive Server 所在节点，并且在该节点启动 Hive Server；HWI 是通过浏览器访问 Hive，使用之前要启动 HWI 服务。

5.7.1　Hive Shell

Hive Shell 命令是通过文件$HIVE_HOME/bin/hive 进行控制的，通过该文件可以进行

Hive 当前会话的环境管理以及 Hive 表管理等操作。Hive 命令需要使用“;”进行结束标示。在 Linux 终端下通过命令“hive -H”或“hive --service cli --help”可以查看帮助信息，如图 5-9 所示。

```
[xuluhui@master ~]$ hive -H
SLF4J: Class path contains multiple SLF4J bindings.
SLF4J: Found binding in [jar:file:/usr/local/hive-2.3.4/lib/log4j-slf4j-impl-2.6
.2.jar!/org/slf4j/impl/StaticLoggerBinder.class]
SLF4J: Found binding in [jar:file:/usr/local/hadoop-2.9.2/share/hadoop/common/li
b/slf4j-log4j12-1.7.25.jar!/org/slf4j/impl/StaticLoggerBinder.class]
SLF4J: See http://www.slf4j.org/codes.html#multiple_bindings for an explanation.
SLF4J: Actual binding is of type [org.apache.logging.slf4j.Log4jLoggerFactory]
usage: hive
 -d,--define <key=value>          Variable substitution to apply to Hive
                                  commands. e.g. -d A=B or --define A=B
    --database <databasename>     Specify the database to use
 -e <quoted-query-string>         SQL from command line
 -f <filename>                    SQL from files
 -H,--help                        Print help information
    --hiveconf <property=value>   Use value for given property
    --hivevar <key=value>         Variable substitution to apply to Hive
                                  commands. e.g. --hivevar A=B
 -i <filename>                    Initialization SQL file
 -S,--silent                      Silent mode in interactive shell
 -v,--verbose                     Verbose mode (echo executed SQL to the
                                  console)

[xuluhui@master ~]$
```

图 5-9　通过命令“hive -H”查看帮助

1. Hive Shell 基本命令

Hive Shell 常用的基本命令主要包括退出客户端、添加文件、修改环境变量、查看环境变量、执行 linux 命令、执行 dfs 命令等。具体命令包括：quit、exit、set、add JAR[S] <filepath> <filepath>*、list JAR[S]、delete JAR[S] <filepath>*、! <linux-command>、dfs <dfs command>等。

2. HiveQL 查询语言

除了 Hive Shell 的基本命令外，其他命令主要是 DDL、DML、select 等 HiveQL 语句，HiveQL 是一种类 SQL 的查询语言，绝大多数语法和 SQL 类似。

1) HiveQL DDL

HiveQL DDL 主要有数据库、表等模式的创建(CREATE)、修改(ALTER)、删除(DROP)、显示(SHOW)、描述(DESCRIBE)等命令，详细信息可参考官方文档 https://cwiki.apache.org/confluence/display/Hive/LanguageManual+DDL 中的内容。HiveQL DDL 具体包括的语句如图 5-10 所示。

Overview

HiveQL DDL statements are documented here, including:

- CREATE DATABASE/SCHEMA, TABLE, VIEW, FUNCTION, INDEX
- DROP DATABASE/SCHEMA, TABLE, VIEW, INDEX
- TRUNCATE TABLE
- ALTER DATABASE/SCHEMA, TABLE, VIEW
- MSCK REPAIR TABLE (or ALTER TABLE RECOVER PARTITIONS)
- SHOW DATABASES/SCHEMAS, TABLES, TBLPROPERTIES, VIEWS, PARTITIONS, FUNCTIONS, INDEX[ES], COLUMNS, CREATE TABLE
- DESCRIBE DATABASE/SCHEMA, table_name, view_name, materialized_view_name

PARTITION statements are usually options of TABLE statements, except for SHOW PARTITIONS.

图 5-10　HiveQL DDL 概览

例如，创建数据库的语法如图 5-11 所示。

Create Database

```
CREATE (DATABASE|SCHEMA) [IF NOT EXISTS] database_name
  [COMMENT database_comment]
  [LOCATION hdfs_path]
  [WITH DBPROPERTIES (property_name=property_value, ...)];
```

The uses of SCHEMA and DATABASE are interchangeable – they mean the same thing. CREATE DATABASE was added in Hive 0.6 (HIVE-675). The WITH DBPROPERTIES clause was added in Hive 0.7 (HIVE-1836).

图 5-11 HiveQL CREATE DATABASE 语法

例如，创建表的语法如图 5-12 所示。

Create Table

```
CREATE [TEMPORARY] [EXTERNAL] TABLE [IF NOT EXISTS] [db_name.]table_name    -- (Note: TEMPORARY available in Hive 0.14.0 and later)
  [(col_name data_type [column_constraint_specification] [COMMENT col_comment], ... [constraint_specification])]
  [COMMENT table_comment]
  [PARTITIONED BY (col_name data_type [COMMENT col_comment], ...)]
  [CLUSTERED BY (col_name, col_name, ...) [SORTED BY (col_name [ASC|DESC], ...)] INTO num_buckets BUCKETS]
  [SKEWED BY (col_name, col_name, ...)                  -- (Note: Available in Hive 0.10.0 and later)]
     ON ((col_value, col_value, ...), (col_value, col_value, ...), ...)
     [STORED AS DIRECTORIES]
  [
   [ROW FORMAT row_format]
   [STORED AS file_format]
     | STORED BY 'storage.handler.class.name' [WITH SERDEPROPERTIES (...)]  -- (Note: Available in Hive 0.6.0 and later)
  ]
  [LOCATION hdfs_path]
  [TBLPROPERTIES (property_name=property_value, ...)]   -- (Note: Available in Hive 0.6.0 and later)
  [AS select_statement];   -- (Note: Available in Hive 0.5.0 and later; not supported for external tables)

CREATE [TEMPORARY] [EXTERNAL] TABLE [IF NOT EXISTS] [db_name.]table_name
  LIKE existing_table_or_view_name
  [LOCATION hdfs_path];
```

图 5-12 HiveQL CREATE TABLE 语法

对创建表语法说明如下：

(1) CREATE TABLE：创建一个指定名字的表。如果相同名字的表已经存在，则抛出异常，用户可以用 IF NOT EXISTS 选项来忽略这个异常。

(2) EXTERNAL：创建一个外部表，在建表的同时指定一个指向实际数据的路径(LOCATION)。

(3) COMMENT：为表和列添加注释。

(4) PARTITIONED BY：创建分区表。

(5) CLUSTERED BY：创建分桶表。

(6) ROW FORMAT：指定数据切分格式。

DELIMITED [FIELDS TERMINATED BY char [ESCAPED BY char]] [COLLECTION ITEMS TERMINATED BY char] [MAP KEYS TERMINATED BY char] [LINES TERMINATED BY char] [NULL DEFINED AS char]

|SERDE serde_name [WITH SERDEPROPERTIES (property_name=property_value, property_name=property_value, ...)]

用户在建表时可以自定义 SerDe 或者使用自带的 SerDe。如果没有指定 ROW FORMAT 或者 ROW FORMAT DELIMITED，将会使用自带的 SerDe。在建表时，用户还需要为表指

定列，用户在指定列时也会指定自定义的 SerDe，Hive 通过 SerDe 确定表的具体列的数据。

(7) STORED AS：指定存储文件类型。常用的存储文件类型包括：SEQUENCEFILE(二进制序列文件)、TEXTFILE(文本文件)和 RCFILE(列式存储格式文件)。

(8) LOCATION：指定表在 HDFS 上的存储位置。

2) HiveQL DML

HiveQL DML 主要有数据导入(LOAD)、数据插入(INSERT)、数据更新(UPDATE)、数据删除(DELETE)等命令，详细信息可参考官方文档 https://cwiki.apache.org/confluence/display/Hive/LanguageManual+DML 中的内容，HiveQL DML 具体包括的语句如图 5-13 所示。

There are multiple ways to modify data in Hive:

- LOAD
- INSERT
  - into Hive tables from queries
  - into directories from queries
  - into Hive tables from SQL
- UPDATE
- DELETE
- MERGE

EXPORT and IMPORT commands are also available (as of Hive 0.8).

图 5-13　HiveQL DML 概览

3) HiveQL SECLET

HiveQL SECLET 主要用于数据查询，详细信息可参考官方文档 https://cwiki.apache.org/confluence/display/Hive/LanguageManual+Select 中的内容，HiveQL SECLET 具体语法如图 5-14 所示。

Select Syntax

```
[WITH CommonTableExpression (, CommonTableExpression)*]    (Note: Only available starting with Hive 0.13.0)
SELECT [ALL | DISTINCT] select_expr, select_expr, ...
  FROM table_reference
  [WHERE where_condition]
  [GROUP BY col_list]
  [ORDER BY col_list]
  [CLUSTER BY col_list
    | [DISTRIBUTE BY col_list] [SORT BY col_list]
  ]
 [LIMIT [offset,] rows]
```

图 5-14　HiveQL select 语法

5.7.2　Hive Web Interface(HWI)

Hive Web Interface(HWI)是 Hive 自带的一个 Web-GUI，其功能不多，可用于效果展示。由于 Hive 的 bin 目录中没有包括 HWI 的页面，因此需要首先下载源码，从中提取 jsp 文件并打包成 war 文件存放到 Hive 安装目录下 lib 目录中；然后编辑配置文件 hive-site.xml，添加属性参数“hive.hwi.war.file”的配置；这时在浏览器中输入<IP>:9999/hwi 会出现错误提示信息“JSP support not configured”以及后续的“Unable to find a javac compiler”。究其原因，需要以下四个 jar 包：commons-el.jar、jasper-compiler-X.X.XX.jar、jasper-runtime-X.X.XX.jar 和 JDK 下的 tools.jar，将这些 jar 包拷贝到 Hive 的 lib 目录下；最后使用命令“hive --service hwi”启动 HWI，在浏览器中输入<IP>:9999/hwi 即可看到 Hive Web 页面。

5.7.3 Hive API

Hive 支持用 Java、Python 等语言编写的 JDBC/ODBC 应用程序访问 Hive，关于 Hive API 的详细信息可参考官方文档 http://hive.apache.org/javadocs/中的内容，其中有各种版本的 Hive Java API。

5.8 综合实战：部署本地模式 Hive 和 Hive 实战

5.8.1 规划 Hive

1. 部署规划

本节拟部署本地模式 Hive，使用 MySQL 存储元数据 Metastore，使用全分布模式 Hadoop 集群。本节使用三台安装有 Linux 操作系统的机器，主机名分别为 master、slave1 和 slave2，将 Hive 和 MySQL 部署在 master(192.168.18.131)节点上，全分布模式 Hadoop 集群部署在三个节点上。具体 Hive 部署规划表如表 5-11 所示。

表 5-11 本地模式 Hive 部署规划表

主机名	IP 地址	运行服务	软硬件配置
master	192.168.18.130	NameNode SecondaryNameNode ResourceManager JobHistoryServer MySQL Hive	内存：4 GB CPU：1 个 2 核 硬盘：40 GB 操作系统：CentOS 7.6.1810 Java：Oracle JDK 8u191 Hadoop：Hadoop 2.9.2 MySQL：MySQL 5.7.27 Hive：Hive 2.3.4 Eclipse：Eclipse IDE 2018-09 for Java Developers
slave1	192.168.18.131	DataNode NodeManager	内存：1 GB CPU：1 个 1 核 硬盘：20 GB 操作系统：CentOS 7.6.1810 Java：Oracle JDK 8u191 Hadoop：Hadoop 2.9.2
slave2	192.168.18.132	DataNode NodeManager	内存：1 GB CPU：1 个 1 核 硬盘：20 GB 操作系统：CentOS 7.6.1810 Java：Oracle JDK 8u191 Hadoop：Hadoop 2.9.2

2. 软件选择

本节部署 Hive 所使用的各种软件的名称、版本、发布日期及下载地址如表 5-12 所示。

表 5-12　本节部署 Hive 使用的软件名称、版本、发布日期及下载地址

软件名称	软件版本	发布日期	下载地址
VMware Workstation Pro	VMware Workstation 14.5.7 Pro for Windows	2017 年 6 月 22 日	https://www.vmware.com/products/workstation-pro.html
CentOS	CentOS 7.6.1810	2018 年 11 月 26 日	https://www.centos.org/download/
Java	Oracle JDK 8u191	2018 年 10 月 16 日	http://www.oracle.com/technetwork/java/javase/downloads/index.html
Hadoop	Hadoop 2.9.2	2018 年 11 月 19 日	http://hadoop.apache.org/releases.html
MySQL Connector/J	MySQL Connector/J 5.1.48	2019 年 7 月 29 日	https://dev.mysql.com/downloads/connector/j/
MySQL Community Server	MySQL Community 5.7.27	2019 年 7 月 22 日	http://dev.mysql.com/get/mysql57-community-release-el7-11.noarch.rpm
Hive	Hive 2.3.4	2018 年 11 月 7 日	https://hive.apache.org/downloads.html

注意，本节采用的 Hive 版本是 2.3.4，三个节点的机器名分别为 master、slave1 和 slave2，IP 地址依次为 192.168.18.130、192.168.18.131 和 192.168.18.132，后续内容均在表 5-11 规划基础上完成，读者务必与之对照确认自己的 Hive 版本、机器名等信息。

5.8.2　部署本地模式 Hive

Hive 目前有 1.x、2.x 和 3.x 三个系列版本，建议使用当前的稳定版本，本节采用稳定版本 Hive 2.3.4，因此本节的讲解都是针对这个版本进行的。尽管如此，由于 Hive 各个版本在部署和运行方式上的变化不大，因此本节的大部分内容都适用于 Hive 其他版本。

1. 初始软硬件环境准备

(1) 准备三台机器，安装操作系统，编者使用 CentOS Linux 7。

(2) 对集群内每一台机器都要配置静态 IP、修改机器名、添加集群级别域名映射、关闭防火墙。

(3) 对集群内每一台机器都要安装和配置 Java，要求 Java 1.7 或更高版本，编者使用 Oracle JDK 8u191。

(4) 安装和配置 Linux 集群中主节点到从节点的 SSH 免密登录。

(5) 在 Linux 集群上部署全分布模式 Hadoop 集群，编者采用 Hadoop 2.9.2。

以上步骤已在本书第 1 章中做过详细介绍，此处不再赘述，本节从安装和配置 MySQL 开始讲述。

2. 安装和配置 MySQL

MySQL 在 Linux 下提供多种安装方式，例如二进制方式、源码编译方式、Yum 方式等，其中 Yum 方式比较简便，但需要网络的支持。编者采用 Yum 方式安装 MySQL 5.7。

1）下载 MySQL 官方的 Yum Repository

CentOS 7 不支持 MySQL，其 yum 源中默认没有 MySQL，为了解决这个问题，需要先下载 MySQL 的 Yum Repository。读者可以直接使用浏览器到下载链接 http://dev.mysql.com/get/mysql57-community-release-el7-11.noarch.rpm 下进行下载，或者使用命令 wget 完成。其中使用 wget 进行下载的命令如下所示，假设当前目录是"/home/xuluhui/Downloads"，下载到该目录下，当终端显示进度"100%"时表示已成功下载。

```
[root@master Downloads]# wget http://dev.mysql.com/get/mysql57-community-release-el7-11.noarch.rpm
```

2）安装 MySQL 官方的 Yum Repository

使用以下命令安装 MySQL 官方的 Yum Repository。

```
[root@master Downloads]# rpm -ivh mysql57-community-release-el7-11.noarch.rpm
```

安装完这个包后，会获得两个 MySQL 的 Yum Repository 源：/etc/yum.repos.d/mysql-community.repo 和/etc/yum.repos.d/mysql-community-source.repo。

也可以通过以下命令检查 MySQL 的 Yum Repository 源是否安装成功，运行效果如图 5-15 所示。看到图 5-15 所示内容即表示安装成功。

```
[root@master Downloads]# yum repolist enabled | grep "mysql.*-community.*"
```

```
[root@master Downloads]# yum repolist enabled | grep "mysql.*-community.*"
mysql-connectors-community/x86_64       MySQL Connectors Community          118
mysql-tools-community/x86_64            MySQL Tools Community                95
mysql57-community/x86_64                MySQL 5.7 Community Server          364
[root@master Downloads]#
```

图 5-15　使用命令"yum repolist"检查 MySQL 的 Yum Repository 源是否安装成功

3）查看提供的 MySQL 版本

使用以下命令查看有哪些版本的 MySQL，命令运行效果如图 5-16 所示。从图 5-16 可以看出，MySQL 5.5、5.6、5.7、8.0 均有。

```
[root@master Downloads]# yum repolist all | grep mysql
```

```
[root@master Downloads]# yum repolist all | grep mysql
mysql-cluster-7.5-community/x86_64 MySQL Cluster 7.5 Community   disabled
mysql-cluster-7.5-community-source MySQL Cluster 7.5 Community - disabled
mysql-cluster-7.6-community/x86_64 MySQL Cluster 7.6 Community   disabled
mysql-cluster-7.6-community-source MySQL Cluster 7.6 Community - disabled
mysql-connectors-community/x86_64  MySQL Connectors Community    enabled:    118
mysql-connectors-community-source  MySQL Connectors Community -  disabled
mysql-tools-community/x86_64       MySQL Tools Community         enabled:     95
mysql-tools-community-source       MySQL Tools Community - Sourc disabled
mysql-tools-preview/x86_64         MySQL Tools Preview           disabled
mysql-tools-preview-source         MySQL Tools Preview - Source  disabled
mysql55-community/x86_64           MySQL 5.5 Community Server    disabled
mysql55-community-source           MySQL 5.5 Community Server -  disabled
mysql56-community/x86_64           MySQL 5.6 Community Server    disabled
mysql56-community-source           MySQL 5.6 Community Server -  disabled
mysql57-community/x86_64           MySQL 5.7 Community Server    enabled:    364
mysql57-community-source           MySQL 5.7 Community Server -  disabled
mysql80-community/x86_64           MySQL 8.0 Community Server    disabled
mysql80-community-source           MySQL 8.0 Community Server -  disabled
[root@master Downloads]#
```

图 5-16　使用 yum repolist 查看有哪些版本 MySQL

4) 安装 MySQL

编者采用默认的 MySQL 5.7 进行安装，使用以下命令安装 mysql-community-server，其他相关的依赖库 mysql-community-client、mysql-community-common 和 mysql-community-libs 均会自动安装，运行效果如图 5-17 所示。

```
[root@master Downloads]# yum install -y mysql-community-server
```

```
[root@master Downloads]# yum install -y mysql-community-server
Loaded plugins: fastestmirror, langpacks
Loading mirror speeds from cached hostfile
 * base: mirrors.huaweicloud.com
 * extras: mirrors.cqu.edu.cn
 * updates: mirrors.cqu.edu.cn
Resolving Dependencies
--> Running transaction check
---> Package mysql-community-server.x86_64 0:5.7.27-1.el7 will be installed
--> Processing Dependency: mysql-community-common(x86-64) = 5.7.27-1.el7 for pac
kage: mysql-community-server-5.7.27-1.el7.x86_64
--> Processing Dependency: mysql-community-client(x86-64) >= 5.7.9 for package:
mysql-community-server-5.7.27-1.el7.x86_64
--> Running transaction check
---> Package mysql-community-client.x86_64 0:5.7.27-1.el7 will be installed
--> Processing Dependency: mysql-community-libs(x86-64) >= 5.7.9 for package: my
sql-community-client-5.7.27-1.el7.x86_64
---> Package mysql-community-common.x86_64 0:5.7.27-1.el7 will be installed
--> Running transaction check
---> Package mysql-community-libs.x86_64 0:5.7.27-1.el7 will be installed
--> Finished Dependency Resolution

Dependencies Resolved

================================================================================
 Package                    Arch       Version         Repository          Size
================================================================================
Installing:
 mysql-community-server     x86_64     5.7.27-1.el7    mysql57-community   165 M
Installing for dependencies:
 mysql-community-client     x86_64     5.7.27-1.el7    mysql57-community    24 M
 mysql-community-common     x86_64     5.7.27-1.el7    mysql57-community   275 k
 mysql-community-libs       x86_64     5.7.27-1.el7    mysql57-community   2.2 M

Transaction Summary
================================================================================
Install  1 Package (+3 Dependent packages)
```

图 5-17　使用命令“yum install”安装 MySQL

当看到“Complete!”提示后，MySQL 就安装完成了，接下来启动 MySQL 并进行登录数据库的测试。

5) 启动 MySQL

使用以下命令启动 MySQL。需要注意的是，在 CentOS 6 中，使用命令“service mysqld start”启动 MySQL。

```
[root@master Downloads]# systemctl start mysqld
```

还可以使用命令“systemctl status mysqld”查看状态，命令运行效果如图 5-18 所示。从图 5-18 中可以看出，MySQL 已经启动了。

```
[root@master Downloads]# systemctl status mysqld
● mysqld.service - MySQL Server
   Loaded: loaded (/usr/lib/systemd/system/mysqld.service; enabled; vendor prese
t: disabled)
   Active: active (running) since Tue 2022-07-12 06:07:27 EDT; 4s ago
     Docs: man:mysqld(8)
           http://dev.mysql.com/doc/refman/en/using-systemd.html
  Process: 66613 ExecStart=/usr/sbin/mysqld --daemonize --pid-file=/var/run/mysq
ld/mysqld.pid $MYSQLD_OPTS (code=exited, status=0/SUCCESS)
  Process: 66554 ExecStartPre=/usr/bin/mysqld_pre_systemd (code=exited, status=0
/SUCCESS)
 Main PID: 66616 (mysqld)
    Tasks: 27
   CGroup: /system.slice/mysqld.service
           └─66616 /usr/sbin/mysqld --daemonize --pid-file=/var/run/mysqld/my...

Jul 12 06:07:22 master systemd[1]: Starting MySQL Server...
Jul 12 06:07:27 master systemd[1]: Started MySQL Server.
[root@master Downloads]# █
```

图 5-18　查看 MySQL 状态

6) 测试 MySQL

(1) 使用 root 和空密码登录测试。

使用 root 用户和空密码登录数据库服务器，使用的命令如下所示，效果如图 5-19 所示。

```
[root@master Downloads]# mysql -u root -p
```

```
[root@master Downloads]# mysql -u root -p
Enter password:
ERROR 1045 (28000): Access denied for user 'root'@'localhost' (using password: N
O)
[root@master Downloads]# █
```

图 5-19　第一次启动 MySQL 后使用 root 和空密码登录

从图 5-19 中可以看出，出现了系统报错，这是因为 MySQL 5.7 调整了策略，新安装数据库之后，默认 root 密码不为空，而是在启动时随机生成了一个密码，可以在文件/var/log/mysqld.log 中找到该临时密码。使用以下命令查找临时密码，读者需要复制此临时密码，方便下一步使用。

```
[root@master Downloads]# grep 'temporary password' /var/log/mysqld.log
```

(2) 使用 root 和初始化临时密码登录测试。

使用 root 用户和其临时密码再次登录数据库，此时尽管可以成功登录，但是不能做任何事情。如图 5-20 所示，输入命令“show databases;”显示出错信息“ERROR 1820 (HY000): You must reset your password using ALTER USER statement before executing this statement.”，这是因为 MySQL 5.7 默认必须修改密码之后才能操作数据库。

```
[root@master Downloads]# mysql -u root -p
Enter password:
Welcome to the MySQL monitor.  Commands end with ; or \g.
Your MySQL connection id is 5
Server version: 5.7.27

Copyright (c) 2000, 2019, Oracle and/or its affiliates. All rights reserved.

Oracle is a registered trademark of Oracle Corporation and/or its
affiliates. Other names may be trademarks of their respective
owners.

Type 'help;' or '\h' for help. Type '\c' to clear the current input statement.

mysql> show databases;
ERROR 1820 (HY000): You must reset your password using ALTER USER statement befo
re executing this statement.
mysql> 
```

图 5-20　第一次启动 MySQL 后使用 root 和初始临时密码登录

(3) 修改 root 的初始化临时密码。

在 MySQL 下使用如下命令修改 root 用户密码，例如新密码为“xijing”，执行效果如图 5-21 所示。

```
mysql> ALTER USER 'root'@'localhost' IDENTIFIED BY 'xijing';
```

```
mysql> ALTER USER 'root'@'localhost' IDENTIFIED BY 'xijing';
ERROR 1819 (HY000): Your password does not satisfy the current policy requiremen
ts
mysql> 
```

图 5-21　修改 root 的初始化临时密码失败

从图 5-21 中可以看出，系统提示错误“ERROR 1819 (HY000): Your password does not satisfy the current policy requirements”，这是由于 MySQL 5.7 默认安装了密码安全检查插件 (validate_password)，默认密码检查策略要求密码必须包含：大小写字母、数字和特殊符号，并且长度不能少于 8 位。读者若按此密码策略修改 root 密码成功后，可以使用如下命令通过 MySQL 环境变量查看默认密码策略的相关信息，命令运行效果如图 5-22 所示。

```
mysql> show variables like '%password%';
```

```
mysql> show variables like '%password%';
+---------------------------------------+--------+
| Variable_name                         | Value  |
+---------------------------------------+--------+
| default_password_lifetime             | 0      |
| disconnect_on_expired_password        | ON     |
| log_builtin_as_identified_by_password | OFF    |
| mysql_native_password_proxy_users     | OFF    |
| old_passwords                         | 0      |
| report_password                       |        |
| sha256_password_proxy_users           | OFF    |
| validate_password_check_user_name     | OFF    |
| validate_password_dictionary_file     |        |
| validate_password_length              | 8      |
| validate_password_mixed_case_count    | 1      |
| validate_password_number_count        | 1      |
| validate_password_policy              | MEDIUM |
| validate_password_special_char_count  | 1      |
+---------------------------------------+--------+
14 rows in set (0.00 sec)

mysql> 
```

图 5-22　MySQL 5.7 默认密码策略

关于 MySQL 密码策略中部分常用相关参数的说明如表 5-13 所示。

表 5-13　MySQL 密码策略中相关参数说明(部分)

参　数	说　明
validate_password_dictionary_file	指定密码验证的密码字典文件路径
validate_password_length	固定密码的总长度，默认为 8，至少为 4
validate_password_mixed_case_count	整个密码中至少要包含大/小写字母的个数，默认为 1
validate_password_number_count	整个密码中至少要包含阿拉伯数字的个数，默认为 1
validate_password_special_char_count	整个密码中至少要包含特殊字符的个数，默认为 1
validate_password_policy	指定密码的强度验证等级，默认为 MEDIUM validate_password_policy 的取值有 3 种： • 0/LOW：只验证长度 • 1/MEDIUM：验证长度、数字、大小写、特殊字符 • 2/STRONG：验证长度、数字、大小写、特殊字符、字典文件

读者可以通过修改密码策略使密码“xijing”有效，步骤如下：

① 设置密码的验证强度等级“validate_password_policy”为“LOW”，注意选择“STRONG”时需要提供密码字典文件。方法是：修改配置文件/etc/my.cnf，在最后添加“validate_password_policy”配置，指定密码策略，为了使密码“xijing”有效，编者选择“LOW”，具体内容如下所示。

```
validate_password_policy=LOW
```

② 设置密码长度“validate_password_length”为“6”，注意密码长度最少为 4。方法是：继续修改配置文件/etc/my.cnf，在最后添加“validate_password_length”配置，具体内容如下所示。

```
validate_password_length=6
```

③ 保存配置/etc/my.cnf 并退出，重新启动 MySQL 服务使配置生效，使用的命令如下所示。

```
systemctl restart mysqld
```

(4) 再次修改 root 的初始化临时密码。

使用 root 和初始化临时密码登录 MySQL，再次修改 root 密码，如新密码为“xijing”，执行效果如图 5-23 所示。从图 5-23 中可以看出，本次修改成功，密码“xijing”符合当前的密码策略。

```
mysql> ALTER USER 'root'@'localhost' IDENTIFIED BY 'xijing';
Query OK, 0 rows affected (0.00 sec)

mysql> 
```

图 5-23　修改 MySQL 密码策略后修改 root 密码为“xijing”成功

使用命令“flush privileges;”刷新 MySQL 的系统权限相关表。

(5) 使用 root 和新密码登录测试。

使用 root 和新密码“xijing”登录 MySQL，效果如图 5-24 所示。从图 5-24 中可以看出，成功登录且可以使用命令“show databases;”。

```
[root@master Downloads]# mysql -u root -p
Enter password:
Welcome to the MySQL monitor.  Commands end with ; or \g.
Your MySQL connection id is 4
Server version: 5.7.27 MySQL Community Server (GPL)

Copyright (c) 2000, 2019, Oracle and/or its affiliates. All rights reserved.

Oracle is a registered trademark of Oracle Corporation and/or its
affiliates. Other names may be trademarks of their respective
owners.

Type 'help;' or '\h' for help. Type '\c' to clear the current input statement.

mysql> show databases;
+--------------------+
| Database           |
+--------------------+
| information_schema |
| mysql              |
| performance_schema |
| sys                |
+--------------------+
4 rows in set (0.00 sec)

mysql> █
```

图 5-24　使用“root”和新密码登录测试成功

3. 在 MySQL 中创建 Hive 所需用户和数据库并授权

本步骤将带领读者在 MySQL 中创建用户 hive、创建数据库 hive、并将数据库 hive 的所有权限授予用户 xijing。

(1) 在 MySQL 中创建用户 hive，密码为 hive，使用的命令如下所示。

```
mysql> create user 'hive' identified by 'xijing';
```

(2) 创建数据库“hive”，使用的命令如下所示。

```
mysql> create database hive;
```

(3) 将数据库“hive”的所有权限授予用户“hive”，使用的命令如下所示。

```
mysql> grant all privileges on hive.* to 'hive'@'localhost' identified by 'xijing';
```

(4) 刷新权限，使其立即生效，使用的命令如下所示。

```
mysql> flush privileges;
```

(5) 使用“hive”用户登录，并查看是否能看到数据库“hive”，使用的命令及运行效果如图 5-25 所示。从图 5-25 中可以看出，“hive”用户可以成功看到数据库“hive”。

```
[xuluhui@master ~]$ mysql -u hive -p
Enter password:
Welcome to the MySQL monitor.  Commands end with ; or \g.
Your MySQL connection id is 3
Server version: 5.7.27 MySQL Community Server (GPL)

Copyright (c) 2000, 2019, Oracle and/or its affiliates. All rights reserved.

Oracle is a registered trademark of Oracle Corporation and/or its
affiliates. Other names may be trademarks of their respective
owners.

Type 'help;' or '\h' for help. Type '\c' to clear the current input statement.

mysql> show databases;
+--------------------+
| Database           |
+--------------------+
| information_schema |
| hive               |
+--------------------+
2 rows in set (0.00 sec)

mysql> 
```

图 5-25　使用“hive”用户登录

4. 获取 Hive

Hive 官方下载地址为 https://hive.apache.org/downloads.html，建议读者下载 stable 目录下的当前稳定版本。编者采用的 Hive 稳定版本是 2018 年 11 月 7 日发布的 Hive 2.3.4，其安装包文件 apache-hive-2.3.4-bin.tar.gz 可存放在 master 机器的相应目录如/home/xuluhui/Downloads 下。

5. 安装 Hive 并设置属主

(1) 在 master 机器上，切换到 root 用户，解压 apache-hive-2.3.4-bin.tar.gz 到安装目录如/usr/local 下，依次使用的命令如下所示。

```
[xuluhui@master ~]$ su root
[root@master xuluhui]# cd /usr/local
[root@master local]# tar -zxvf /home/xuluhui/Downloads/apache-hive-2.3.4-bin.tar.gz
```

(2) 由于 Hive 的安装目录名字过长，可以使用“mv”命令将安装目录重命名为 hive-2.3.4，使用以下命令完成。此步骤可以省略，但下文配置时 Hive 的安装目录就是“apache-hive-2.3.4-bin”。

```
[root@master local]# mv apache-hive-2.3.4-bin hive-2.3.4
```

(3) 为了在普通用户下使用 Hive，将 Hive 安装目录的属主设置为 Linux 普通用户如 xuluhui，使用以下命令完成。

```
[root@master local]# chown -R xuluhui /usr/local/hive-2.3.4
```

6. 将 MySQL 的 JDBC 驱动包复制到 Hive 安装目录/lib 下

(1) 获取 MySQL 的 JDBC 驱动包，并保存至/home/xuluhui/Downloads 下，下载地址为 https://dev.mysql.com/downloads/connector/j/。编者使用的版本是 2019 年 7 月 29 日发布的 MySQL Connector/J 5.1.48，文件名为 mysql-connector-java-5.1.48.tar.gz。

(2) 将 mysql-connector-java-5.1.48.tar.gz 解压至相应目录如/home/xuluhui/Downloads

下，使用的命令如下所示。

```
[xuluhui@master ~]$ cd /home/xuluhui/Downloads
[xuluhui@master Downloads]$ tar -zxvf /home/xuluhui/Downloads/mysql-connector-java-5.1.48.tar.gz
```

(3) 将解压文件下的 MySQL JDBC 驱动包 mysql-connector-java-5.1.48-bin.jar 移动至 Hive 安装目录/usr/local/hive-2.3.4/lib 下，并删除目录 mysql-connector-java-5.1.41，依次使用的命令如下所示。

```
[xuluhui@master Downloads]$ mv mysql-connector-java-5.1.48/mysql-connector-java-5.1.48-bin.jar /usr/local/hive-2.3.4/lib
[xuluhui@master Downloads]$ rm -rf mysql-connector-java-5.1.48
```

7. 配置 Hive

Hive 的所有配置文件均位于目录$HIVE_HOME/conf 下，具体的配置文件如前文图 5-8 所示。这里在原始模板配置文件 hive-env.sh.template、hive-default.xml.template 的基础上创建并配置 hive-env.sh、hive-site.xml 两个配置文件。

假设当前目录为“/usr/local/hive-1.4.10/conf”，切换到普通用户如 xuluhui 下，在主节点 master 上配置 Hive 的具体过程如下所示。

1) 配置 hive-env.sh 文件

环境配置文件 hive-env.sh 用于指定 Hive 运行时的各种参数，主要包括 Hadoop 安装路径 HADOOP_HOME、Hive 配置文件存放路径 HIVE_CONF_DIR、Hive 运行资源库路径 HIVE_AUX_JARS_PATH 等。

(1) 使用以下命令复制模板配置文件 hive-env.sh.template 并命名为“hive-env.sh”。

```
[xuluhui@master conf]$ cp hive-env.sh.template hive-env.sh
```

(2) 使用命令“vim hive-env.sh”编辑配置文件 hive-env.sh。

① 将第 48 行 HADOOP_HOME 注释去掉，并指定为所用机器上的 Hadoop 安装路径，编者修改后的内容如下所示。

```
export HADOOP_HOME=/usr/local/hadoop-2.9.2
```

② 将第 51 行 HIVE_CONF_DIR 注释去掉，并指定为所用机器上的 Hive 配置文件存放路径，编者修改后的内容如下所示。

```
export HIVE_CONF_DIR=/usr/local/hive-2.3.4/conf
```

③ 将第 54 行 HIVE_AUX_JARS_PATH 注释去掉，并指定为所用机器上的 Hive 运行资源库路径，编者修改后的内容如下所示。

```
export HIVE_AUX_JARS_PATH=/usr/local/hive-2.3.4/lib
```

2) 配置 hive-default.xml 文件

使用以下命令复制配置文件模板为 hive-default.xml，这是 Hive 默认加载的文件。

```
[xuluhui@master conf]$ cp hive-default.xml.template hive-default.xml
```

3) 配置 hive-site.xml 文件

新建文件 hive-site.xml，写入 MySQL 的配置信息。读者需要注意的是，此处不必复制配置文件模板“hive-default.xml.template”为“hive-site.xml”，这是由于模板中的参数过多，不容易读懂。hive-site.xml 中添加的内容如下所示。

```
<?xml version="1.0" encoding="UTF-8" standalone="no"?>
<?xml-stylesheet type="text/xsl" href="configuration.xsl"?>
<configuration>
    <property>
        <name>javax.jdo.option.ConnectionURL</name>
        <value>jdbc:mysql://localhost:3306/hive?createDatabaseIfNotExist=true&amp;useSSL=false</value>
    </property>
    <property>
        <name>javax.jdo.option.ConnectionDriverName</name>
        <value>com.mysql.jdbc.Driver</value>
    </property>
    <property>
        <name>javax.jdo.option.ConnectionUserName</name>
        <value>hive</value>
    </property>
    <property>
        <name>javax.jdo.option.ConnectionPassword</name>
        <value>xijing</value>
    </property>
</configuration>
```

8. 初始化 Hive Metastore

启动 Hive CLI，若输入 Hive Shell 命令如“show databases;”，会出现错误提示信息，如图 5-26 所示。图 5-26 告知不能初始化 Hive Metastore。

```
[xuluhui@master ~]$ hive
SLF4J: Class path contains multiple SLF4J bindings.
SLF4J: Found binding in [jar:file:/usr/local/hive-2.3.4/lib/log4j-slf4j-impl-2.6
.2.jar!/org/slf4j/impl/StaticLoggerBinder.class]
SLF4J: Found binding in [jar:file:/usr/local/hadoop-2.9.2/share/hadoop/common/li
b/slf4j-log4j12-1.7.25.jar!/org/slf4j/impl/StaticLoggerBinder.class]
SLF4J: See http://www.slf4j.org/codes.html#multiple_bindings for an explanation.
SLF4J: Actual binding is of type [org.apache.logging.slf4j.Log4jLoggerFactory]

Logging initialized using configuration in jar:file:/usr/local/hive-2.3.4/lib/hi
ve-common-2.3.4.jar!/hive-log4j2.properties Async: true
Hive-on-MR is deprecated in Hive 2 and may not be available in the future versio
ns. Consider using a different execution engine (i.e. spark, tez) or using Hive
1.X releases.
hive> show databases;
FAILED: SemanticException org.apache.hadoop.hive.ql.metadata.HiveException: java
.lang.RuntimeException: Unable to instantiate org.apache.hadoop.hive.ql.metadata
.SessionHiveMetaStoreClient
hive>
```

图 5-26　未初始化 Hive Metastore 时启动 Hive CLI 出现的错误信息界面

解决方法是使用命令“schematool -initSchema -dbType mysql”初始化元数据，将元数

据写入 MySQL 中，执行效果如图 5-27 所示。若出现信息“schemaTool completed”，即表示初始化成功。

```
[xuluhui@master ~]$ cd /usr/local/hive-2.3.4/bin
[xuluhui@master bin]$ schematool -initSchema -dbType mysql
SLF4J: Class path contains multiple SLF4J bindings.
SLF4J: Found binding in [jar:file:/usr/local/hive-2.3.4/lib/log4j-slf4j-impl-2.6
.2.jar!/org/slf4j/impl/StaticLoggerBinder.class]
SLF4J: Found binding in [jar:file:/usr/local/hadoop-2.9.2/share/hadoop/common/li
b/slf4j-log4j12-1.7.25.jar!/org/slf4j/impl/StaticLoggerBinder.class]
SLF4J: See http://www.slf4j.org/codes.html#multiple_bindings for an explanation.
SLF4J: Actual binding is of type [org.apache.logging.slf4j.Log4jLoggerFactory]
Metastore connection URL:        jdbc:mysql://localhost:3306/hive?createDatabase
IfNotExist=true&useSSL=false
Metastore Connection Driver :    com.mysql.jdbc.Driver
Metastore connection User:       hive
Starting metastore schema initialization to 2.3.0
Initialization script hive-schema-2.3.0.mysql.sql
Initialization script completed
schemaTool completed
[xuluhui@master bin]$
```

图 5-27　使用命令“schematool”初始化元数据

至此，本地模式 Hive 已安装和配置完毕。

9. 在系统配置文件目录/etc/profile.d 下新建文件 hive.sh

另外，为了方便使用 Hive 各种命令，可以在 Hive 所安装的机器上使用“vim /etc/profile.d/hive.sh”命令在/etc/profile.d 文件夹下新建文件 hive.sh，并添加如下内容：

```
export HIVE_HOME=/usr/local/hive-2.3.4
export PATH=$HIVE_HOME/bin:$PATH
```

重启机器，使之生效。

此步骤可省略。之所以将$HIVE_HOME/bin 目录加入到系统环境变量 PATH 中，是为了在输入启动和管理 Hive 命令时，无须切换到$HIVE_HOME/bin 目录，否则会出现错误提示信息“bash: ****: command not found...”。

5.8.3　验证 Hive

1. 启动 Hadoop 集群

Hive 的运行需要 Hadoop 集群，因此需要首先启动全分布模式 Hadoop 集群的守护进程，也就是在主节点 master 上依次执行以下三条命令：

```
start-dfs.sh
start-yarn.sh
mr-jobhistory-daemon.sh start historyserver
```

start-dfs.sh 命令会在节点上启动 NameNode、DataNode 和 SecondaryNameNode 服务。start-yarn.sh 命令会在节点上启动 ResourceManager、NodeManager 服务。mr-jobhistory-daemon.sh 命令会在节点上启动 JobHistoryServer 服务。需要注意的是，即使对应的守护进程没有启动成功，Hadoop 也不会在控制台显示错误提示消息，读者可以利用

jps 命令一步一步查询，逐步核实对应的进程是否启动成功。

2. 启动 Hive CLI

启动 Hive CLI，并测试 Hive 是否部署成功，使用 Hive Shell 的统一入口命令“hive”启动 Hive CLI，并使用“show databases”等命令测试 Hive 是否部署成功。依次使用的命令及执行结果如图 5-28 所示。

```
[xuluhui@master ~]$ hive
SLF4J: Class path contains multiple SLF4J bindings.
SLF4J: Found binding in [jar:file:/usr/local/hive-2.3.4/lib/log4j-slf4j-impl-2.6
.2.jar!/org/slf4j/impl/StaticLoggerBinder.class]
SLF4J: Found binding in [jar:file:/usr/local/hadoop-2.9.2/share/hadoop/common/li
b/slf4j-log4j12-1.7.25.jar!/org/slf4j/impl/StaticLoggerBinder.class]
SLF4J: See http://www.slf4j.org/codes.html#multiple_bindings for an explanation.
SLF4J: Actual binding is of type [org.apache.logging.slf4j.Log4jLoggerFactory]

Logging initialized using configuration in jar:file:/usr/local/hive-2.3.4/lib/hi
ve-common-2.3.4.jar!/hive-log4j2.properties Async: true
Hive-on-MR is deprecated in Hive 2 and may not be available in the future versio
ns. Consider using a different execution engine (i.e. spark, tez) or using Hive
1.X releases.
hive> show databases;
OK
default
Time taken: 4.032 seconds, Fetched: 1 row(s)
hive> show tables;
OK
Time taken: 0.064 seconds
hive> show functions;
OK
!
!=
$sum0
%
```

图 5-28　执行 Hive Shell 统一入口命令 hive 及测试命令后效果图

读者可以观察到，当启动一个 Hive CLI 后，在 master 节点上就会出现一个“RunJar”进程，若启动两个 Hive CLI，就会出现两个“RunJar”进程，效果如图 5-29 所示。

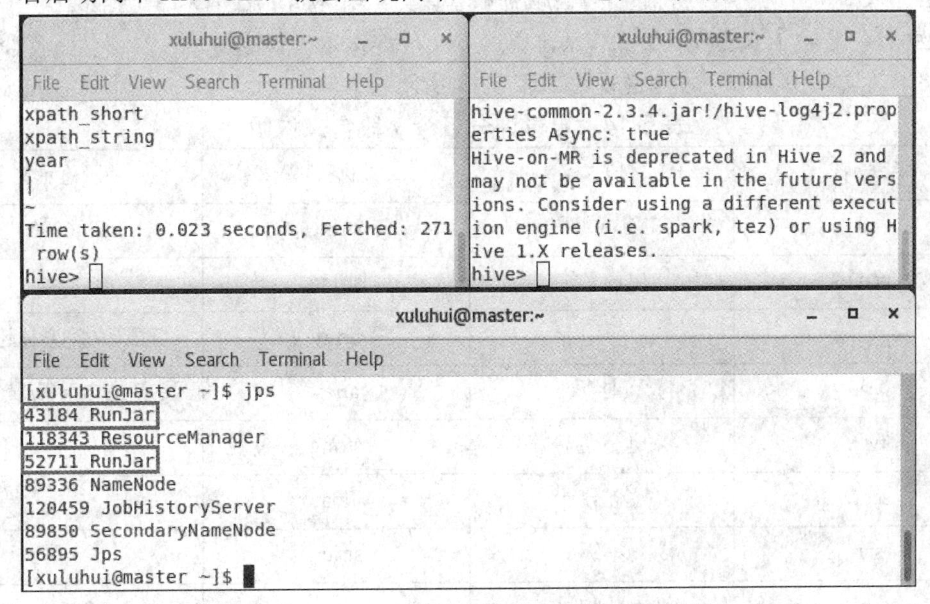

图 5-29　master 节点上出现两个“RunJar”进程

另外，读者也可以查看 HDFS 文件，可以看到在目录/tmp 下生成了目录 hive，且该目录权限为 733，如图 5-30 所示。此时，还没有自动生成 HDFS 目录/user/hive/warehouse。

```
[xuluhui@master ~]$ hadoop fs -ls /tmp
Found 1 items
drwxrwx---   - xuluhui supergroup          0 2019-10-08 04:36 /tmp/hadoop-yarn
[xuluhui@master ~]$ hadoop fs -ls /tmp
Found 2 items
drwxrwx---   - xuluhui supergroup          0 2019-10-08 04:36 /tmp/hadoop-yarn
drwx-wx-wx   - xuluhui supergroup          0 2019-10-08 06:00 /tmp/hive
[xuluhui@master ~]$
```

图 5-30　启动 Hive CLI 后 HDFS 上的文件效果

5.8.4　使用 Hive Shell

【案例 4-1】已知一个关于电影评分的本地文件/usr/local/hive-2.3.4/testData/movie.csv，该文件内容如下所示。

```
tt13462900,长津湖,陈凯歌/徐克/林超贤,吴京/易烊千玺/段奕宏,剧情/历史/战争,7.4,3.5 星,2021
tt6723592,信条,克里斯托弗·诺兰,约翰·大卫·华盛顿/罗伯特·帕丁森,剧情/动作/科幻,7.6,4 星,2020
tt12801374,美好的世界,西川美和,役所广司,剧情/犯罪,8.2,4 星,2020
tt13462900,长津湖,陈凯歌/徐克/林超贤,吴京/易烊千玺/段奕宏,剧情/历史/战争,7.4,3.5 星,2021
tt7605074,流浪地球,郭帆,屈楚萧/吴京,科幻/冒险/灾难,7.9,4 星,2019
tt6751668,寄生虫,奉俊昊,宋康昊/李善均/曹如晶/崔宇植/朴素丹,剧情/喜剧,8.8,4.5 星,2019
tt12497408,送你一朵小红花,韩延,易烊千玺/刘浩存/朱媛媛/高亚麟,剧情,7.3,3.5 星,2020
tt10627720,哪吒之魔童降世,饺子,吕艳婷/囧森瑟夫,剧情/喜剧/动画/奇幻,8.4,4 星,2019
tt6703486,图兰朵：魔咒缘起,郑晓龙,关晓彤/迪伦·斯普罗斯/姜文,爱情/奇幻,3.4,1.5 星,2021
tt7605074,流浪地球,郭帆,屈楚萧/吴京,科幻/冒险/灾难,7.9,4 星,2019
tt13462900,长津湖,陈凯歌/徐克/林超贤,吴京/易烊千玺/段奕宏,剧情/历史/战争,7.4,3.5 星,2021
tt7294150,八佰,管虎,王千源/张译/姜武/黄志忠,剧情/历史/战争,7.5,4 星,2020
```

关于该文件中各个字段含义说明如表 5-14 所示。

表 5-14　电影评分各个字段含义说明

字段名	字段含义	数据类型	字段值示例
id	IMDb 编码	string	tt13462900
name	电影名称	string	长津湖
director	导演	array	陈凯歌/徐克/林超贤
lead	主演	array	吴京/易烊千玺/段奕宏
type	电影类型	string	剧情/历史/战争
score	评分	float	7.4
star	星级	string	3.5 星
release_time	上映时间	int	2021

使用 HiveQL 语句完成以下操作：

(1) 进入 Hive 命令行接口。

(2) 在 Hive 默认数据库 default 下新建 movie 表，为了与本地文件/usr/local/hive-2.3.4/testData/movie.csv 格式一致，将“,”作为列分隔符，使用“collection items terminated by”子句指定 array 元素间的分隔符为“/”。

(3) 使用“load data”语句加载本地数据/usr/local/hive-2.3.4/testData/movie.csv 到 Hive 表 movie 中。

(4) 查询表 movie 中前五条数据。

(5) 查询 movie 表的 IMDb 编码、电影名称和评分字段并去重，IMDb 编码字段的别名为“imdb”。

(6) 查询 movie 表中电影评分的最高分和最低分，别名分别为 max_score 和 min_score。

本案例具体实现过程如下：

(1) 使用命令“hive”进入 Hive 命令行，如图 5-31 所示。

```
[xuluhui@master ~]$ hive
SLF4J: Class path contains multiple SLF4J bindings.
SLF4J: Found binding in [jar:file:/usr/local/hive-2.3.4/lib/log4j-slf4j-impl-2.6
.2.jar!/org/slf4j/impl/StaticLoggerBinder.class]
SLF4J: Found binding in [jar:file:/usr/local/hadoop-2.9.2/share/hadoop/common/li
b/slf4j-log4j12-1.7.25.jar!/org/slf4j/impl/StaticLoggerBinder.class]
SLF4J: See http://www.slf4j.org/codes.html#multiple_bindings for an explanation.
SLF4J: Actual binding is of type [org.apache.logging.slf4j.Log4jLoggerFactory]

Logging initialized using configuration in jar:file:/usr/local/hive-2.3.4/lib/hi
ve-common-2.3.4.jar!/hive-log4j2.properties Async: true
Hive-on-MR is deprecated in Hive 2 and may not be available in the future versio
ns. Consider using a different execution engine (i.e. spark, tez) or using Hive
1.X releases.
hive> █
```

图 5-31　进入 Hive 命令行

(2) 使用“create table”命令在 Hive 默认数据库中创建表 movie。使用的 HiveQL 命令及执行结果如图 5-32 所示。

```
hive> create table if not exists movie(
    > id string,
    > name string,
    > director array<string>,
    > lead array<string>,
    > type string,
    > score float,
    > star string,
    > release_time int)
    > row format delimited
    > fields terminated by ','
    > collection items terminated by '/';
OK
Time taken: 1.265 seconds
hive> █
```

图 5-32　使用“create table”命令创建 Hive 表 movie

(3) 使用“load data”语句将本地数据/usr/local/hive-2.3.4/testData/movie.csv 加载到 Hive 表 movie 中。使用的 HiveQL 命令及执行结果如图 5-33 所示。

```
hive> load data local inpath '/usr/local/hive-2.3.4/testData/movie.csv' into tab
le movie;
Loading data to table default.movie
OK
Time taken: 2.981 seconds
hive> 
```

图 5-33　使用“load data”语句导入数据到 Hive 表 movie 中

实际上，在创建表和导入数据到 Hive 表 movie 后，即会递归生成 HDFS 目录/user/hive/warehouse/movie，如图 5-34 所示。这是因为 hive-default.xml 配置文件中参数 hive.metastore.warehouse.dir 默认值为“/user/hive/warehouse”，我们在 hive-site.xml 文件中并未修改。

```
[xuluhui@master ~]$ hadoop fs -ls /user/hive/warehouse/movie
Found 1 items
-rwxr-xr-x   3 xuluhui supergroup       1240 2022-07-20 00:19 /user/hive/warehou
se/movie/movie.csv
[xuluhui@master ~]$ 
```

图 5-34　在创建表和导入数据后 HDFS 目录变化

(4) 使用“select”语句和“limit”子句查询表 movie 中前五条数据。使用的 HiveQL 命令及执行结果如图 5-35 所示。

```
hive> select * from movie limit 5;
OK
tt13462900      长津湖  ["陈凯歌","徐克","林超贤"]      ["吴京","易烊千玺","段奕
宏"]    剧情/历史/战争  7.4     3.5星   2021
tt6723592       信条    ["克里斯托弗·诺兰"]     ["约翰·大卫·华盛顿","罗伯特·帕丁
森"]    剧情/动作/科幻  7.6     4星     2020
tt12801374      美好的世界      ["西川美和"]    ["役所广司"]    剧情/犯罪       8
.2      4星     2020
tt13462900      长津湖  ["陈凯歌","徐克","林超贤"]      ["吴京","易烊千玺","段奕
宏"]    剧情/历史/战争  7.4     3.5星   2021
tt7605074       流浪地球        ["郭帆"]        ["屈楚萧","吴京"]       科幻/冒
险/灾难 7.9     4星     2019
Time taken: 2.315 seconds, Fetched: 5 row(s)
hive> 
```

图 5-35　使用“select”语句和“limit”子句查询表 movie 中前五条记录

(5) 使用“select”语句和“distinct”关键词查询 movie 表的 IMDb 编码、电影名称和评分字段并去重，同时将 IMDb 编码字段重命名为“imdb”。使用的 HiveQL 命令及执行结果如图 5-36 所示。

```
hive> select distinct id as imdb,name,score from movie;
WARNING: Hive-on-MR is deprecated in Hive 2 and may not be available in the futu
re versions. Consider using a different execution engine (i.e. spark, tez) or us
ing Hive 1.X releases.
Query ID = xuluhui_20220720002758_d24d1fcd-6f7b-4142-85f2-3333a7f40740
Total jobs = 1
Launching Job 1 out of 1
Number of reduce tasks not specified. Estimated from input data size: 1
In order to change the average load for a reducer (in bytes):
  set hive.exec.reducers.bytes.per.reducer=<number>
In order to limit the maximum number of reducers:
  set hive.exec.reducers.max=<number>
In order to set a constant number of reducers:
  set mapreduce.job.reduces=<number>
Starting Job = job_1658241745845_0001, Tracking URL = http://master:8088/proxy/a
pplication_1658241745845_0001/
Kill Command = /usr/local/hadoop-2.9.2/bin/hadoop job  -kill job_1658241745845_0
001
Hadoop job information for Stage-1: number of mappers: 1; number of reducers: 1
2022-07-20 00:29:03,130 Stage-1 map = 0%,  reduce = 0%
2022-07-20 00:29:20,024 Stage-1 map = 100%,  reduce = 0%, Cumulative CPU 2.92 se
c
2022-07-20 00:29:34,913 Stage-1 map = 100%,  reduce = 100%, Cumulative CPU 6.35
sec
MapReduce Total cumulative CPU time: 6 seconds 350 msec
Ended Job = job_1658241745845_0001
MapReduce Jobs Launched:
Stage-Stage-1: Map: 1  Reduce: 1   Cumulative CPU: 6.35 sec   HDFS Read: 10705 H
DFS Write: 580 SUCCESS
Total MapReduce CPU Time Spent: 6 seconds 350 msec
OK
tt10627720	哪吒之魔童降世	8.4
tt12497408	送你一朵小红花	7.3
tt12801374	美好的世界	8.2
tt13462900	长津湖	7.4
tt6703486	图兰朵：魔咒缘起	3.4
tt6723592	信条	7.6
tt6751668	寄生虫	8.8
tt7294150	八佰	7.5
tt7605074	流浪地球	7.9
Time taken: 98.541 seconds, Fetched: 9 row(s)
hive> 
```

图 5-36 使用“select”语句和“distinct”关键词去重查询

从图 5-36 中可以看出，该 HiveQL 语句被转换成了 MR 作业 job_1658241745845_0001，其包括一个 Map 任务、一个 Reduce 任务，且执行过程中进行了 HDFS 读写。另外，读者也可以通过 YARN Web UI 或者 MapReduce Web UI 查看该 MR 作业的运行状态，如图 5-37 所示。

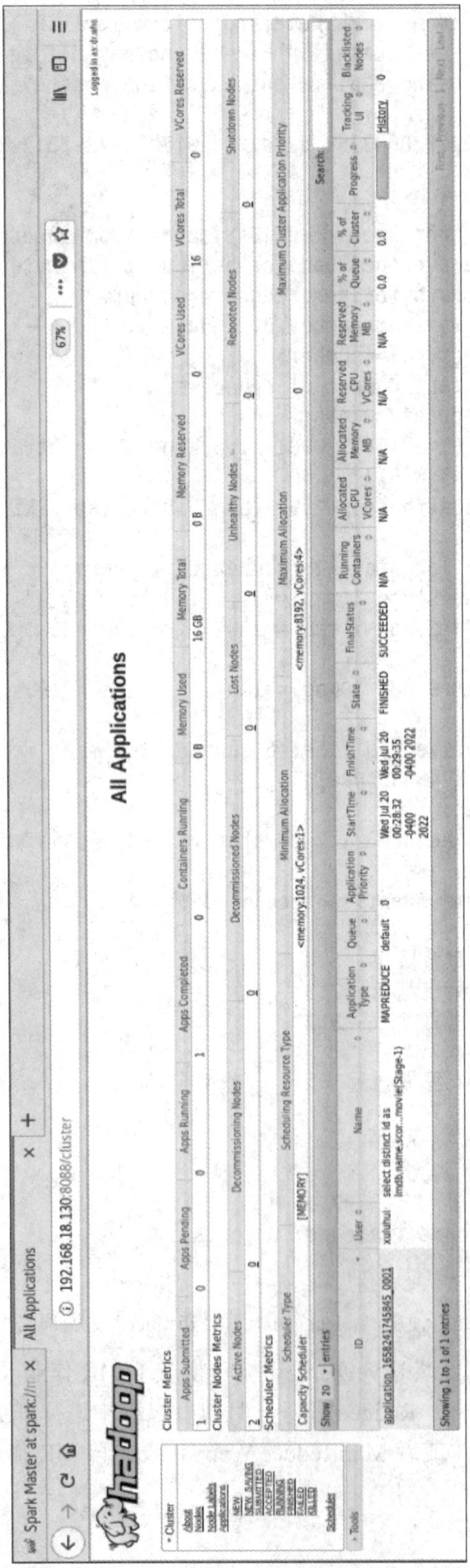

Spark Master at spark://m　All Applications

192.168.18.130:8088/cluster

Logged in as: dr.who

hadoop

All Applications

Cluster: About, Nodes, Node Labels, Applications (NEW, NEW_SAVING, SUBMITTED, ACCEPTED, RUNNING, FINISHED, FAILED, KILLED), Scheduler

Tools

Cluster Metrics

Apps Submitted	Apps Pending	Apps Running	Apps Completed	Containers Running	Memory Used	Memory Total	Memory Reserved	VCores Used	VCores Total	VCores Reserved
1	0	0	1	0	0 B	16 GB	0 B	0	16	0

Cluster Nodes Metrics

Active Nodes	Decommissioning Nodes	Decommissioned Nodes	Lost Nodes	Unhealthy Nodes	Rebooted Nodes	Shutdown Nodes
2	0	0	0	0	0	0

Scheduler Metrics

Scheduler Type	Scheduling Resource Type	Minimum Allocation	Maximum Allocation	Maximum Cluster Application Priority
Capacity Scheduler	[MEMORY]	<memory:1024, vCores:1>	<memory:8192, vCores:4>	0

Show 20 entries　　Search:

ID	User	Name	Application Type	Queue	Application Priority	StartTime	FinishTime	State	FinalStatus	Running Containers	Allocated CPU VCores	Allocated Memory MB	Reserved CPU VCores	Reserved Memory MB	% of Queue	% of Cluster	Progress	Tracking UI	Blacklisted Nodes
application_1658241745845_0001	xuluhui	select distinct id as imdb.name,scor...movie(Stage-1)	MAPREDUCE	default	0	Wed Jul 20 00:28:32 -0400 2022	Wed Jul 20 00:29:35 -0400 2022	FINISHED	SUCCEEDED	N/A	N/A	N/A	N/A	N/A	0.0	0.0		History	0

Showing 1 to 1 of 1 entries　　First Previous 1 Next Last

图 5-37　HiveQL 语句转换为 MR 作业

(6) 查询 movie 表中电影评分的最高分和最低分，别名分别为 max_score 和 min_score。使用的 HiveQL 命令及执行结果如图 5-38 所示。

```
hive> select max(score) as max_score,min(score) as min_score from movie;
WARNING: Hive-on-MR is deprecated in Hive 2 and may not be available in the futu
re versions. Consider using a different execution engine (i.e. spark, tez) or us
ing Hive 1.X releases.
Query ID = xuluhui_20220720004203_7867452d-3a26-4009-a550-b7ebeb2e0dd9
Total jobs = 1
Launching Job 1 out of 1
Number of reduce tasks determined at compile time: 1
In order to change the average load for a reducer (in bytes):
  set hive.exec.reducers.bytes.per.reducer=<number>
In order to limit the maximum number of reducers:
  set hive.exec.reducers.max=<number>
In order to set a constant number of reducers:
  set mapreduce.job.reduces=<number>
Starting Job = job_1658241745845_0002, Tracking URL = http://master:8088/proxy/a
pplication_1658241745845_0002/
Kill Command = /usr/local/hadoop-2.9.2/bin/hadoop job  -kill job_1658241745845_0
002
Hadoop job information for Stage-1: number of mappers: 1; number of reducers: 1
2022-07-20 00:43:02,119 Stage-1 map = 0%,  reduce = 0%
2022-07-20 00:43:20,336 Stage-1 map = 100%,  reduce = 0%, Cumulative CPU 2.01 se
c
2022-07-20 00:43:33,909 Stage-1 map = 100%,  reduce = 100%, Cumulative CPU 4.67
sec
MapReduce Total cumulative CPU time: 4 seconds 670 msec
Ended Job = job_1658241745845_0002
MapReduce Jobs Launched:
Stage-Stage-1: Map: 1  Reduce: 1   Cumulative CPU: 4.67 sec   HDFS Read: 10911 H
DFS Write: 107 SUCCESS
Total MapReduce CPU Time Spent: 4 seconds 670 msec
OK
8.8     3.4
Time taken: 92.6 seconds, Fetched: 1 row(s)
hive>
```

图 5-38　使用“select”语句和聚合函数查询

从图 5-38 中可以看出，电影评分中的最高分为 8.8 分、最低分为 3.4 分，该 HiveQL 语句同样被转换成了 MR 作业 job_1658241745845_0002，读者也可以通过 YARN Web UI 或者 MapReduce Web UI 查看该 MR 作业的运行状态。

(7) 使用命令“quit;”退出 Hive CLI。

本 章 小 结

本章简要介绍了 Hive 的功能、来源和优缺点，详细介绍了 Hive 的体系架构、数据类型、数据模型、函数、运行模式、配置文件、HiveQL 等基本原理知识，最后在上述理论基础上引入综合实战，详细阐述了如何在 Linux 环境下部署本地模式 Hive 和综合运用 HiveQL 语句进行海量结构化数据离线分析的实战过程。

Hive 是一个基于 Hadoop 的数据仓库工具，可以将结构化的数据文件映射为一张表，并提供了类 SQL 查询语言 HiveQL。Hive 由 Facebook 公司开源，主要用于解决海量结构化日志数据的离线分析。Hive 让不熟悉 MapReduce 编程的开发人员可以直接编写 SQL 语句，降低学习门槛，提升开发效率。

Hive 体系架构中主要包括如下组件：CLI、JDBC/ODBC、Thrift Server、HWI、Metastore 和 Driver，其中元数据 MetaStore 和驱动器 Driver 较为重要。这些组件可以分为两类：客户端组件和服务端组件。另外，Hive 还需要 Hadoop 的支持，它使用 HDFS 进行存储，使用 MapReduce 进行计算。

Hive 数据类型分为两类：基本数据类型和集合数据类型，其中基本类型包括数字类、日期时间类、字符串类等，集合类型包括 ARRAY、MAP、STRUCT 和 UNIONTYPE。

Hive 中所有的数据都存储在 HDFS 中，根据对数据的划分粒度，Hive 包含以下数据模型：表(Table)、分区(Partition)和分桶(Bucket)，其中表又分为内部表和外部表。

Hive 支持多种内置运算符和内置函数，方便开发人员调用，对于部分高级用户，还可以开发自定义函数来实现特定功能。在 Hive 命令行中使用命令“show functions”查看所有函数列表，使用命令“describe function <函数名>”查看某个函数的帮助信息。

部署与运行 Hive 需要的系统环境包括操作系统、Java 和 Hadoop。根据元数据 Metastore 的存储位置，将 Hive 部署模式分为三种：内嵌模式，它是 Metastore 最简单的部署模式，使用 Hive 内嵌的 Derby 数据库来存储元数据；本地模式，它是 Metastore 默认模式，一般采用 MySQL 数据库来存储元数据；远程模式，它将 Metastore 分离出来，成为一个独立的 Hive 服务。真实企业环境中一般采用远程模式部署 Hive。Hive 主要的配置文件包括 $HIVE_HOME/conf/hive-env.sh 和$HIVE_HOME/conf/hive-site.xml，其中 hive-site.xml 是核心配置文件，包括 Hive 数据存放位置、Metastore 的连接 URL、JDO 连接驱动类、JDO 连接用户名、JDO 连接密码等配置项。

Hive 用户接口主要包括三类：CLI、Client 和 HWI。其中，CLI 是 Hive 的命令行接口，读者应重点掌握和综合应用 HiveQL 语句中的 DDL、DML 和 select；Client 是 Hive 的客户端；HWI 是通过浏览器访问 Hive。

第 6 章　Flume 实战

学习目标

- 了解 Flume 功能、来源、特点和版本；
- 理解 Flume 体系架构及 Source、Sink、Channel 功能；
- 理解 Flume 部署要点，包括运行环境、运行模式和配置文件 flume-env.sh；
- 掌握 Flume Shell 命令的使用方法；
- 熟练掌握在 Linux 环境下部署 Flume，灵活编写 Agent 属性文件和使用 Flume Shell 命令进行实时日志收集。

6.1　初识 Flume

日志是大数据分析领域的主要数据来源之一，如何将线上大量的业务系统日志高效地、可靠地迁移到 HDFS 中呢？解决方法是可以使用 Shell 编写脚本，采用“crontab 命令”进行调度。但是，如果日志量太大，涉及存储格式、压缩格式、序列化等问题，那又如何解决呢？从不同的源端收集日志是不是要写多个脚本呢？若要存放到不同的地方又该如何处理？针对这些问题，Flume 提供了一个很好的解决方案。

Flume 是 Cloudera 开发的实时日志收集系统，受到了业界的认可和广泛使用，并于 2009 年 7 月开源，后来又成为 Apache 的顶级项目之一。Flume 采用 Java 语言编写，致力于解决大量日志流数据的迁移问题，它可以高效地收集、聚合和移动海量日志，是一个纯粹为流式数据迁移而产生的分布式服务。Flume 支持在日志系统中定制各类数据发送方，用于收集数据，同时 Flume 提供对数据进行简单处理，并写到各类数据接收方。Flume 具有基于数据流的简单灵活的架构、高可靠性机制、故障转移和恢复机制，它使用一个简单的可扩展数据模型，允许在线分析应用程序。

Flume 具有以下特征：

(1) 高可靠性。Flume 提供了 end to end 的数据可靠性机制。

(2) 易于扩展。Agent 为分布式架构，可水平扩展。

(3) 易于恢复。Channel 中保存了与数据源有关的事件，用于失败时的恢复。

(4) 功能丰富。Flume 内置了多种组件，包括不同数据源和不同存储方式。

Flume 目前有两种版本，即 0.9.x 和 1.x。第一代指 0.9.x 版本，隶属于 Cloudera，称为 Flume OG(Original Generation)，随着 Flume 功能的不断扩展，其代码工程臃肿、核心组件设计不合理、核心配置不标准等缺点一一暴露出来，尤其是在 Flume OG 最后一个发行版本 0.94.0 中，日志传输不稳定的现象尤为严重。为了解决这些问题，2011 年 10 月 Cloudera 重构了 Flume 的核心组件、核心配置和代码架构，形成 1.x 版本，重构后的版本统称为 Flume NG(Next Generation)，即第二代 Flume，并将 Flume 贡献给了 Apache，Cloudera Flume 改名为 Apache Flume。Flume 变成一种更纯粹的流数据传输工具。本章内容是围绕 Flume NG 展开讨论的。

6.2 Flume 体系架构

Apache Flume 由一组以分布式拓扑结构相互连接的 Agent(代理)构成，Flume Agent 是由持续运行的 Source(数据来源)、Sink(数据目标)以及 Channel(用于连接 Source 和 Sink)三个 Java 进程构成。Flume 的 Source 产生事件，并将其传送给 Channel，Channel 存储这些事件直至转发给 Sink，可以把 Source-Channel-Sink 的组合看作是 Flume 的基本构件。Apache Flume 的体系架构如图 6-1 所示。

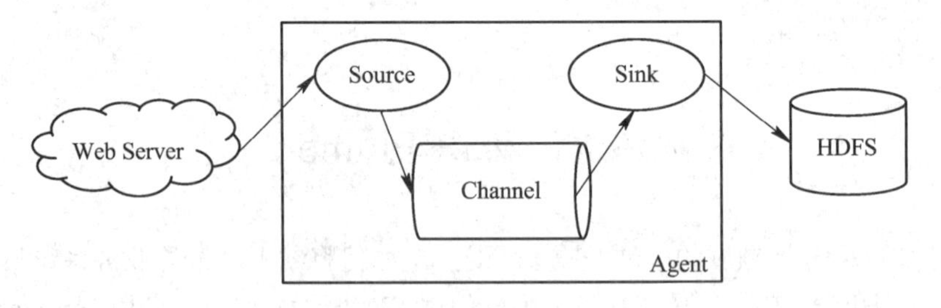

图 6-1 Apache Flume 体系架构

关于 Flume 体系架构中涉及的重要内容说明如下：

(1) Event。Event 是 Flume 事件处理的最小单元，Flume 在读取数据源时，会将一行数据包装成一个 Event，它主要由两个部分组成：Header 和 Body，Header 主要以<Key,Value>形式来记录该数据的一些冗余信息，可用来标记数据唯一信息，利用 Header 的信息可以对数据做出一些额外的操作，如对数据进行一个简单过滤；Body 则是存入真正数据的地方。

(2) Agent。Agent 代表一个独立的 Flume 进程，包含组件 Source、Channel 和 Sink。Agent 使用 JVM 运行 Flume，每台机器运行一个 Agent，但是可以在一个 Agent 中包含多个 Source、Channel 和 Sink。Flume 之所以强大，是源于它自身的一个设计——Agent，Agent 本身是一个 Java 进程，运行在日志收集节点。

(3) Source。Source 组件是专门用来收集数据的，可以处理各种类型、各种格式的日志数据，包括 Avro、Thrift、Exec、JMS、Spooling Directory、Netcat、Sequence Generator、Syslog、HTTP 等，并将接收的数据以 Flume 的 Event 格式传递给一个或者多个通道 Channel。

(4) Channel。Channel 组件是一种短暂的存储容器，它将从 Source 处接收到的 Event 格式的数据缓存起来，可对数据进行处理，直到它们被 Sink 消费掉，它在 Source 和 Sink 间起着桥梁的作用。Channal 是一个完整的事务，这一点保证了数据在收发时的一致性，并且它可以和任意数量的 Source 和 Sink 连接，存放数据支持的类型包括 JDBC、File、Memory 等。

(5) Sink。Sink 组件用于把 Channel 中数据发送到目的地，目的地包括 HDFS、Logger、

Avro、Thrift、IRC、File Roll、HBase、Solr 等。

总之，Flume 处理数据的最小单元是 Event，一个 Agent 代表一个 Flume 进程，一个 Agent=Source+Channel+Sink，Flume 可以进行各种组合选型。

值得注意的是，Flume 提供了大量内置的 Source、Sink 和 Channel 类型，具体内容如表 6-1 所示。关于这些组件配置和使用的更多信息，可参考 Flume 用户指南，网址为 http://flume.apache.org/releases/content/1.9.0/FlumeUserGuide.html。

表 6-1 Flume 内置 Source、Channel 和 Sink 类型

类型	组 件	描 述
Source	Avro	监听由 Avro Sink 或 Flume SDK 通过 Avro RPC 发送的事件所抵达的端口
	Exec	运行一个 UNIX 命令，并把从标准输出上读取的行转换为事件。需要注意的是，此类 Source 不能保证事件被传递到 Channel，更好的选择可以参考 Spooling Directory Source 或 Flume SDK
	HTTP	监听一个端口，并使用可插拔句柄把 HTTP 请求转换为事件
	JMS	读取来自 JMS Queue 或 Topic 的消息并将其转换为事件
	Kafka	是 Apache Kafka 的消费者，读取来自 Kafka Topic 的消息
	Legacy	允许 Flume 1.x Agent 接收来自 Flume 0.9.4 的 Agent 的事件
	Netcat	监听一个端口，并把每行文本转换为一个事件
	Sequence Generator	依据增量计数器来不断生成事件
	Scribe	另一种收集系统。要采用现有的 Scribe，Flume 应该使用基于 Thrift 的 Scribe Source 和兼容的传输协议
	Spooling Directory	按行读取保存在文件缓冲目录中的文件，并将其转换为事件
	Syslog	从日志中读取行，并将其转换为事件
	Taildir	该 source 不能用于 Windows
	Thrift	监听由 Thrift Sink 或 Flume SDK 通过 Thrift RPC 发送的事件所抵达的端口
	Twitter 1% firehose	通过 Streaming API 连接到 1%的样本 Twitter 信息流并下载这些 Tweet，再将 tweet 转换为事件
	Custom	用户自定义 Source
Sink	Avro	通过 Avro RPC 发送事件到一个 Avro Source
	ElasticSearchSink	使用 Logstash 格式将事件写到 Elasticsearch 集群
	File Roll	将事件写到本地文件系统
	HBase	使用某种序列化工具将事件写到 HBase
	HDFS	以文本、序列文件将事件写到 HDFS
	Hive	以分割文本或 JSON 格式将事件写到 Hive
	HTTP	从 Channel 获取事件，并使用 HTTP POST 请求发送事件到远程服务
	IRC	将事件发送给 IRC 通道
	Kafka	导出数据到一个 Kafka Topic
	Kite Dataset	将事件写到 Kite Dataset

续表

类型	组 件	描 述
Sink	Logger	使用 INFO 级别将事件内容输出到日志
	MorphlineSolrSink	从 Flume 事件提取数据并转换，在 Apache Solr 服务端实时加载
	Null	丢弃所有事件
	Thrift	通过 Thrift RPC 发送事件到 Thrift Source
	Custom	用户自定义 Sink
Channel	Memory	将事件存储在一个内存队列中
	JDBC	将事件存储在数据库中(嵌入式 Derby)
	Kafka	将事件存储在 Kafka 集群中
	File	将事件存储在一个本地文件系统上的事务日志中
	Spillable Memory	将事件存储在内存缓存中或者磁盘上，内存缓存是主要存储设备，磁盘只是接收溢出时的事件
	Pseudo Transaction	只用于单元测试，不用于生产环境

Flume 允许表中不同类型的 Source、Channel 和 Sink 自由组合，组合方式基于用户设置的配置文件，非常灵活。例如，Channel 可以把事件暂存在内存里，也可以持久化到本地硬盘上；Sink 可以把日志写入 HDFS、HBase、ElasticSearch，甚至是另外一个 Source 等。Flume 支持用户建立多级流，也就是说多个 Agent 可以协同工作，如图 6-2 所示。

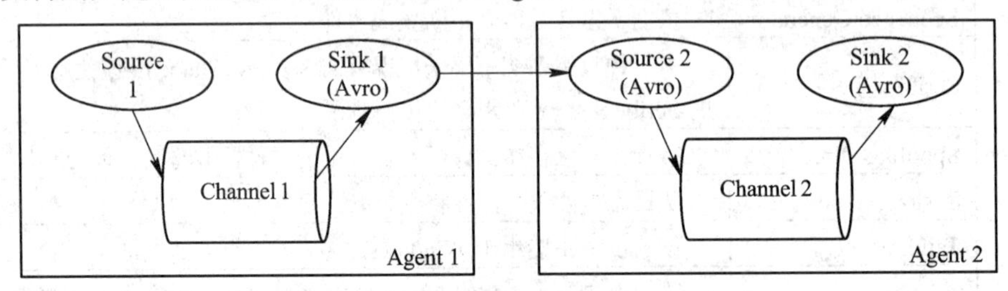

图 6-2 多个 Agent 协同工作

6.3 Flume 部署要点

1. Flume 运行环境

运行 Flume 所需要的系统环境包括操作系统和 Java 环境两部分。

1) 操作系统

Flume 支持不同平台，在当前绝大多数主流的操作系统上都能够运行，例如 Linux、Windows、Mac OS X 等。编者采用的操作系统为 Linux 发行版 CentOS 7。

2) Java 环境

Flume 采用 Java 语言编写，因此它的运行环境需要 Java 环境的支持，Flume 1.9.0 需要 Java 1.8 及以上版本支持。编者采用的 Java 为 Oracle JDK 1.8。

另外，需要为 Source、Channel、Sink 配置足够的内存和为 Channel、Sink 配置足够的磁盘，还需要设置Agent监控目录的读写权限。

2. Flume运行模式

Flume支持单机模式和集群模式。单机模式就是在单个服务器上部署Flume。现实生产中采用的多为集群模式，即在多台服务器上部署Flume，例如某网站有多台Web服务器分摊用户访问压力，且用户访问网站产生的日志数据需要写入Web服务器，为了分析网站用户行为，需要通过Flume将用户日志数据采集到大数据平台，每台Web服务器都需部署Flume采集服务，若每台Flume采集服务直接将数据写入大数据平台，会造成很大的I/O压力，为减少大数据平台压力，需要增加Flume聚合层对来自采集节点的数据进行聚合，这样Flume采集层、聚合层就共同形成了Flume集群。

本节采用单机模式。

3. Flume配置文件

Flume启动时，默认读取$FLUME_HOME/conf/flume-env.sh文件，该文件用于配置Flume的运行参数。

Flume安装后，在安装目录下有一个示例配置文件flume-env-template.sh，该模板中已有JAVA_HOME等配置项的注释行，Flume的基本配置很简单，添加Java安装路径即可。

6.4 Flume Shell 常用命令

Flume Shell命令的语法格式如下：

```
flume-ng <command> [options]...
```

通过命令“flume-ng help”来查看flume-ng命令使用方法，具体如下所示。

```
[xuluhui@master ~]$ flume-ng help
Usage: /usr/local/flume-1.9.0/bin/flume-ng <command> [options]...

commands:
  help                      display this help text
  agent                     run a Flume agent
  avro-client               run an avro Flume client
  version                   show Flume version info

global options:
  --conf,-c <conf>          use configs in <conf> directory
  --classpath,-C <cp>       append to the classpath
  --dryrun,-d               do not actually start Flume, just print the command
  --plugins-path <dirs>     colon-separated list of plugins.d directories. See the plugins.d section in the user
guide for more details. Default: $FLUME_HOME/plugins.d
  -Dproperty=value          sets a Java system property value
  -Xproperty=value          sets a Java -X option
```

```
agent options:
  --name,-n <name>            the name of this agent (required)
  --conf-file,-f <file>       specify a config file (required if -z missing)
  --zkConnString,-z <str>     specify the ZooKeeper connection to use (required if -f missing)
  --zkBasePath,-p <path>      specify the base path in ZooKeeper for agent configs
  --no-reload-conf            do not reload config file if changed
  --help,-h                   display help text

avro-client options:
  --rpcProps,-P <file>        RPC client properties file with server connection params
  --host,-H <host>            hostname to which events will be sent
  --port,-p <port>            port of the avro source
  --dirname <dir>             directory to stream to avro source
  --filename,-F <file>        text file to stream to avro source (default: std input)
  --headerFile,-R <file>      File containing event headers as key/value pairs on each new line
  --help,-h                   display help text
```

其中：通用选项“--conf”或者“-c”用于指定 Flume 通用配置，如环境设置。命令“flume-ng agent”的选项“--name”或者“-n”必须指定，其用于指定代理的名称，一个 Flume 属性文件可以定义多个代理，因此必须指明运行的是哪一个代理，而选项“--conf-file”或者“-f”用于指定 Flume 属性文件。命令“flume-ng avro-client”的选项“--rpcProps”或者“--host”和“--port”必须指定。

使用命令“flume-ng agent”之前，需要在$FLUME_HOME/conf 下创建 Agent 属性文件，该属性文件内容的一般格式如下所示。

```
#Name the components on this agent
agent1.sources = source1
agent1.sinks = sink1
agent1.channels = channel1

#Describe/configure the source
agent1.sources.source1.type = XXX

#Describe the sink
agent1.sinks.sink1.type = XXX

#Use a channel which buffers events in file
agent1.channels.channel1.type = XXX

#Bind the source and sink to the channel
agent1.sources.source1.channels = channel1
agent1.sinks.sink1.channel = channel1
```

上述属性文件中，只定义了一个 Flume Agent，其名称为 agent1，agent1 中运行一个 Source 即 source1、一个 Sink 即 sink1 和一个 Channel 即 channel1。接下来分别定义了 source1、sink1 和 channel1 的属性。最后，定义 Source、Sink 连接 Channel 的属性，本例的 source1 连接 channel1，sink1 连接 channel1。

注意，Source 的属性是“channels”(复数)，Sink 的属性是“channel”(单数)，这是因为一个 Source 可以向一个以上的 Channel 输送数据，而一个 Sink 只能吸纳来自一个 Channel 的数据。另外，一个 Channel 可以向多个 Sink 输入数据。

6.5 综合实战：部署单机模式 Flume 和 Flume 实战

6.5.1 规划 Flume

1. Flume 部署规划

Flume 支持集群模式和单机模式。这里采用单机模式，因此安装 Flume 仅需要一台机器，同时需要操作系统、Java 环境作为支撑。本节拟将 Flume 运行在 Linux 上，在主机名为 master 的机器上安装 Flume。具体 Flume 规划表如表 6-2 所示。

表 6-2 Flume 部署规划表

主机名	IP 地址	运行服务	软硬件配置
master	192.168.18.130	根据 Source、Sink 和 Channel 的属性部署组件和启动相应服务	内存：4 GB CPU：1 个 2 核 硬盘：40 GB 操作系统：CentOS 7.6.1810 Java：Oracle JDK 8u191 Flume：Flume 1.9.0 Eclipse：Eclipse IDE 2018-09 for Java Developers

2. 软件选择

本节部署 Flume 所使用各种软件的名称、版本、发布日期及下载地址如表 6-3 所示。

表 6-3 本节部署 Flume 使用的软件名称、版本、发布日期及下载地址

软件名称	软件版本	发布日期	下载地址
VMware Workstation Pro	VMware Workstation 14.5.7 Pro for Windows	2017 年 6 月 22 日	https://www.vmware.com/products/workstation-pro.html
CentOS	CentOS 7.6.1810	2018 年 11 月 26 日	https://www.centos.org/download/
Java	Oracle JDK 8u191	2018 年 10 月 16 日	http://www.oracle.com/technetwork/java/javase/downloads/index.html
Flume	Flume 1.9.0	2019 年 1 月 8 日	http://flume.apache.org/download.html

由于第 1 章已完成 VMware Workstation Pro、CentOS、Java 的安装，故本节直接从安装 Flume 开始讲述。

6.5.2 安装和配置 Flume

1. 初始软硬件环境准备

(1) 准备机器，安装操作系统，编者使用 CentOS Linux 7。读者可参见第 1 章的相关内容。

(2) 安装和配置 Java，编者使用 Oracle JDK 8u191。读者可参见第 1 章的相关内容。

(3) 部署所需组件，例如 MySQL、HBase、Hive、Avro、Kafka、Scribe、Elasticsearch 等。此步骤可选，要根据实际需要解决的问题决定部署哪些组件和启动哪些服务，读者可参阅本书第 5 章、第 6 章中的相关内容或者查阅其他资料。

2. 获取 Flume

Flume 官方下载地址为 http://flume.apache.org/download.html，编者选用的 Flume 版本是 2019 年 1 月 8 日发布的 Flume 1.9.0，其安装包文件 apache-flume-1.9.0-bin.tar.gz 可存放在 master 机器的相应目录如/home/xuluhui/Downloads 下。

3. 安装 Flume

Flume 支持集群模式和单机模式，编者采用单机模式，在 master 一台机器上安装，以下所有步骤均在 master 一台机器上完成。

切换到 root 用户，解压 apache-flume-1.9.0-bin.tar.gz 到相应安装目录如/usr/local 下，使用命令如下所示。

```
[xuluhui@master ~]$ su root
[root@master xuluhui]# cd /usr/local
[root@master local]# tar -zxvf /home/xuluhui/Downloads/apache-flume-1.9.0-bin.tar.gz
```

默认解压后的 Flume 目录为“apache-flume-1.9.0-bin”，由于其名字过长，编者为了方便，将此目录重命名为“flume-1.9.0”，使用命令如下所示。

```
[root@master local]# mv apache-flume-1.9.0-bin flume-1.9.0
```

需要注意的是，读者可以不用重命名 Flume 安装目录，采用默认目录名，但需要注意的是，后续步骤中关于 Flume 安装目录的设置应与此步骤保持一致。

4. 配置 Flume

安装 Flume 后，在目录$FLUME_HOME/conf 中有一个示例配置文件 flume-env.sh.template，Flume 启动时，默认读取$FLUME_HOME/conf/flume-env.sh 文件，该文件用于配置 Flume 的运行参数。

1) 复制模板配置文件 flume-env.sh.template 为 flume-env.sh

使用命令“cp”将 Flume 示例配置文件 flume-env-template.sh 复制并重命名为 flume-env.sh。假设当前目录为“/usr/local/flume-1.9.0”，则使用如下命令完成。

```
[root@master local]# cd flume-1.9.0
```

```
[root@master flume-1.9.0]# cp conf/flume-env.sh.template conf/flume-env.sh
```

2) 修改配置文件 flume-env.sh

读者可以发现，模板中已有 JAVA_HOME 等配置项的注释行，使用命令“vim conf/flume-env.sh”修改 Flume 配置文件，添加 Java 安装路径，修改后的配置文件 flume-env.sh 内容如下所示。

```
export JAVA_HOME=/usr/java/jdk1.8.0_191
```

5. 设置$FLUME_HOME 目录属主

为了在普通用户下使用 Flume，将目录$FLUME_HOME 的属主设置为 Linux 普通用户如 xuluhui，使用以下命令完成。

```
[root@master flume-1.9.0]# chown -R xuluhui /usr/local/flume-1.9.0
```

6. 在系统配置文件目录/etc/profile.d 下新建 flume.sh

使用“vim /etc/profile.d/flume.sh”命令在/etc/profile.d 文件夹下新建文件 flume.sh，添加如下内容：

```
export FLUME_HOME=/usr/local/flume-1.9.0
export PATH=$FLUME_HOME/bin:$PATH
```

然后，重启机器，使之生效。

此步骤可省略。之所以将$FLUME_HOME/bin 目录加入到系统环境变量 PATH 中，是因为当输入 Flume 命令时，无需再切换到$FLUME_HOME/bin 目录，这样使用起来会更加方便，否则会出现错误提示信息“bash: ****: command not found...”。

6.5.3 验证 Flume

切换到普通用户如 xuluhui 下，可以使用命令“flume-ng version”来查看 Flume 版本，从而达到测试 Flume 是否安装成功的目的，命令运行效果如图 6-3 所示。从图 6-3 中可以看出，Flume 安装成功。

```
[xuluhui@master ~]$ flume-ng version
Flume 1.9.0
Source code repository: https://git-wip-us.apache.org/repos/asf/flume.git
Revision: d4fcab4f501d41597bc616921329a4339f73585e
Compiled by fszabo on Mon Dec 17 20:45:25 CET 2018
From source with checksum 35db629a3bda49d23e9b3690c80737f9
[xuluhui@master ~]$ █
```

图 6-3　查看 Flume 版本

6.5.4 使用 Flume

【案例 9-1】 使用 Flume 实现以下功能：监视本地服务器上的指定目录，每当该目录中有新文件出现时，就把该文件采集到 HDFS 中。其中，新增文件由手工完成。

在本案例中，Flume 仅运行一个 Source-Channel-Sink 组合，Source 类型是 Spooling Directory，Channel类型是Memory，Sink类型是HDFS，即Spooling Directory Source - Memory Channel - HDFS Sink。整个系统如图 6-4 所示。

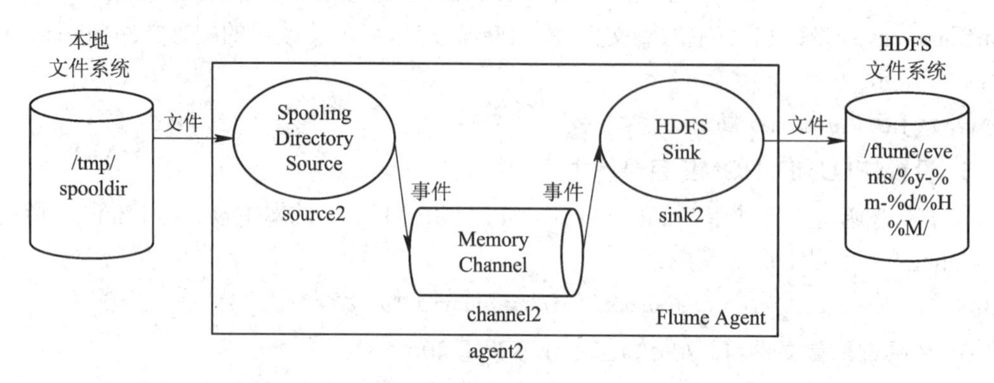

图 6-4 通过 Memory Channel 连接的 Spooling Directory Source 和 HDFS Sink 的 Flume Agent

1. 创建 Agent 属性文件

在目录$FLUME_HOME/conf 下创建 Agent 属性文件 spool-to-hdfs.properties，使用如下命令完成。

```
[xuluhui@master ~]$ cd /usr/local/flume-1.9.0
[xuluhui@master flume-1.9.0]$ vim conf/spool-to-hdfs.properties
```

然后在 spool-to-hdfs.properties 文件中写入以下内容：

```
#Name the components on this agent
agent2.sources = source2
agent2.sinks = sink2
agent2.channels = channel2

#Describe/configure the source
agent2.sources.source2.type = spooldir
agent2.sources.source2.spoolDir = /tmp/spooldir
agent2.sources.source2.fileHeader = true    #不能向监控目录中新增同名文件

#Describe the sink
agent2.sinks.sink2.type = hdfs
agent2.sinks.sink2.hdfs.path = /flume/events/%y-%m-%d/%H%M/
agent2.sinks.sink2.hdfs.filePrefix = events-
agent2.sinks.sink2.hdfs.round = true
agent2.sinks.sink2.hdfs.roundValue = 10
agent2.sinks.sink2.hdfs.roundUnit = minute
agent2.sinks.sink2.hdfs.rollInterval = 3
```

```
agent2.sinks.sink2.hdfs.rollSize = 20
agent2.sinks.sink2.hdfs.rollCount = 5
agent2.sinks.sink2.hdfs.batchSize = 1
agent2.sinks.sink2.hdfs.useLocalTimeStamp = true
#生成的文件类型，默认是 Sequencefile，DataStream 则为普通文本
agent2.sinks.sink2.hdfs.fileType = DataStream

#Use a channel which buffers events in file
agent2.channels.channel2.type = memory
agent2.channels.channel2.capacity = 1000
agent2.channels.channel2.transactionCapacity = 100

#Bind the source and sink to the channel
agent2.sources.source2.channels = channel2
agent2.sinks.sink2.channel = channel2
```

本案例中 source2 的类型是“spooldir”，它是一个 Spooling Directory Source，用于监视缓冲目录中的新增文件，source2 的缓冲目录是“/tmp/spooldir”；sink2 的类型是“hdfs”，它是一个 HDFS Sink，用于将事件以文本、序列文件形式写到 HDFS 中；channel2 的类型是“memory”，它是一个 Memory Channel，用于将事件存储在一个内存队列中。

2．启动 Flume Agent

在启动 Flume Agent 前，首先打开第一个终端，切换到 root 用户下，在本地文件系统上创建一个待监视的缓冲目录“/tmp/spooldir”，使用如下命令完成。

```
[root@master xuluhui]$ mkdir /tmp/spooldir
```

其次，在 root 用户下将缓冲目录“/tmp/spooldir”的属主赋予 Flume 普通用户如 xuluhui，使用如下命令完成。

```
[root@master xuluhui]$ chown -R xuluhui /tmp/spooldir
```

接着，打开第二个终端，在普通用户 xuluhui 下通过 flume-ng 命令启动 Agent，使用如下命令完成。

```
[xuluhui@master ~]$ flume-ng agent \
--conf-file $FLUME_HOME/conf/spool-to-hdfs.properties \
--name agent2 \
--conf $FLUME_HOME/conf \
-Dflume.root.logger=INFO,console
```

执行该命令后屏幕上会出现信息“Component type: SOURCE, name: source2 started”，这就证明该 Flume Agent 成功启动，效果如图 6-5 所示。

```
2022-07-14 09:24:05,497 (lifecycleSupervisor-1-0) [INFO - org.apache.flume.instr
umentation.MonitoredCounterGroup.start(MonitoredCounterGroup.java:95)] Component
 type: CHANNEL, name: channel2 started
2022-07-14 09:24:05,813 (conf-file-poller-0) [INFO - org.apache.flume.node.Appli
cation.startAllComponents(Application.java:196)] Starting Sink sink2
2022-07-14 09:24:05,814 (conf-file-poller-0) [INFO - org.apache.flume.node.Appli
cation.startAllComponents(Application.java:207)] Starting Source source2
2022-07-14 09:24:05,816 (lifecycleSupervisor-1-2) [INFO - org.apache.flume.instr
umentation.MonitoredCounterGroup.register(MonitoredCounterGroup.java:119)] Monit
ored counter group for type: SINK, name: sink2: Successfully registered new MBea
n.
2022-07-14 09:24:05,816 (lifecycleSupervisor-1-2) [INFO - org.apache.flume.instr
umentation.MonitoredCounterGroup.start(MonitoredCounterGroup.java:95)] Component
 type: SINK, name: sink2 started
2022-07-14 09:24:05,819 (lifecycleSupervisor-1-4) [INFO - org.apache.flume.sourc
e.SpoolDirectorySource.start(SpoolDirectorySource.java:85)] SpoolDirectorySource
 source starting with directory: /tmp/spooldir
2022-07-14 09:24:05,883 (lifecycleSupervisor-1-4) [INFO - org.apache.flume.instr
umentation.MonitoredCounterGroup.register(MonitoredCounterGroup.java:119)] Monit
ored counter group for type: SOURCE, name: source2: Successfully registered new
MBean.
2022-07-14 09:24:05,883 (lifecycleSupervisor-1-4) [INFO - org.apache.flume.instr
umentation.MonitoredCounterGroup.start(MonitoredCounterGroup.java:95)] Component
 type: SOURCE, name: source2 started
```

图 6-5　启动 agent2 后的终端窗口信息(部分)

3. 在缓冲目录中新增一个文件

在第一个终端下，在缓冲目录“/tmp/spooldir”中新增一个文件。例如，使用 cp 命令把文件/usr/local/hadoop-2.9.2/HelloData/file1.txt 复制到缓冲目录“/tmp/spooldir”下，使用命令如下所示。

```
[xuluhui@master ~]$ cp /usr/local/hadoop-2.9.2/HelloData/file1.txt /tmp/spooldir
```

4. 查看 Flume 处理结果

这时，就可以看到，第二个终端窗口显示如图 6-6 信息。从图 6-6 中可以看出，Flume 已经检测到该文件并对其进行了处理。

```
03950
2022-07-14 09:33:26,294 (SinkRunner-PollingRunner-DefaultSinkProcessor) [INFO -
org.apache.flume.sink.hdfs.BucketWriter.open(BucketWriter.java:246)] Creating /f
lume/events/22-07-14/0930//events-.1657805603951.tmp
2022-07-14 09:33:26,376 (SinkRunner-PollingRunner-DefaultSinkProcessor) [WARN -
org.apache.flume.sink.hdfs.BucketWriter.append(BucketWriter.java:589)] Block Und
er-replication detected. Rotating file.
2022-07-14 09:33:26,377 (SinkRunner-PollingRunner-DefaultSinkProcessor) [INFO -
org.apache.flume.sink.hdfs.BucketWriter.doClose(BucketWriter.java:438)] Closing
/flume/events/22-07-14/0930//events-.1657805603951.tmp
2022-07-14 09:33:26,828 (hdfs-sink2-call-runner-9) [INFO - org.apache.flume.sink
.hdfs.BucketWriter$7.call(BucketWriter.java:681)] Renaming /flume/events/22-07-1
4/0930/events-.1657805603951.tmp to /flume/events/22-07-14/0930/events-.16578056
03951
2022-07-14 09:33:26,871 (SinkRunner-PollingRunner-DefaultSinkProcessor) [INFO -
org.apache.flume.sink.hdfs.BucketWriter.open(BucketWriter.java:246)] Creating /f
lume/events/22-07-14/0930//events-.1657805603952.tmp
2022-07-14 09:33:29,938 (hdfs-sink2-roll-timer-0) [INFO - org.apache.flume.sink.
hdfs.HDFSEventSink$1.run(HDFSEventSink.java:393)] Writer callback called.
2022-07-14 09:33:29,938 (hdfs-sink2-roll-timer-0) [INFO - org.apache.flume.sink.
hdfs.BucketWriter.doClose(BucketWriter.java:438)] Closing /flume/events/22-07-14
/0930//events-.1657805603952.tmp
2022-07-14 09:33:29,959 (hdfs-sink2-call-runner-4) [INFO - org.apache.flume.sink
.hdfs.BucketWriter$7.call(BucketWriter.java:681)] Renaming /flume/events/22-07-1
4/0930/events-.1657805603952.tmp to /flume/events/22-07-14/0930/events-.16578056
03952
```

图 6-6　第二个终端窗口信息(部分)

Spooling Directory Source 导入文件的方式是把文件按行拆分，并为每行创建一个 Flume 事件。HDFS Sink 将事件以 DataStream 即普通文本文件形式写到了 HDFS 中，从图 6-6 中可以看出，它自动在 HDFS 上创建了目录/flume/events/22-07-14/0930/，并在该目录下生成了很多文件：events-.1657805603950~events-.1657805603952。

我们可以使用“hadoop fs -ls”命令查看 HDFS 上目录和文件的变化情况，如图 6-7 所示。由图 6-7 可以看出，在 HDFS 上自动创建了目录/flume/events/22-07-14/0930/，并在该目录下生成了很多文件：events-.1657805603950~events-.1657805603952。

```
[xuluhui@master flume-1.9.0]$ hadoop fs -ls /flume/events/22-07-14/0930/
Found 3 items
-rw-r--r--   3 xuluhui supergroup         13 2022-07-14 09:33 /flume/events/22-0
7-14/0930/events-.1657805603950
-rw-r--r--   3 xuluhui supergroup         11 2022-07-14 09:33 /flume/events/22-0
7-14/0930/events-.1657805603951
-rw-r--r--   3 xuluhui supergroup         24 2022-07-14 09:33 /flume/events/22-0
7-14/0930/events-.1657805603952
[xuluhui@master flume-1.9.0]$ 
```

图 6-7 启动 agent2 后 HDFS 上目录和文件变化情况

使用“hadoop fs -cat”命令查看具体文件的内容，如图 6-8 所示。例如文件 events-.1657805603950 的内容是缓冲目录下新增文件 file1.txt 的第 1 行，文件 events-.1657805603952 的内容是缓冲目录下新增文件 file1.txt 的第 3 行。

```
[xuluhui@master flume-1.9.0]$ hadoop fs -cat /flume/events/22-07-14/0930/events-
.1657805603950
Hello Hadoop
[xuluhui@master flume-1.9.0]$ hadoop fs -cat /flume/events/22-07-14/0930/events-
.1657805603952
Hello Xijing University
[xuluhui@master flume-1.9.0]$ 
```

图 6-8 启动 agent2 后 HDFS 上自动生成的文件具体内容

本 章 小 结

本章简要介绍了 Flume 的功能、来源、特点和版本，详细介绍了 Flume 的体系架构、运行环境、运行模式、配置文件、Flume Shell 命令等基本知识，最后在上述理论基础上引入综合实战，详细阐述了如何在 Linux 操作系统下部署单机模式 Flume、创建 Agent 属性文件和使用 Flume Shell 命令进行实时日志收集的实战过程。

Flume 是 Cloudera 开发的实时日志收集系统，也是 Apache 的顶级项目之一，它致力于解决大量日志流数据的迁移问题，可以高效地收集、聚合和移动海量日志，是一个纯粹为流式数据迁移而产生的分布式服务。Flume 目前有两种版本，即 0.9.x 和 1.x。第一代 Flume 是指 0.9.x 版本，隶属于 Cloudera，被称为 Flume OG(Original Generation)，由于它存在各种问题，因此对 Flume 进行了重构，形成 1.x 版本。重构后的版本统称为 Flume NG(Next Generation)，即第二代 Flume。

Apache Flume 由一组以分布式拓扑结构相互连接的 Agent(代理)构成，Flume Agent 是由持续运行的 Source(数据来源)、Sink(数据目标)以及 Channel(用于连接 Source 和 Sink)三个 Java 进程构成。Flume 的 Source 产生事件，并将其传送给 Channel，Channel 存储这些事件直至转发给 Sink。

部署与运行 Flume 所需要的系统环境包括操作系统和 Java 环境两部分，其支持集群模式和单机模式，实际生产环境均采用完全分布模式。Flume 启动时，默认读取 $FLUME_HOME/conf/flume-env.sh 文件，该文件用于配置 Flume 的运行参数。

Flume Shell 命令“flume-ng agent”的选项“--name”或者“-n”必须指定，选项“--conf-file”或者“-f”用于指定 Flume 属性文件，因此，需要掌握命令的使用方法并能灵活编写 Agent 属性文件和使用 Flume Shell 命令以完成实时日志收集。

第 7 章　Kafka 实战

学习目标

- 了解 Kafka 功能、来源和特点；
- 理解 Kafka 体系架构及 Broker、Producer 和 Customer 三种角色功能；
- 理解 Kafka 部署要点，包括运行环境、运行模式和配置文件 server.properties；
- 掌握 Kafka Shell 命令的使用；
- 熟练掌握在 Linux 环境下部署 Kafka 集群和使用 Kafka Shell 命令的方法。

7.1　初识 Kafka

Apache Kafka 是一个分布式的、支持分区的、多副本的和基于 ZooKeeper 的发布/订阅消息系统，它起源于 LinkedIn 公司的开源分布式消息系统，2011 年成为 Apache 开源项目，2012 年成为 Apache 顶级项目，目前被多家公司所采用。Kafka 是采用 Scala 和 Java 编写而成的，其设计目的是通过 Hadoop 和 Spark 等并行加载机制来统一在线和离线的消息处理，构建在 ZooKeeper 上，不同的分布式系统可统一接入 Kafka，实现和 Hadoop 各组件之间不同数据的实时高效交换，被称为“生态系统的交通枢纽”。目前，Kafka 与越来越多的分布式处理系统如 Apache Storm、Apache Spark 等都能够较好地集成，用于实时流式数据分析。

Kafka 专为分布式高吞吐量系统而设计，非常适合处理大规模消息，它与传统消息系统相比，具有以下几点不同：

(1) Kafka 是一个分布式系统，易于向外扩展。

(2) Kafka 同时为发布和订阅提供高吞吐量。

(3) Kafka 支持多订阅者，当订阅失败时能自动平衡消费者。

(4) Kafka 支持消息持久化，消费端为拉模型，消费状态和订阅关系由客户端负责维护，消息消费完后不会被立即删除，会被保留为历史消息。

7.2　Kafka 体系架构

Kafka 整体架构比较新颖，更适合异构集群，其体系架构如图 7-1 所示。Kafka 中主要有 Producer、Broker 和 Customer 三种角色，一个典型的 Kafka 集群包含多个 Producer、多个 Broker、多个 Consumer Group 和一个 ZooKeeper 集群。每个 Producer 可以对应多个

Topic(主题)，每个 Consumer 只能对应一个 Consumer Group，整个 Kafka 集群对应一个 ZooKeeper 集群，通过 ZooKeeper 管理集群配置、选举 Leader 以及在 Consumer Group 发生变化时进行负载均衡。

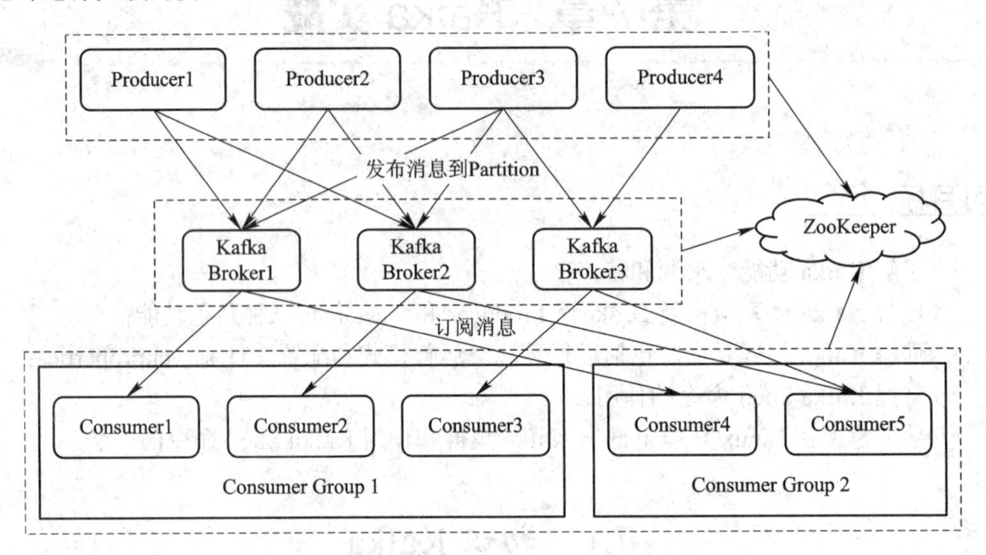

图 7-1　Kafka 体系架构

在保存消息时，Kafka 根据 Topic 对消息进行分类，发送消息者称为 Producer，接收消息者称为 Customer，不同 Topic 的消息在物理上是分开存储的，但在逻辑上用户只需指定消息的 Topic 即可生产或消费数据而不必关心数据存于何处。这里，还需要解释以下几个名词：

(1) Message(消息)：是通信的基本单位，每个 Producer 可以向一个 Topic 发布一些消息，Kafka 中的消息是以 Topic 为基本单位组织的，消息是无状态的，消息消费的先后顺序是没有关系的。每条 Message 包含三个属性：offset，消息的唯一标识，类型为 long；MessageSize，消息的大小，类型为 int；data，消息的具体内容，可以看作一个字节数组。

(2) Topic(主题)：发布到 Kafka 集群的消息都有一个类别，这个类别被称为 Topic。Kafka 根据 Topic 对消息进行归类，发布到 Kafka 集群的每条消息都需要指定一个 Topic。

(3) Partition(分区)：物理上的概念，一个 Topic 可以被分为多个 Partition，每个 Partition 内部都是有序的。每个 Partition 只能由一个 Consumer 来进行消费，但是一个 Consumer 可以消费多个 Partition。

(4) Broker：消息中间件处理节点。一个 Kafka 集群由多个 Kafka 实例组成，每个实例都被称为 Broker。一个 Broker 上可以创建一个或多个 Topic，同一个 Topic 可以在同一 Kafka 集群下的多个 Broker 上分布。Broker 与 Topic 的关系图如图 7-2 所示。

(5) Producer(消息生产者)：向 Broker 发送消息的客户端。

(6) Consumer(消息消费者)：从 Broker 读取消息的客户端。

(7) Consumer Group：每个 Consumer 属于一个特定的 Consumer Group，一条消息可以发送到多个不同的 Consumer Group，但是一个 Consumer Group 中只能有一个 Consumer 能够消费该消息。

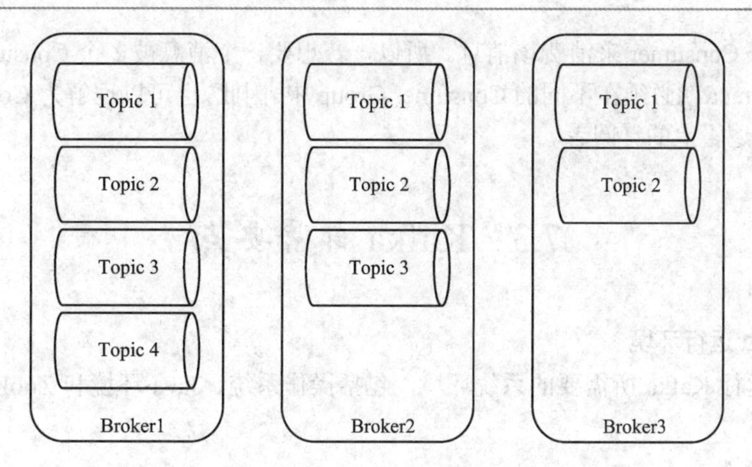

图 7-2　Broker 与 Topic 关系图

关于 Kafka 体系架构中涉及的重要构件详细说明如下：

(1) Producer(生产者)。Producer 用于将流数据发送到 Kafka 消息队列上，它的任务是向 Broker 发送数据，通过 ZooKeeper 获取可用的 Broker 列表。Producer 作为消息的生产者，在生产消息后需要将消息投送到指定的目的地，即某个 Topic 的某个 Partition。Producer 可以选择随机的方式来发布消息到 Partition，也支持选择特定的算法发布消息到相应的 Partition。

以日志采集为例，生产过程分为三部分：一是对日志采集的本地文件或目录进行监控，若有内容变化，则将变化的内容逐行读取到内存的消息队列中；二是连接 Kafka 集群，包括一些配置信息，诸如压缩与超时设置等；三是将已经获取的数据通过上述连接推送(Push)到 Kafka 集群。

(2) Broker。Kafka 集群中的一台或多台服务器统称为 Broker，Broker 可以理解为是 Kafka 服务器缓存代理。Kafka 支持消息持久化，生产者生产消息后，Kafka 不会直接把消息传递给消费者，而是先在 Broker 中存储，持久化保存在 Kafka 的日志文件中。

可以采用在 Broker 日志中追加消息的方式进行持久化存储，并进行分区(Partition)，为了减少磁盘写入的次数，Broker 会将消息暂时缓存起来，当消息的个数达到一定阈值时，清空(Flush)缓存并写入到磁盘，这样就减少了 I/O 调用的次数。

Kafka 的 Broker 采用的是无状态机制，即 Broker 没有副本，一旦 Broker 宕机，该 Broker 的消息都将是不可用的，但是消息本身是持久化的，Broker 在宕机重启后读取消息的日志就可以恢复消息。消息保存一定时间(通常为 7 天)后会被删除。Broker 不保存订阅者状态，由订阅者自己保存，消息订阅者可以回退到任意位置重新进行消费，当订阅者出现故障时，可以选择最小的 offset 进行重新读取并消费消息。

(3) Consumer(消费者)。Consumer 负责订阅 Topic 并处理消息，每个 Consumer 可以订阅多个 Topic，每个 Consumer 会保留它读取到某个 Partition 的消息唯一标识号(offset)，Consumer 是通过 ZooKeeper 来保留消息唯一标识号(offset)的。

Consumer Group 在逻辑上将 Consumer 分组，每个 Kafka Consumer 是一个进程，所以一个 Consumer Group 中的 Consumer 将可能是由分布在不同机器上的不同进程组成的。Topic 中的每一条消息可以被多个不同的 Consumer Group 消费，但是一个 Consumer Group

中只能有一个 Consumer 来消费该消息。所以，若想要一个消息被多个 Consumer 消费，那么这些 Consumer 就必须在不同的 Consumer Group 中。因此，也可以理解为 Consumer Group 才是 Topic 在逻辑上的订阅者。

7.3　Kafka 部署要点

1．Kafka 运行环境

部署与运行 Kafka 所需要的系统环境，包括操作系统、Java 环境和 ZooKeeper 集群三部分。

1) 操作系统

Kafka 支持不同的操作系统，例如 GNU/Linux、Windows、Mac OS X 等。需要注意的是，在 Linux 上部署 Kafka 要比在 Windows 上部署能够得到更高效的 I/O 处理性能。编者采用的操作系统为 Linux 发行版 CentOS 7。

2) Java 环境

Kafka 使用 Java 语言编写，因此它的运行环境需要 Java 环境的支持。编者采用的 Java 版本为 Oracle JDK 1.8。

3) ZooKeeper 集群

Kafka 依赖 ZooKeeper 集群，因此运行 Kafka 之前需要首先启动 ZooKeeper 集群。Zookeeper 集群可以自己搭建，也可以使用 Kafka 安装包中内置的 Shell 脚本启动 ZooKeeper 集群。编者采用自行搭建 ZooKeeper 集群，版本为 3.4.13。

2．Kafka 运行模式

Kafka 有两种运行模式：单机模式和集群模式。单机模式是只在一台机器上安装 Kafka，主要用于开发测试，而集群模式则是在多台机器上安装 ZooKeeper，也可以在一台机器上模拟集群模式，实际的生产环境中均采用多台服务器的集群模式。无论哪种部署方式，修改 Kafka 的配置文件 server.properties 都是至关重要的。单机模式和集群模式部署的步骤基本一致，只是在 server.properties 文件的配置上有些差异。

3．Kafka 配置文件

安装 Kafka 后，在目录$KAFKA_HOME/config 中有多个配置文件，如图 7-3 所示。

```
[root@master kafka_2.12-2.1.1]# ls config
connect-console-sink.properties    consumer.properties
connect-console-source.properties  log4j.properties
connect-distributed.properties     producer.properties
connect-file-sink.properties       server.properties
connect-file-source.properties     tools-log4j.properties
connect-log4j.properties           trogdor.conf
connect-standalone.properties      zookeeper.properties
[root@master kafka_2.12-2.1.1]# 
```

图 7-3　Kafka 配置文件列表

其中，配置文件 server.properties 的部分配置参数及其含义如表 7-1 所示。

表 7-1　server.properties 配置参数(部分)

参数名	说　明
broker.id	用于指定 Broker 服务器对应的 ID 值，各个服务器的 ID 值不同
listeners	表示监听的地址及端口，PLAINTEXT 表示纯文本，也就是说，不管发送什么数据类型都以纯文本的方式接收，包括图片、视频等
num.network.threads	网络线程数，默认是 3
num.io.threads	I/O 线程数，默认是 8
socket.send.buffer.bytes	套接字发送缓冲，默认是 100 KB
socket.receive.buffer.bytes	套接字接收缓冲，默认是 100 KB
socket.request.max.bytes	接收到的最大字节数，默认是 100 MB
log.dirs	用于指定 Kafka 数据存放目录，地址可以是多个，多个地址之间需用逗号分隔
num.partitions	分区数，默认是 1
num.recovery.threads.per.data.dir	每一个文件夹的恢复线程，默认是 1
log.retention.hours	数据保存时间，默认是 168 h，即一个星期(7 天)
log.segment.bytes	指定每个数据日志能保存的最大数据，默认为 1 GB，当超过这个值时，会自动进行日志滚动
log.retention.check.interval.ms	设置日志过期的时间，默认每隔 300 s(即 5 min)
zookeeper.connect	用于指定 Kafka 所依赖的 ZooKeeper 集群的 IP 和端口号，IP 可以是多个，多个 IP 之间需用逗号分隔
zookeeper.connection.timeout.ms	设置 Zookeeper 的连接超时时间，默认为 6 s，如果到达这个指定时间仍然连接不上就默认该节点发生故障

7.4　Kafka Shell 常用命令

Kafka 支持的所有命令在目录$KAFKA_HOME/bin 下存放，如图 7-4 所示。

```
[xuluhui@master ~]$ cd /usr/local/kafka_2.12-2.1.1
[xuluhui@master kafka_2.12-2.1.1]$ ls bin
connect-distributed.sh                   kafka-reassign-partitions.sh
connect-standalone.sh                    kafka-replica-verification.sh
kafka-acls.sh                            kafka-run-class.sh
kafka-broker-api-versions.sh             kafka-server-start.sh
kafka-configs.sh                         kafka-server-stop.sh
kafka-console-consumer.sh                kafka-streams-application-reset.sh
kafka-console-producer.sh                kafka-topics.sh
kafka-consumer-groups.sh                 kafka-verifiable-consumer.sh
kafka-consumer-perf-test.sh              kafka-verifiable-producer.sh
kafka-delegation-tokens.sh               trogdor.sh
kafka-delete-records.sh                  windows
kafka-dump-log.sh                        zookeeper-security-migration.sh
kafka-log-dirs.sh                        zookeeper-server-start.sh
kafka-mirror-maker.sh                    zookeeper-server-stop.sh
kafka-preferred-replica-election.sh      zookeeper-shell.sh
kafka-producer-perf-test.sh
[xuluhui@master kafka_2.12-2.1.1]$
```

图 7-4　Kafka Shell 命令

对 Kafka 常用命令的描述如表 7-2 所示。

表 7-2　Kafka 常用命令

命　令	功 能 描 述
kafka-server-start.sh	启动 Kafka Broker
kafka-server-stop.sh	关闭 Kafka Broker
kafka-topics.sh	创建、删除、查看、修改 Topic
kafka-console-producer.sh	启动 Producer，生产消息，从标准输入读取数据并发布到 Kafka
kafka-console-consumer.sh	启动 Consumer，消费消息，从 Kafka 读取数据并输出到标准输出

输入命令“kafka-topics.sh --help”，即可查看该命令的使用帮助。图 7-5 展示了命令“kafka-topics.sh”的部分帮助信息，使用该命令时，必须指定以下五个选项之一：--list、--describe、--create、--alter 和--delete。由于帮助信息过长，此处仅展示部分内容。

```
[xuluhui@master kafka_2.12-2.1.1]$ kafka-topics.sh --help
Command must include exactly one action: --list, --describe, --create, --alter o
r --delete
Option                                  Description
------                                  -----------
--alter                                 Alter the number of partitions,
                                          replica assignment, and/or
                                          configuration for the topic.
--config <String: name=value>           A topic configuration override for the
                                          topic being created or altered.The
                                          following is a list of valid
                                          configurations:
                                                cleanup.policy

                                                compression.type

                                                delete.retention.ms

                                                file.delete.delay.ms

                                                flush.messages
```

图 7-5　命令 kafka-topics.sh 帮助信息(部分)

7.5　综合实战：部署 Kafka 集群和 Kafka 实战

7.5.1　规划 Kafka 集群

1. Kafka 集群规划

编者拟配置三个 Broker 的 Kafka 集群，将 Kafka 集群运行在 Linux 上，将使用三台安装有 Linux 操作系统的机器，主机名分别为 master、slave1 和 slave2。具体 Kafka 集群的规划如表 7-3 所示。

表 7-3 Kafka 集群部署规划表

主机名	IP 地址	运行服务	软硬件配置
master	192.168.18.130	QuorumPeerMain Kafka	内存：4 GB CPU：1 个 2 核 硬盘：40 GB 操作系统：CentOS 7.6.1810 Java：Oracle JDK 8u191 ZooKeeper：ZooKeeper 3.4.13 Kafka：Kafka 2.1.1
slave1	192.168.18.131	QuorumPeerMain Kafka	内存：1 GB CPU：1 个 1 核 硬盘：20 GB 操作系统：CentOS 7.6.1810 Java：Oracle JDK 8u191 ZooKeeper：ZooKeeper 3.4.13 Kafka：Kafka 2.1.1
slave2	192.168.18.132	QuorumPeerMain Kafka	内存：1 GB CPU：1 个 1 核 硬盘：20 GB 操作系统：CentOS 7.6.1810 Java：Oracle JDK 8u191 ZooKeeper：ZooKeeper 3.4.13 Kafka：Kafka 2.1.1

2. 软件选择

本节部署 Kafka 集群所使用各种软件的名称、版本、发布日期及下载地址如表 7-4 所示。

表 7-4 本节部署 Kafka 集群使用的软件名称、版本、发布日期及下载地址

软件名称	软件版本	发布日期	下载地址
VMware Workstation Pro	VMware Workstation 14.5.7 Pro for Windows	2017 年 6 月 22 日	https://www.vmware.com/products/workstation-pro.html
CentOS	CentOS 7.6.1810	2018 年 11 月 26 日	https://www.centos.org/download/
Java	Oracle JDK 8u191	2018 年 10 月 16 日	http://www.oracle.com/technetwork/java/javase/downloads/index.html
ZooKeeper	ZooKeeper 3.4.13	2018 年 7 月 15 日	http://zookeeper.apache.org/releases.html
Kafka	Kafka 2.1.1	2019 年 2 月 15 日	http://kafka.apache.org/downloads

注意：编者的三个节点的机器名分别为 master、slave1 和 slave2，IP 地址依次为 192.168.18.130、192.168.18.131 和 192.168.18.132，后续内容均在表 7-3 规划基础上完成，读者务必与之对照确认自己的机器名、IP 等信息。

由于第 1 章已完成 VMware Workstation Pro、CentOS、Java 的安装，故本节直接从安

装 Kafka 开始讲述。

7.5.2 部署 Kafka 集群

1. 初始软硬件环境准备

(1) 准备三台机器，安装操作系统，编者使用 CentOS Linux 7。

(2) 对集群内每一台机器都要配置静态 IP、修改机器名、添加集群级别域名映射及关闭防火墙。

(3) 对集群内每一台机器都要安装和配置Java，要求Java 8或更高版本，编者使用Oracle JDK 8u191。

(4) 安装和配置 Linux 集群中各节点间的 SSH 免密登录。

(5) 在 Linux 集群上部署 ZooKeeper 集群。

以上步骤已在第 1 章、第 4 章中做过详细介绍，此处不再赘述。

2. 获取 Kafka

Kafka 官方下载地址为 http://kafka.apache.org/downloads，编者选用的 Kafka 版本是 2019 年 2 月 15 日发布的 Kafka 2.1.1，其安装包文件 kafka_2.12-2.1.1.tgz 可存放在 master 机器的相应目录如/home/xuluhui/Downloads 下。读者应该注意到了，Kafka 安装包和一般安装包的命名方式不一样，例如 kafka_2.12-2.1.1.tgz，其中 2.12 是 Scala 版本，2.1.1 才是 Kafka 版本，官方强烈建议 Scala 版本和服务器上的 Scala 版本保持一致，避免引发一些不可预知的问题，故编者选用的是 kafka_2.12-2.1.1.tgz，而非 kafka_2.11-2.1.1.tgz。

3. 安装 Kafka

以下所有操作需要在三台机器上完成。

切换到 root 用户，解压 kafka_2.12-2.1.1.tgz 到安装目录如/usr/local 下，使用命令如下所示。

```
[xuluhui@master ~]$ su root
[root@master xuluhui]# cd /usr/local
[root@master local]# tar -zxvf /home/xuluhui/Downloads/kafka_2.12-2.1.1.tgz
```

4. 配置 Kafka

修改 Kafka 配置文件 server.properties，master 机器上的配置文件$KAFKA_HOME/config/server.properties 修改后的几个参数如下所示。

```
broker.id=0
log.dirs=/usr/local/kafka_2.12-2.1.1/kafka-logs
zookeeper.connect=master:2181,slave1:2181,slave2:2181
```

slave1 和 slave2 机器上的配置文件$KAFKA_HOME/config/server.properties 中参数 broker.id 依次设置为 1、2，其余参数值与 master 机器相同。

5. 创建所需目录

以上步骤 4 使用了系统不存在的目录：Kafka 数据存放目录为/usr/local/kafka_2.12-2.1.1/kafka-logs，因此需要创建它，使用的命令如下所示。

```
[root@master local]# mkdir /usr/local/kafka_2.12-2.1.1/kafka-logs
```

6. 设置$KAFKA_HOME 目录属主

为了在普通用户下使用 Kafka，将$KAFKA_HOME 目录属主设置为 Linux 普通用户如 xuluhui，使用以下命令完成。

```
[root@master local]# chown -R xuluhui /usr/local/kafka_2.12-2.1.1
```

7. 在系统配置文件目录/etc/profile.d 下新建文件 kafka.sh

使用“vim /etc/profile.d/kafka.sh”命令在/etc/profile.d 文件夹下新建文件 kafka.sh，添加如下内容。

```
export KAFKA_HOME=/usr/local/kafka_2.12-2.1.1
export PATH=$KAFKA_HOME/bin:$PATH
```

然后，重启机器，使之生效。

此步骤可省略。之所以将目录$KAFKA_HOME/bin 加入系统环境变量 PATH 中，是因为当输入 Kafka 命令时，无须再切换到目录$KAFKA_HOME/bin 下，这样使用起来会更加方便，否则会出现错误提示信息“bash: ****: command not found...”。

至此，Kafka 在三台机器上安装和配置完毕。

当然，为了提高效率，读者也可以首先仅在 master 一台机器上完成 Kafka 的安装和配置，然后使用“scp”命令在 Kafka 集群内将 master 机器上的$KAFKA_HOME 目录和系统配置文件/etc/profile.d/kafka.sh 远程拷贝至其他 Kafka Broker 如 slave1、slave2 机器上，接着修改 slave1、slave2 上的文件$KAFKA_HOME/config/server.properties 中的参数 broker.id，最后设置其他 Kafka Broker 上$KAFKA_HOME 目录属主。其中，同步 Kafka 目录和系统配置文件 kafka.sh 到 Kafka 集群的其他机器上，依次使用的命令如下所示。

```
[root@master kafka_2.12-2.1.1]# scp -r /usr/local/kafka_2.12-2.1.1 root@slave1:/usr/local/kafka_2.12-2.1.1
[root@master kafka_2.12-2.1.1]# scp -r /etc/profile.d/kafka.sh root@slave1:/etc/profile.d/kafka.sh
[root@master kafka_2.12-2.1.1]# scp -r /usr/local/kafka_2.12-2.1.1 root@slave2:/usr/local/kafka_2.12-2.1.1
[root@master kafka_2.12-2.1.1]# scp -r /etc/profile.d/kafka.sh root@slave2:/etc/profile.d/kafka.sh
```

7.5.3 启动 Kafka 集群

首先，在三台机器上使用命令“zkServer.sh start”启动 ZooKeeper 集群，确保其正常运行。

其次，在三台机器上使用以下命令启动 Kafka，此处以 master 机器为例。

```
[xuluhui@master ~]$ kafka-server-start.sh -daemon $KAFKA_HOME/config/server.properties
```

这里需要注意的是，在启动脚本时若不加-daemon 参数，则当执行 Ctrl+Z 后会退出，且已经启动的进程也会退出，所以建议加-daemon 参数，实现以守护进程方式启动。

7.5.4 验证 Kafka 集群

检查 Kafka 是否启动，可以通过使用命令“jps”查看 Java 进程来验证，效果如图 7-6 所示。可以看到，三台机器上均有 Kafka 进程，说明 Kafka 集群部署成功。

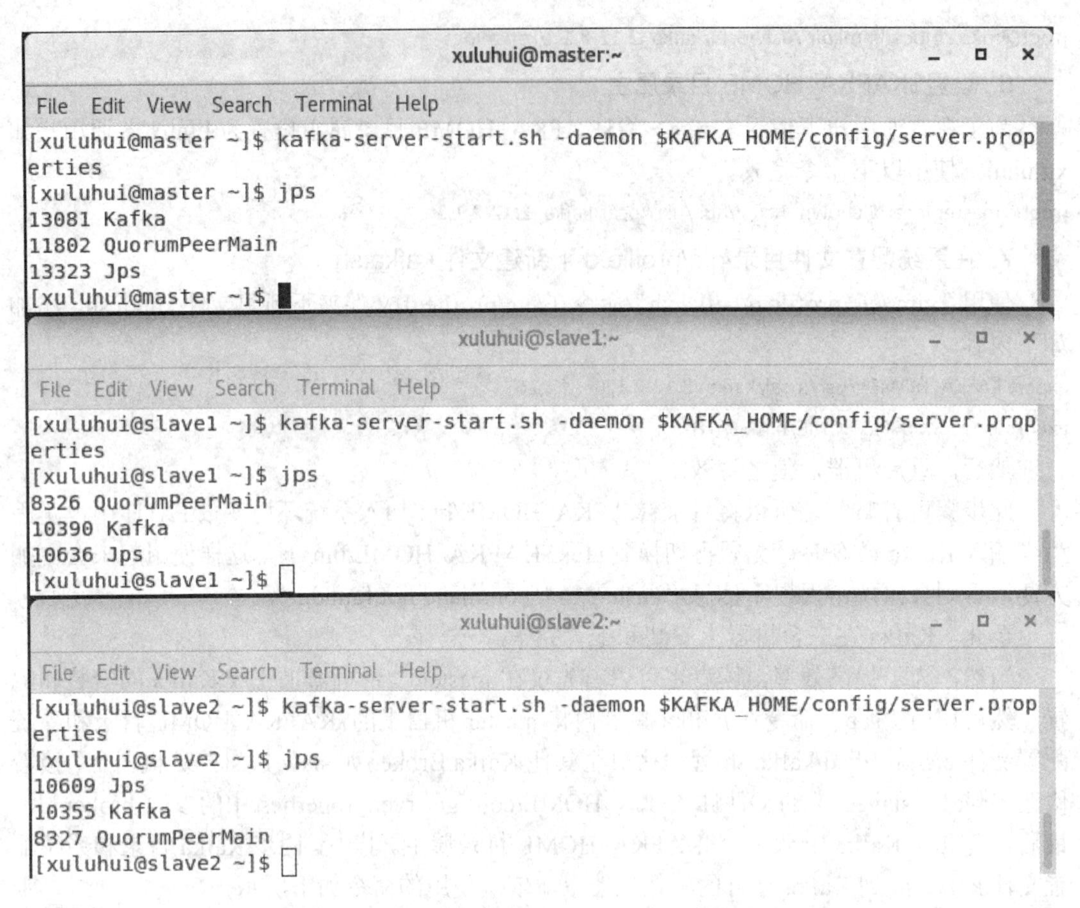

图 7-6　使用 jps 命令查看 Kafka 进程

7.5.5　使用 Kafka Shell

【案例 7-1】 使用 Kafka 命令创建 Topic、查看 Topic 详情、启动 Producer(生产)消息和 Consumer(消费)消息。

1. 创建 Topic

在任意一台机器上创建 Topic“kafkacluster-test”，例如在 master 机器上完成，使用命令如下所示。

```
[xuluhui@master ~]$ kafka-topics.sh --create \
--zookeeper master:2181,slave1:2181,slave2:2181 \
--replication-factor 3 \
--partitions 3 \
--topic kafkacluster-test
```

由于共部署了三个 Broker，所以创建 Topic 时能指定--replication-factor 3。其中，选项--zookeeper 用于指定 ZooKeeper 集群列表，可以指定所有节点，也可以指定为部分节点；选项--replication-factor 为复制数目，数据会自动同步到其他 Broker 上，防止某个 Broker 宕机数据丢失；选项--partitions用于指定一个Topic可以切分成几个partition，一个消费者可以消费多个partition，但一个partition只能被一个消费者消费。

2. 查看Topic详情

在任意一台机器上查看Topic“kafkacluster-test”的详情，例如在slave1机器上完成，使用命令如下所示，运行效果如图7-7所示。

```
[xuluhui@slave1 ~]$ kafka-topics.sh --describe \
--zookeeper master:2181,slave1:2181,slave2:2181 \
--topic kafkacluster-test
```

```
[xuluhui@slave1 ~]$ kafka-topics.sh --describe \
> --zookeeper master:2181,slave1:2181,slave2:2181 \
> --topic kafkacluster-test
Topic:kafkacluster-test PartitionCount:3        ReplicationFactor:3     Configs:
        Topic: kafkacluster-test        Partition: 0    Leader: 0       Replicas: 0,2,1 Isr: 0,2,1
        Topic: kafkacluster-test        Partition: 1    Leader: 1       Replicas: 1,0,2 Isr: 1,0,2
        Topic: kafkacluster-test        Partition: 2    Leader: 2       Replicas: 2,1,0 Isr: 2,1,0
[xuluhui@slave1 ~]$
```

图7-7　查看Topic详情运行效果

命令“kafka-topics.sh --describe”的输出解释：第一行是所有分区的摘要，从第二行开始，每一行提供一个分区信息。

(1) Leader：该节点负责该分区的所有的读和写，每个节点的Leader都是随机选择的。

(2) Replicas：副本的节点列表，不管该节点是否为Leader或者目前是否还活着，都会被显示在副本的节点列表中。

(3) Isr：“同步副本”的节点列表，也就是活着的节点并且正在同步Leader。

从图7-7中可以看出，Topic“kafkacluster-test”总计有三个分区(PartitionCount)，副本数为3(ReplicationFactor)，且每个分区上有三个副本(通过Replicas的值可以得出)，最后一列Isr(In-Sync Replicas)表示处理同步状态的副本集合，这些副本与Leader副本保持同步，没有任何同步延迟。另外，Leader、Replicas和Isr中的数字就是Broker ID，其对应着配置文件config/server.properties中的broker.id参数值。

3. 启动Producer(生产者)生产消息

在master机器上使用命令kafka-console-producer.sh启动生产者，使用命令如下所示。

```
[xuluhui@master ~]$ kafka-console-producer.sh \
--broker-list master:9092,slave1:9092,slave2:9092 \
--topic kafkacluster-test
```

4. 启动Consumer(消费者)消费消息

在slave1和slave2机器上分别使用命令kafka-console-consumer.sh启动消费者，以slave1机器为例，使用命令如下所示。

```
[xuluhui@slave1 ~]$ kafka-console-consumer.sh \
--bootstrap-server master:9092,slave1:9092,slave2:9092 \
--topic kafkacluster-test \
--from-beginning
```

在上述命令中，如果加上选项--from-beginning 表示从第一条数据开始消费。

第 3、4 步的执行效果如图 7-8 所示。从图 7-8 中可以看出，master 机器上的 Producer 通过控制台生产四条消息，每一行为一条消息，且每输完一条消息就会分别在 slave1 和 slave2 机器上的两个 Consumer 控制台上显示出来，并被消费掉。

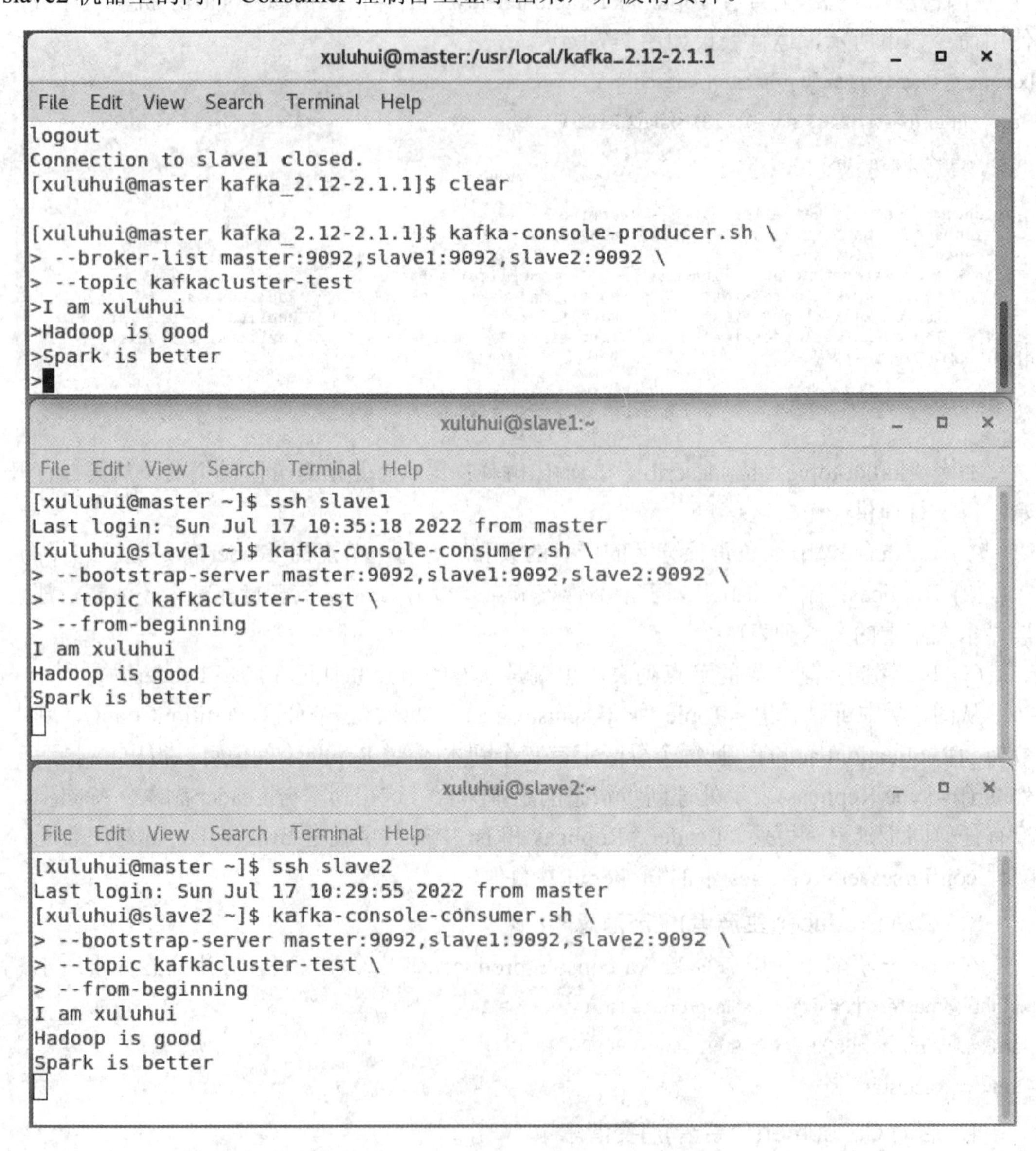

图 7-8　Kafka 生产和消费消息运行效果

按 Ctrl+C 键可以退出 master、slave1 和 slave2 的 kafka-console-producer.sh、kafka-console-consumer.sh 命令。

7.5.6　关闭 Kafka 集群

首先，关闭 Kafka 服务。在 Kafka 集群的每个节点上，在普通用户 xuluhui 下使用命令

“kafka-server-stop.sh”来关闭 Kafka 服务。

其次，关闭 ZooKeeper 集群。在 ZooKeeper 集群的每个节点上，在普通用户 xuluhui 下使用命令“zkServer.sh stop”来关闭 ZooKeeper 服务。

本 章 小 结

本章简要介绍了 Kafka 功能、来源和特点，详细介绍了 Kafka 的体系架构、运行环境、运行模式、配置文件、Kafka Shell 命令等基本知识，最后在上述理论基础上引入综合实战，详细阐述了如何在 Linux 操作系统下部署 Kafka 集群、使用 Kafka Shell 命令的实战过程。

Apache Kafka 是一个分布式的发布/订阅消息系统，起源于 LinkedIn 公司开源出来的分布式消息系统，其设计目的是通过 Hadoop 和 Spark 等并行加载机制来统一在线和离线的消息处理，构建在 ZooKeeper 上，不同的分布式系统可统一接入到 Kafka，实现和 Hadoop 各组件之间不同数据的实时高效交换，被称为“生态系统的交通枢纽”。

Kafka 中主要有 Producer、Broker 和 Customer 三种角色，一个典型的 Kafka 集群包含多个 Producer、多个 Broker、多个 Consumer Group 和一个 ZooKeeper 集群。其中，Broker 是 Kafka 集群中的一个服务器，消息生产者 Producer 向 Broker 发送消息的客户端，消息消费者 Consumer 从 Broker 读取消息的客户端。

部署与运行 Kafka 所需要的系统环境包括操作系统、Java 环境和 ZooKeeper 集群，它有两种运行模式，即单机模式和集群模式，实际生产环境均采用集群模式。无论哪种部署模式，修改 Kafka 的配置文件$KAFKA_HOME/config/server.properties 都是至关重要的。

Kafka Shell 常用命令包括用于启动 Kafka Broker 的“kafka-server-start.sh”，用于关闭 Kafka Broker 的“kafka-server-stop.sh”，用于创建、删除、查看和修改 Topic 的“kafka-topics.sh”，用于生产消息的“kafka-console-producer.sh”，以及用于消费消息的“kafka-console-consumer.sh”。

第 8 章　Spark 集群部署与基本编程

学习目标

- 了解 Spark 功能、来源和优势；
- 理解 Spark 生态系统组成及各组件功能；
- 理解 Spark 运行架构；
- 理解 RDD 的设计思想，掌握 RDD 的创建和操作；
- 理解 Spark 部署要点，包括运行环境、运行模式和配置文件 spark-env.sh；
- 了解 Spark 接口，掌握 Spark Shell 命令中交互式编程 pyspark、运行独立应用程序 spark-submit 的方法，初步掌握 Spark RDD 编程、Spark Streaming 编程；
- 熟练掌握在 Linux 环境下部署 Spark 集群，使用 Python、Java 或 Scala 进行 RDD 和 Spark Streaming 编程，实现海量数据的离线处理、实时处理。

8.1　初识 Spark

8.1.1　Spark 简介

传统的离线计算存在数据反馈不及时等问题，很难满足急需实时数据做决策的场景。如果说 MapReduce 计算框架的出现是为了解决离线计算问题，那么 Spark 计算框架则是为了解决实时计算问题。

Spark 是基于内存计算的大数据并行计算框架。Spark 基于内存计算的特性，减少了迭代计算 I/O 开销，提高了在大数据环境下数据处理的实时性，同时保证了高容错性、高可伸缩性，允许用户将 Spark 部署在大量的廉价硬件之上形成集群，提高了并行计算能力。

Spark 于 2009 年诞生于美国加州大学伯克利分校 AMP 实验室。AMP 实验室的研究人员发现在机器学习迭代算法场景下，Hadoop MapReduce 表现得效率低下，为了迭代算法和交互式查询两种典型的场景，Matei Zaharia 和合作伙伴开发了 Spark 系统的最初版本。2009 年 Spark 论文发布，2010 年 Spark 正式开源，2013 年伯克利将其捐赠给 Apache 基金会，2014 年 Spark 成为 Apache 基金会的顶级项目，目前已广泛应用于工业界。

Spark 于 2014 年打破了 Hadoop 保持的基准排序纪录，它使用 206 个节点在 23 分钟内完成了 100 TB 数据的排序，而 Hadoop 使用 2000 个节点在 72 分钟内完成同样数据的排序。也就是说，Spark 仅使用了 1/10 Hadoop 的计算资源，却获得了 Hadoop 的 3 倍运行速度。

这项新纪录的诞生，使得 Spark 获得多方追捧，也表明了 Spark 可以作为一个更加快速、高效的大数据计算平台。

在实际应用型项目中，绝大多数公司都会选择 Spark。Spark 正以其结构一体化、功能多元化的优势，逐渐成为当今大数据领域最热门的大数据计算平台。Spark 之所以广受欢迎，主要因为它具有以下几个特点：

(1) 运行速度快。Spark 基于内存的运行速度是 Hadoop MapReduce 的 100 倍，基于磁盘的运行速度也是 Hadoop MapReduce 的 10 倍；Spark 程序运行是基于线程模型，以线程方式运行作业，要远比基于进程模型的 Hadoop MapReduce 运行作业资源开销小；Spark 使用先进的有向无环图(Directed Acyclic Graph，DAG)执行引擎，可以优化作业执行，提高作业执行效率。

(2) 易用性。Spark 支持使用 Scala、Java、Python、R 和 SQL 语言进行编程，简洁的 API 设计使用户可以快速构建并行程序，并且 Spark 支持通过 Spark Shell 进行交互式的 Python、Scala 等编程，可以方便地在这些 Shell 中使用 Spark 集群来验证解决问题的方法。

(3) 通用性。Spark 提供了完整且强大的技术栈，包括 SQL 查询、流式计算、机器学习和图计算，这些组件可以无缝整合到同一个应用中，足以应对复杂的计算。

(4) 容错性。Spark 引进了弹性分布式数据集(Resilient Distributed Dataset，RDD)，它是分布在一组节点中的只读对象集合。若丢失了一部分对象集合，Spark 可以根据父 RDD 对它们进行计算，另外可以将数据持久化，从而实现容错。

8.1.2 Spark 对比 Hadoop MapReduce

Hadoop 虽然已成为大数据技术的事实标准，但其本身还存在诸多缺陷，最主要缺陷是 Hadoop MapReduce 计算模型延迟过高，无法胜任当下爆发式的数据增长所要求的实时、快速计算的需求，因而只适用于离线批处理的应用场景。总体而言，Hadoop MapReduce 计算框架主要存在以下缺点：

(1) 表达能力有限。计算都必须转化为 Map 和 Reduce 两个操作，但这并不适合所有的情况，难以描述复杂的数据处理过程。

(2) 磁盘 I/O 开销大。每次执行时都需要从磁盘读取数据，并且在计算完成后需要将中间结果写入磁盘，I/O 开销较大。

(3) 延迟高。一次计算可能需要分解成一系列按顺序执行的 MapReduce 任务，任务之间的衔接由于涉及 I/O 开销，会产生较高延迟。而且，在前一个任务执行完成之前，其他任务无法开始，因此，无法胜任多阶段的计算任务。

Spark 在借鉴 Hadoop MapReduce 优点的同时，很好地解决了其所面临的问题。相比 Hadoop MapReduce，Spark 主要具有以下优点：

(1) Spark 计算模型也属于 MapReduce，但不局限于 Map 和 Reduce 操作，它提供了多种数据集操作类型，编程模型比 MapReduce 更为灵活。

(2) Spark 提供了内存计算，可以将计算数据、中间结果直接存放在内存中，大大减少了 I/O 开销，带来了更高的迭代计算效率，Spark 更适合迭代计算较多的机器学习运算。

(3) Spark 采用了基于 DAG 的任务调度执行机制，要优于 MapReduce 的迭代执行机制。

图 8-1 是 Hadoop MapReduce 与 Spark 的执行流程对比图。

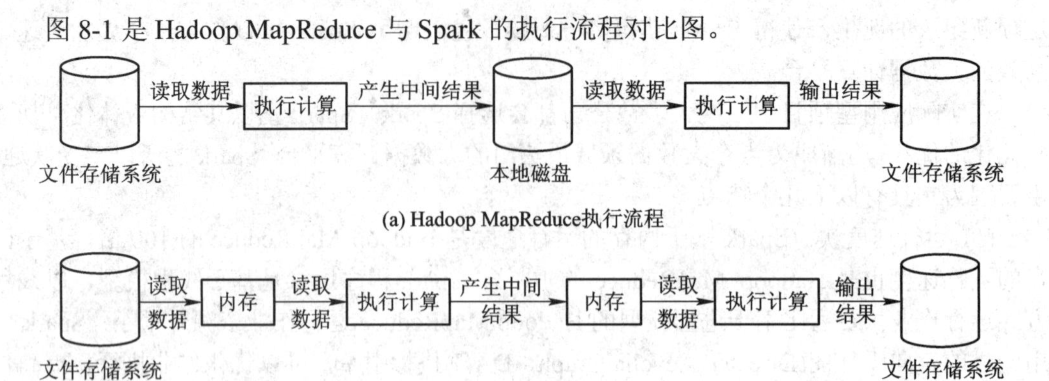

图 8-1　Hadoop MapReduce 与 Spark 的执行流程对比

如图 8-1 所示，对比 Hadoop MapReduce 与 Spark 的执行流程，可以发现，使用 Hadoop MapReduce 进行计算时，每次计算产生的中间结果都需要从磁盘中读取并写入，大大增加了磁盘的 I/O 开销，而使用 Spark 进行计算时，需要先将磁盘中的数据读取到内存中，产生的数据不再写入磁盘，直接在内存中迭代处理，这样就避免了从磁盘中频繁读取数据造成的不必要开销。经官方测试，Hadoop 执行逻辑回归所需的时间是 Spark 的 100 多倍，如图 8-2 所示。

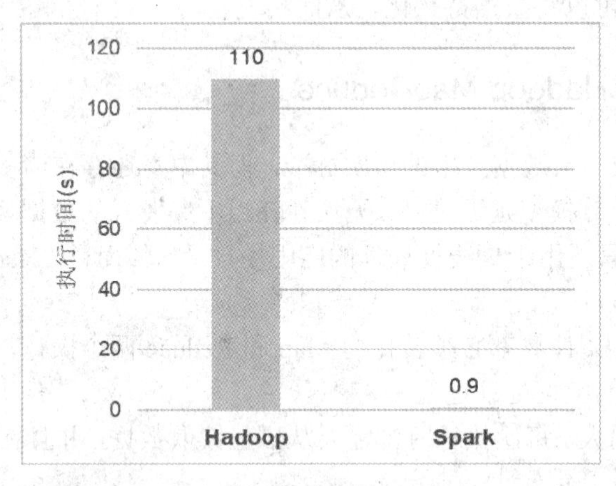

图 8-2　Hadoop 与 Spark 执行逻辑回归的时间对比

尽管 Spark 相对于 Hadoop 而言具有较大优势，但 Spark 并不能完全替代 Hadoop，Spark 主要用于替代 Hadoop 中的 MapReduce 计算模型，Hadoop 生态系统中的 HDFS 和 YARN 仍是许多大数据体系的核心架构。Spark 已经很好地融入了 Hadoop 生态圈，并成为其中的重要一员，它可以借助 YARN 实现资源调度管理，借助 HDFS 实现分布式存储。

8.2　Spark 生态系统

目前，Spark 生态系统主要包括 Spark Core 和基于 Spark Core 的独立组件 Spark SQL、Spark Streaming、MLlib 和 GraphX，使得开发者可以在同一个 Spark 体系中方便地组合使

用这些库，其生态系统如图 8-3 所示。

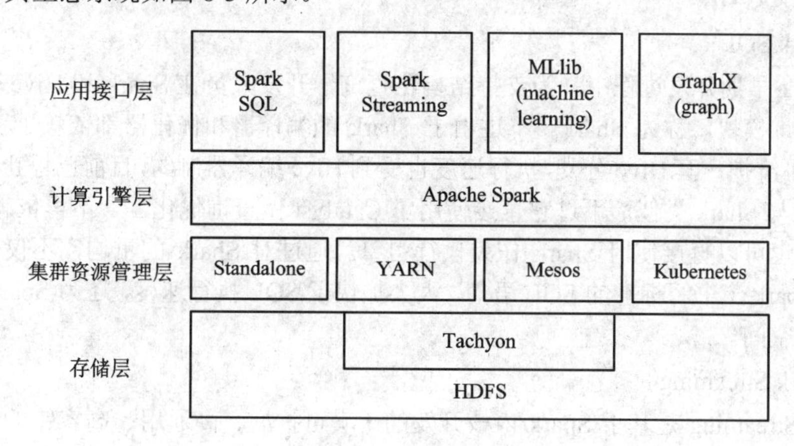

图 8-3　Spark 生态系统

Spark Core 是 Spark 的核心基础，包含了弹性分布式数据集(RDD)等核心组件。但需要注意的是，Spark Core 是离线计算的，这点类似于 MapReduce 的处理过程。而 Spark Streaming 则是将连续的数据转换为不连续的离散流(DStream)，从而实现了快速的数据处理功能。Spark SQL 则用于简化 Spark 库，就好比可以使用 Hive 简化 MapReduce 一样，我们也可以使用 Spark SQL 快速实现 Spark 开发，具体地讲，Spark SQL 可以将 DataFrame 转为 Spark 处理时的 RDD，然后运行 RDD 程序。

下面详细介绍 Spark 生态系统。

1．存储层

从 Hadoop 诞生至今，资源管理框架从无到 Mesos，再到 YARN，并行化范式由 M-S-R 发展到 DAG 型 M-S-R，唯一未改变的就是 HDFS。虽然 HDFS 在小文件存储上存在着性能缺陷，但无疑 HDFS 已成为分布式存储的事实标准，故在 Spark 开发过程中，伯克利并未开发一套独立的分布式底层存储系统，而是直接采用了 HDFS。当然，Spark 也可以运行在本地文件系统或内存型文件系统如 Tachyon 或 Amazon S3 上，不过在典型应用模式中，持久层依旧是 HDFS。

2．集群资源管理层

Spark 支持的集群资源管理器主要有 Standalone 模式和 ThirdPlatform 模式。其中，Standalone 模式指的是伯克利为 Spark 原生开发的 Master/Worker 资源管理器，ThirdPlatform 模式指的是当前主流的第三方集群资源管理器 YARN、Mesos 和 Kubernetes。

3．计算引擎层

Spark Core 包含 Spark 的基本功能，如内存计算、任务调度、部署模式、故障恢复、存储管理等功能，主要面向批数据处理。Spark Core 的核心功能是将用户提交的 DAG 型 Spark-App 任务拆分成 Task 序列并在底层框架上并行运行。在编程接口方面，Spark 通过 RDD 将框架功能和操作函数巧妙地结合起来，大大方便了用户编程，用户会感到 Spark 编程如此简单。

4．应用接口层

1) Spark SQL

在 Spark 早期开发过程中，为支持结构化查询，开发人员在 Spark 和 Hive 基础上开发了结构化查询模块，称为 Shark。不过由于 Shark 的编译器和优化器都依赖于 Hive，使得 Shark 不得不维护一套 Hive 分支，执行速度也受到 Hive 编译器制约，目前已停止开发。Spark SQL 的功能与 Shark 类似，不过它直接使用了 Catalyst 做查询优化器，不再依赖 Hive 解析器，其底层也可以直接使用 Spark 作为执行引擎。通过对 Shark 的重构，不仅使得用户能够直接在 Spark 上书写标准的 SQL 语句，大大加快了 SQL 执行速度，还为 Spark SQL 发展开拓了广阔空间。

2) Spark Streaming

Spark Streaming 是基于 Spark 内核开发的一套可扩展、高通用、高容错的实时流数据处理框架，Spark Streaming 的数据源可以是 Kafka、Flume 等。在 Spark Streaming 中，通过复杂的高层函数直接处理这些数据，在完成数据转换后，Spark Streaming 会将数据自动输出到持久层，目前 Spark Streaming 支持的持久层为 HDFS、数据库和实时控制台。特别需要说明的是，用户可以在数据流上使用 MLlib 和 GraphX 中的所有算法。

3) MLlib

MLlib 是 Spark 上的一个机器学习库，其设计目标是开发一套高可用、高扩展的并行机器学习库，以方便用户直接调用。目前，在 MLlib 下已经开发了大量的常见机器学习算法，如分类 Classification、回归 Regression、聚类 Clustering、协同过滤 Collaborative Filtering 等。为方便用户使用，MLlib 还提供了一套实用工具集。

4) GraphX

GraphX 是 Spark 上一个图处理和图并行化计算的组件。为实现图计算，GraphX 引入了一个继承自 RDD 的新数据抽象类——Graph，该类是一个有向的带权图谱，用户可以自定义 Graph 的顶点和边属性。目前，GraphX 已经开发了一系列图基本操作，如 subgraph、joinVertices、aggregateMessages 等，以及一些优化的 Pregel 变体 API。用户只需要将样本数据填充到 I/O 类，然后直接调用图算法，即可完成图的并行化计算。图计算主要应用于社交网络分析等场景。

需要说明的是，无论是 Spark SQL、Spark Streaming、MLlib 还是 GraphX，都可以使用 Spark Core 的 API 处理问题，它们的方法几乎是通用的，处理的数据也可以共享，不同应用之间的数据可以无缝集成。

8.3　Spark 运行架构

Spark Core 是一个计算引擎，当提及 Spark 运行架构时，就是指 Spark Core 的运行架构。整体来说，它采用了标准的 Master/Slave 架构，如图 8-4 所示。其展示了一个 Spark 应用程序运行时的基本架构，图 8-4 中的 Driver 为 Master，负责管理整个集群中作业任务调度，Executor 为 Slave，负责执行任务。Spark 运行架构包括集群资源管理器(Cluster Manager)、运行作业任务的工作节点(Worker Node)、每个应用的任务控制节点(Driver)和每个工作节点上负责具体任务的执行进程(Executor)。其中，集群资源管理器可以是 Spark 自带的资源管理器，也可以是 YARN 或 Mesos 等第三方资源管理框架。

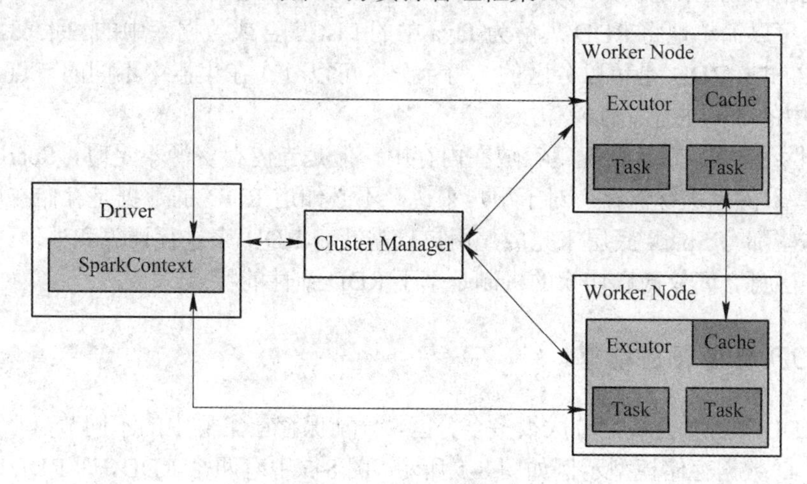

图 8-4　Spark 运行架构

与 Hadoop MapReduce 计算框架相比，Spark 所采用的 Executor 有两个优点：一是利用多线程来执行具体的任务(Hadoop MapReduce 采用的是进程模型)，减少任务的启动开销；二是 Executor 中有一个 BlockManager 存储模块，它会将内存和磁盘共同作为存储设备，当需要多轮迭代计算时，可以将中间结果存储到这个存储模块里，下次需要时，就可以直接读该存储模块里的数据，而不需要读写到 HDFS 等文件系统里，因而有效减少了 I/O 开销；或者在交互式查询场景下，预先将表缓存到该存储系统上，从而可以提高读写 I/O 的性能。

8.4　RDD 的设计与操作

RDD 是 Spark 对数据的核心抽象，它是分布在多个计算节点上可以并行操作的元素集合，Spark Core 提供了创建和操作这些集合的多个 API。

8.4.1　RDD 简介

许多迭代式算法(比如机器学习、图算法等)和交互式数据挖掘工具的共同之处是：不同计算阶段之间会重用中间结果。MapReduce 框架是把中间结果写入到 HDFS 中，其间带来了大量的数据复制、磁盘 I/O 和序列化开销。RDD 就是为了解决这些问题而出现的，它提供了一个抽象的数据架构，不必担心底层数据的分布式特性，只需将具体的应用逻辑表达为一系列转换处理，不同 RDD 之间的转换操作形成依赖关系，可以实现管道化，避免中间数据存储。

Spark 的核心数据模型是 RDD，一个 RDD 就是一个分布式对象集合，它本质上是一个只读的分区记录集合，每个 RDD 可分成多个分区，每个分区就是一个数据集片段，并且一个 RDD 的不同分区可以被保存到集群中不同的节点上，从而可以在集群中的不同节点上进行并行计算。Spark 将常用的大数据操作都转化成为 RDD 的子类(RDD 是抽象类，具体操作由各子类实现，如 MappedRDD、ShuffledRDD)，可以从以下三个方面来理解 RDD。

(1) 数据集：抽象地说，RDD 是一种元素集合。单从逻辑上的表现来看，RDD 是一个数据集合，可以简单地将 RDD 理解为 Java 中的 List 集合或数据库中的一张表。

(2) 分布式：RDD 是可以分区的，每个分区可以分布在集群中不同的节点上，从而可以对 RDD 中的数据进行并行操作。

(3) 弹性：RDD 默认情况下存放在内存中，但是当内存资源不足时，Spark 会自动将 RDD 数据写入磁盘进行保存。对于用户来说，不必知道 RDD 的数据是存储在内存还是磁盘，因为这些都有 Spark 底层来完成，用户只需针对 RDD 来进行计算和处理。RDD 自动进行内存和磁盘之间权衡和切换的机制是基于 RDD 弹性的特点。

8.4.2 RDD 数据存储模型

通常 RDD 很大，会被划分成很多个分区，分别保存在集群中的不同节点上，分区是逻辑概念。RDD 数据存储模型示例如图 8-5 所示。图 8-5 中有两个 RDD，即 RDD1 和 RDD2。其中 RDD1 包含有五个分区 p1、p2、p3、p4 和 p5，分别保存在四个节点 Node1、Node2、Node3 和 Node4 中；RDD2 包含有三个分区 p6、p7 和 p8，分别保存在三个节点 Node2、Node3 和 Node4 中。

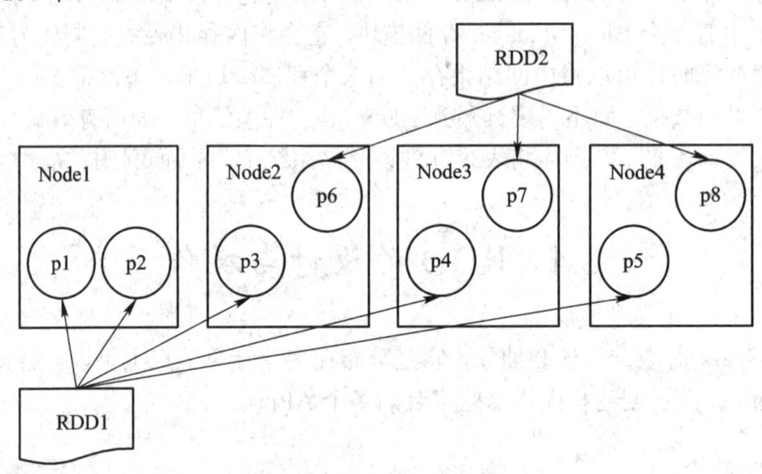

图 8-5　RDD 数据存储模型

在物理上，RDD 对象实质上是一个元数据结构，存储着 Block、Node 等的映射关系以及其他元数据信息。一个 RDD 就是一组分区，在物理数据存储上，RDD 的每个分区对应的就是一个 Block，Block 可以存储在内存中，当内存不足时就存储到磁盘中。

8.4.3 RDD 创建

Spark 提供了两种创建 RDD 的方式：从文件系统中加载数据创建 RDD、通过并行集合(列表)创建 RDD。

1. 从文件系统中加载数据创建 RDD

Spark 采用 textFile()方法实现从文件系统中加载数据创建 RDD。该方法把文件的 URI 作为参数，这个 URI 可以是：本地文件系统、分布式文件系统、Amazon S3 等的地址。

例如，在 pyspark 交互式环境中，从本地文件系统中加载数据创建 RDD 的代码如下所示。

```
>>> lines = sc.textFile("file:///usr/local/spark-2.4.7-bin-without-hadoop-scala-2.12/HelloData/file1.txt")
```

在上述代码中，lines 就是 RDD 对象，sc 是 pyspark 启动时自动创建的 SparkContext 对象，其中对象 sc 在交互式编程环境中可以被直接使用。如果是编写 Spark 独立应用程序，则可以通过以下语句生成 SparkContext 对象。

```
from pyspark import SparkConf, SparkContext
conf = SparkConf()
sc = SparkContext(conf = conf)
```

例如，在 pyspark 交互式环境中，从分布式文件系统 HDFS 中加载数据创建 RDD 的代码如下所示。

```
>>> lines = sc.textFile("hdfs://192.168.18.130:9000/InputData/file1.txt")
```

2. 通过并行集合(列表)创建 RDD

可以通过调用对象 SparkContext 的 parallelize()方法，在 Driver 中一个已经存在的集合(列表)上创建 RDD。

例如，在 pyspark 交互式环境中，通过并行集合(列表)创建 RDD 的代码如下所示。

```
>>> array = [1,2,3,4,5]
>>> rdd = sc.parallelize(array)
```

8.4.4 RDD 操作

RDD 主要支持两种操作：转换操作(Transformation)和行动操作(Action)。RDD 的转换操作是返回一个新的 RDD 的操作，而行动操作则是向驱动器程序(Driver)返回结果或把结果写入外部系统的操作，会触发实际的计算。

RDD 典型执行过程为：首先通过读取外部数据源来创建 RDD；其次 RDD 经过一系列的转换操作，每一次都会产生不同的 RDD，供给下一个转换操作使用；最后一个 RDD 经过行动操作进行转换，并输出到外部数据源。这一系列处理称为一个 Lineage(血缘关系)，即 DAG 拓扑排序的结果。其优点为惰性调用、管道化、避免同步等待和不需要保存中间结果，使每次操作变得简单。RDD 典型执行过程的一个示例如图 8-6 所示。

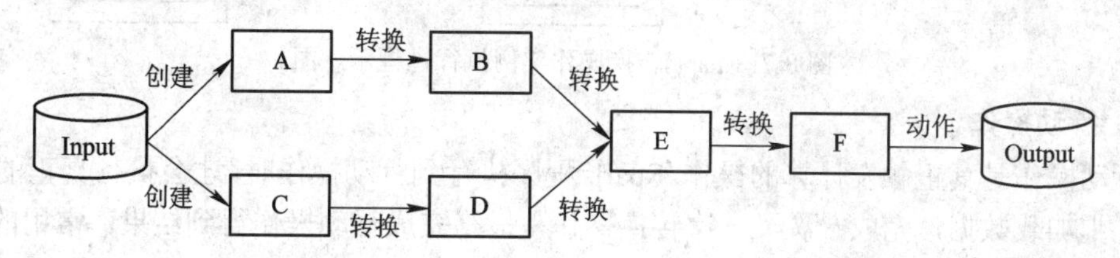

图 8-6　RDD 典型执行过程的一个示例

1. 转换操作

对于 RDD 而言，每一次转换操作都会产生不同的 RDD，供给下一个“转换”使用。

转换得到的 RDD 是惰性求值的，也就是说，整个转换过程只是记录了转换的轨迹，并不会发生真正的计算，只有遇到行动操作时，才会发生真正的计算，开始从血缘关系源头进行物理的转换操作。常用的 RDD 转换操作 API 如表 8-1 所示。

表 8-1　常用的 RDD 转换操作 API

操　作	含　义
filter(func)	筛选出满足函数 func 的元素，并返回一个新的数据集
map(func)	将每个元素传递到函数 func 中，并将结果返回为一个新的数据集
flatMap(func)	与 map()相似，但每个输入元素都可以映射到 0 或多个输出结果
groupByKey()	应用于(K,V)键值对的数据集时，返回一个新的(K, Iterable)形式的数据集
reduceByKey(func)	应用于(K,V)键值对的数据集时，返回一个新的(K, V)形式的数据集，其中每个值都是将每个 key 传递到函数 func 中进行聚合后的结果

以转换操作 map()方法为例说明其执行过程。例如，在 pyspark 交互式编程环境中，执行下列语句，将一个从列表 words 创建得到的 RDD 对象 wordsRDD 通过 map(lambda x: (x,1))方法转换为一个新的 RDD 对象 pairRDD，其元素为键值对('hello', 1)、('spark', 1)、('hello', 1)和('world', 1)。

```
>>> words = ['hello','world','hello','spark']
>>> wordsRDD = sc.parallelize(words)
>>> pairRDD = wordsRDD.map(lambda x: (x,1))
>>> pairRDD.foreach(print)
('hello', 1)
('spark', 1)
('hello', 1)
('world', 1)
```

上述语句的执行过程可以用图 8-7 表示。

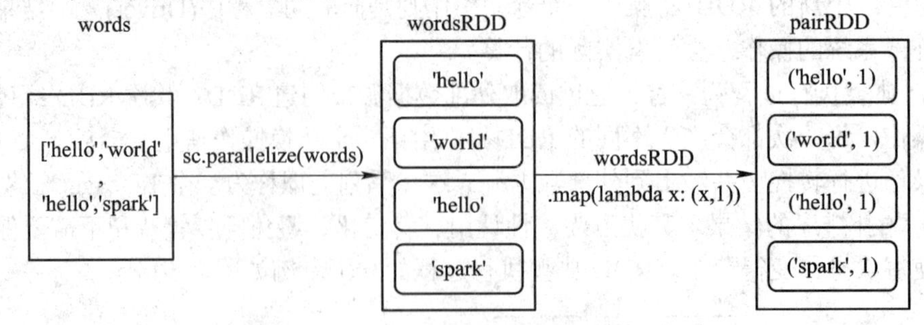

图 8-7　map()转换操作实例执行过程示意图

2. 行动操作

行动操作是真正触发计算的操作。Spark 程序执行到行动操作时，才会执行真正的计算，从文件中加载数据，完成一次又一次转换操作，最终完成行动操作得到结果。常用的 RDD 行动操作 API 如表 8-2 所示。

例如，上文中的语句“pairRDD.foreach(print)”的 foreach()方法就是一个行动操作，其功能是打印输出 RDD 对象 pairRDD 中的每一个元素。

表 8-2　常用的 RDD 行动操作 API

操　作	含　义
count()	返回数据集中的元素个数
collect()	以数组的形式返回数据集中的所有元素
first()	返回数据集中的第一个元素
take(n)	以数组的形式返回数据集中的前 n 个元素
reduce(func)	通过函数 func(输入两个参数并返回一个值)聚合数据集中的元素
foreach(func)	将数据集中的每个元素都传递到函数 func 中运行

8.5　Spark 部署要点

8.5.1　Spark 运行环境

部署与运行 Spark 所需要的系统环境主要包括操作系统、Java 环境和 SSH 三部分。

1．操作系统

Spark 支持 Windows 和类 UNIX(例如 Linux、Mac OS)操作系统。编者采用的操作系统为 Linux 发行版 CentOS 7。

2．Java 环境

Spark 采用 Scala 语言编写，而 Scala 语言是基于 Java 的一个脚本化语言，运行在 JVM 上，因此 Spark 运行需要 Java 环境的支持。Spark 2.4.7 运行在 Java 8+、Python 2.7+/3.4+和 R 3.5+环境上。对于 Scala API，Spark 2.4.7 使用 Scala 2.12。编者采用的 Java 为 Oracle JDK 1.8。

需要说明的是，Spark 2.2.0 及以后版本不再支持 Java 7、Python 2.6 和 Hadoop 2.6.5 之前版本。Spark 2.3.0 不再支持 Scala 2.10，Spark 3.0 不再支持 Scala 2.11。

3．SSH

Spark 集群若想运行在平台 Linux 上，则该平台就必须安装 SSH，且必须运行 sshd 服务，只有这样，才能使 Spark 集群中的主节点与集群中所有节点建立通信。本章选用的 CentOS 7 自带有 SSH。

另外，若 Spark 采用 HDFS 存储数据，或采用 YARN 管理集群资源，则还需要安装 Hadoop。

8.5.2　Spark 运行模式

目前，Spark 支持两种运行模式：本地模式和集群模式。其中，本地模式常用于本地开发测试，包括 Local、Local[*]和 Local[K]；集群模式常用于企业的实际生产环境，根据集群资源管理器的类型主要有 Spark Standalone 模式、Spark on YARN 模式、Spark on Mesos 模式、Spark on Kubernetes 模式等。

在部署 Spark 集群时，根据集群资源管理器的类型，可以将 Spark 部署分为 Standalone 模式和 ThirdPlatform 模式；根据部署工具的不同，又可以将 Spark 部署分为手工部署模式和工具部署模式，具体部署模式如表 8-3 所示。

表 8-3　Spark 集群部署模式

集群资源管理器		部署工具		
		手工部署模式	工具部署模式	
			Ambari	Cloudera Manager
Standalone		手工部署 Spark Standalone	Ambari 部署 Spark Standalone	Cloudera Manager 部署 Spark Standalone
ThirdPlatform 模式	Hadoop YARN	手工部署 Spark on YARN	Ambari 部署 Spark on YARN	Cloudera Manager 部署 Spark on YARN
	Apache Mesos	手工部署 Spark on Mesos	Ambari 部署 Spark on Mesos	Cloudera Manager 部署 Spark on Mesos
	Kubernetes	手工部署 Spark on Kubernetes	Ambari 部署 Spark on Kubernetes	Cloudera Manager 部署 Spark on Kubernetes

这里，我们需要说明一下 Spark on YARN 集群模式(YARN Cluster)和 Spark on YARN 客户端模式(YARN Client)的区别。

我们知道，当在 YARN 上运行 Spark 作业时，每个 SparkExecutor 作为一个 YARN 容器(Container)在运行着，Spark 可以使得多个 Tasks 在同一个容器(Container)里运行。YARN Cluster 和 YARN Client 模式的区别其实就在于 ApplicationMaster 进程的区别，在 YARN Cluster 模式下，Driver 运行在 AM(ApplicationMaster)中，它负责向 YARN 申请资源，并监督作业的运行状况，当用户提交了作业之后，就可以关掉 Client，作业会继续在 YARN 上运行。然而 YARN Client 模式不适合运行交互类型的作业，在 YARN Client 模式下，ApplicationMaster 仅仅向 YARN 请求 Executor，Client 会和向其发出请求的 Container 通信一起来调度它们工作，也就是说 Client 不能离开。图 8-8 和图 8-9 形象表示了 YARN Cluster 和 YARN Client 的区别。

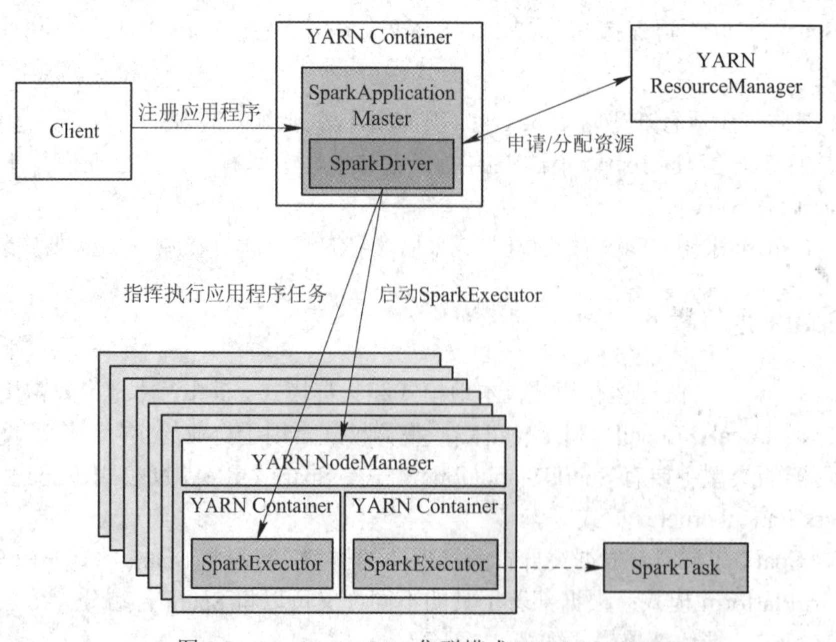

图 8-8　Spark on YARN 集群模式(YARN cluster)

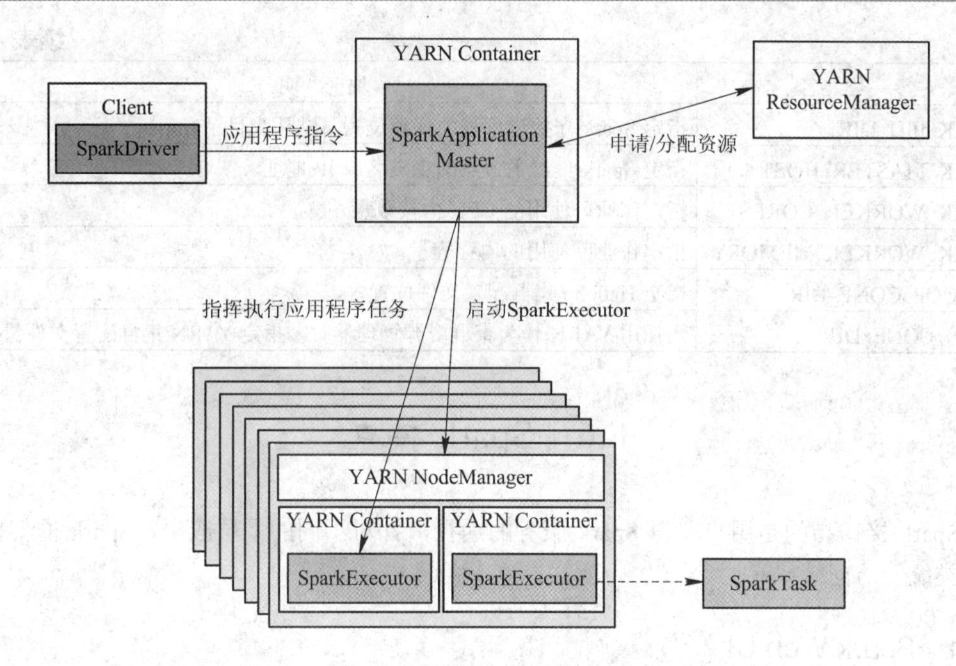

图 8-9 Spark on YARN 客户端模式(YARN Client)

8.5.3 Spark 配置文件

Spark 配置文件数量不多，都存放在目录${SPARK_HOME}/conf 下，具体的配置文件如图 8-10 所示。

```
[xuluhui@master ~]$ ls /usr/local/spark-2.4.7-bin-without-hadoop-scala-2.12/conf
docker.properties.template  metrics.properties.template   spark-env.sh.template
fairscheduler.xml.template  slaves.template
log4j.properties.template   spark-defaults.conf.template
[xuluhui@master ~]$ 
```

图 8-10 Spark 配置文件模板列表

图 8-10 中显示的所有文件均是 Spark 配置文件的模板，Spark 配置文件中最重要的是 slaves 和 spark-env.sh。其中，配置文件 slaves 用于指定 Spark 集群的从节点，其配置比较简单；环境配置文件 spark-env.sh 用于指定 Spark 运行时的各种参数，主要包括 Java 安装路径 JAVA_HOME、Spark 安装路径 SPARK_HOME 等，部分参数及其说明如表 8-4 所示。但由于参数较多，所以表 8-4 无法一一列举和详述，更多参数及其说明读者可以查阅 spark-env.sh.template 文件。

表 8-4 spark-env.sh 配置参数(部分)

参 数 名	说 明
JAVA_HOME	指定 Java 安装路径
SPARK_HOME	指定 Spark 安装路径
SPARK_CONF_DIR	指定 Spark 集群配置文件位置，默认为目录${SPARK_HOME}/conf
SPARK_LOG_DIR	指定 Spark 日志文件的保存位置，默认为目录${SPARK_HOME}/logs

续表

参 数 名	说 明
SPARK_PID_DIR	指定 Spark 守护进程号的保存位置，默认为目录/tmp
SPARK_MASTER_HOST	指定 Spark 集群主节点的主机名或 IP 地址
SPARK_WORKER_CORES	指定作业可使用的 CPU 内核数量
SPARK_WORKER_MEMORY	指定作业可使用的内存容量
HADOOP_CONF_DIR	指定 Hadoop 集群配置文件位置
YARN_CONF_DIR	当使用 YARN 作为集群资源管理器时，指定 YARN 集群配置文件位置

8.6　Spark 接口

Spark 接口指的是用户取得 Spark 服务的途径，针对不同的上层应用，Spark 框架提供了七类统一访问接口。

8.6.1　Spark Web UI

Spark Web UI 主要是面向管理员的，从该页面上，管理员可以看到正在执行的和已完成的所有 Spark 应用程序执行过程中的统计信息，该页面只支持读操作，不支持写操作。Spark Web UI 地址默认为 http://MasterIP:8080，效果如图 8-11 所示。

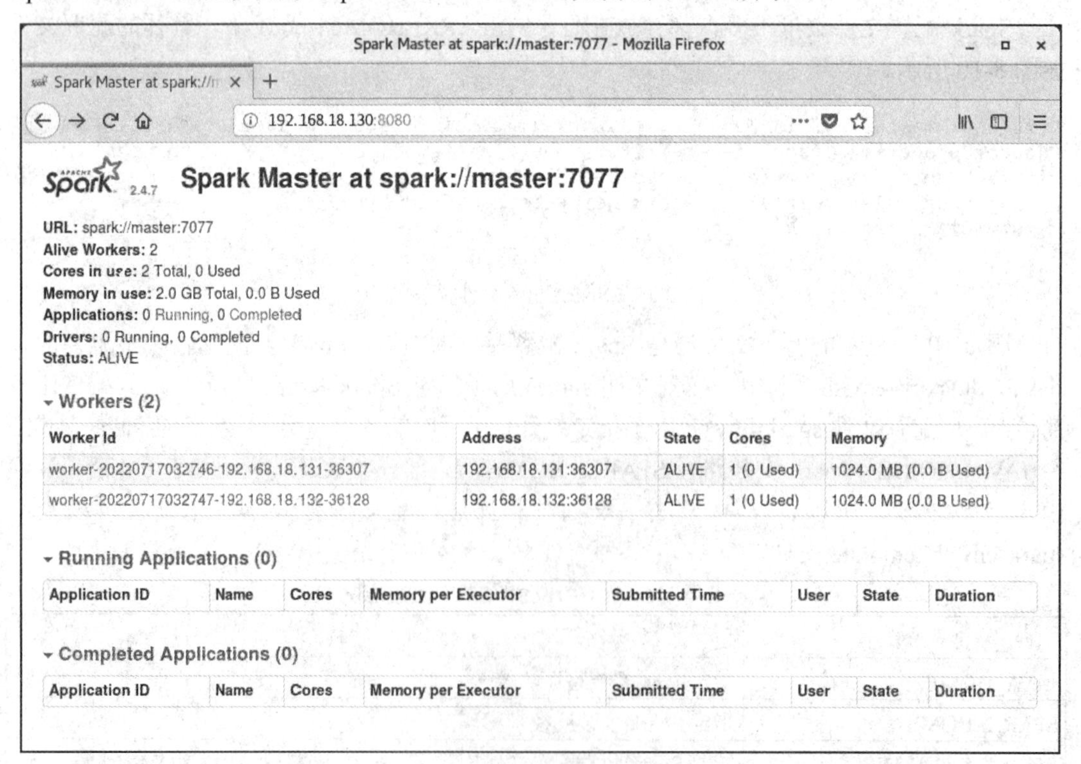

图 8-11　Spark Web UI 效果图

8.6.2　Spark Shell

Spark Shell 主要是针对 Spark 程序员和 Spark 数据分析师的，通过 Shell 接口，程序员能够向 Spark 集群提交 Spark 应用程序、查看正在运行的 Spark 应用程序；数据分析师可以通过 Shell 接口以交互式方式对数据进行分析。

Shell 接口是 Spark 功能的实际体现，用户可以使用 Spark Shell 命令完成集群管理和任务管理。

1. 集群管理

集群管理的命令位于“sbin”目录下，可以通过此类命令启动或关闭集群中的某服务或者整个集群，“sbin”目录下的所有集群管理命令如图 8-12 所示。

```
[xuluhui@master ~]$ ls /usr/local/spark-2.4.7-bin-without-hadoop-scala-2.12/sbin
slaves.sh                       start-slaves.sh
spark-config.sh                 start-thriftserver.sh
spark-daemon.sh                 stop-all.sh
spark-daemons.sh                stop-history-server.sh
start-all.sh                    stop-master.sh
start-history-server.sh         stop-mesos-dispatcher.sh
start-master.sh                 stop-mesos-shuffle-service.sh
start-mesos-dispatcher.sh       stop-shuffle-service.sh
start-mesos-shuffle-service.sh  stop-slave.sh
start-shuffle-service.sh        stop-slaves.sh
start-slave.sh                  stop-thriftserver.sh
[xuluhui@master ~]$
```

图 8-12　Spark Shell 集群管理命令

在此，编者仅选择几个集群管理 Shell 命令进行功能说明，具体如表 8-5 所示。

表 8-5　Spark Shell 集群管理命令功能说明(部分)

集群管理 Shell 命令	功　能
start-all.sh	启动 Spark 集群，注意该命令必须在 Spark 主节点机器上执行，且该命令执行的前提条件是主节点到自身和其他从节点 ssh 时皆无须密钥
stop-all.sh	关闭 Spark 集群
start-master.sh	在 Spark 主节点机器上执行，启动 Master 进程
start-slaves.sh	在 Spark 主节点机器上执行，启动所有 Worker 进程
start-slave.sh	在 Spark 所有从节点机器上执行，启动 Worker 进程
stop-master.sh	在 Spark 主节点机器上执行，关闭 Master 进程
stop-slaves.sh	在 Spark 主节点机器上执行，关闭所有 Worker 进程
stop-slave.sh	在 Spark 所有从节点机器上执行，关闭 Worker 进程

2. 任务管理

任务管理的命令位于“bin”目录下，可以通过此类命令向 Spark 集群提交、管理 Spark 应用程序，“bin”目录下的所有任务管理命令如图 8-13 所示。其中，后缀为“cmd”的文件是 Windows 平台脚本。

```
[xuluhui@master ~]$ ls /usr/local/spark-2.4.7-bin-without-hadoop-scala-2.12/bin
beeline               pyspark            spark-class.cmd    spark-sql
beeline.cmd           pyspark2.cmd       sparkR             spark-sql2.cmd
docker-image-tool.sh  pyspark.cmd        sparkR2.cmd        spark-sql.cmd
find-spark-home       run-example        sparkR.cmd         spark-submit
find-spark-home.cmd   run-example.cmd    spark-shell        spark-submit2.cmd
load-spark-env.cmd    spark-class        spark-shell2.cmd   spark-submit.cmd
load-spark-env.sh     spark-class2.cmd   spark-shell.cmd
[xuluhui@master ~]$
```

图 8-13　Spark Shell 任务管理命令

在此，编者也仅选择几个任务管理 Shell 命令进行功能说明，具体如表 8-6 所示。

表 8-6　Spark Shell 任务管理命令功能说明(部分)

任务管理 Shell 命令	功　能
spark-submit	向 Spark 集群提交 Spark 应用程序
pyspark	以交互式方式编写并执行 Spark 应用程序，且书写语法为 Python
sparkR	以交互式方式编写并执行 Spark 应用程序，且书写语法为 R
spark-shell	以交互式方式编写并执行 Spark 应用程序，且书写语法为 Scala
spark-sql	以交互式方式编写并执行 Spark SQL，且书写语法为类 SQL
run-example	运行 Spark 示例程序。实际上，该脚本内部调用了 spark-submit，但读者不必掌握该命令

关于 Spark Shell 任务管理命令的具体用法编者仅列出“spark-submit”和“pyspark”。其中，“spark-submit”命令帮助文档的完整文字版如下所示。

```
$ ./bin/spark-submit --help
Usage: spark-submit [options] <app jar | python file | R file> [app arguments]
Usage: spark-submit --kill [submission ID] --master [spark://...]
Usage: spark-submit --status [submission ID] --master [spark://...]
Usage: spark-submit run-example [options] example-class [example args]

Options:
  --master MASTER_URL         spark://host:port, mesos://host:port, yarn,
                              k8s://https://host:port, or local (Default: local[*]).
  --deploy-mode DEPLOY_MODE   Whether to launch the driver program locally ("client") or
                              on one of the worker machines inside the cluster ("cluster")
                              (Default: client).
  --class CLASS_NAME          Your application's main class (for Java / Scala apps).
  --name NAME                 A name of your application.
  --jars JARS                 Comma-separated list of jars to include on the driver
                              and executor classpaths.
  --packages                  Comma-separated list of maven coordinates of jars to include
                              on the driver and executor classpaths. Will search the local
                              maven repo, then maven central and any additional remote
                              repositories given by --repositories. The format for the
                              coordinates should be groupId:artifactId:version.
  --exclude-packages          Comma-separated list of groupId:artifactId, to exclude while
```

```
                              resolving the dependencies provided in --packages to avoid
                              dependency conflicts.
  --repositories              Comma-separated list of additional remote repositories to
                              search for the maven coordinates given with --packages.
  --py-files PY_FILES         Comma-separated list of .zip, .egg, or .py files to place
                              on the PYTHONPATH for Python apps.
  --files FILES               Comma-separated list of files to be placed in the working
                              directory of each executor. File paths of these files
                              in executors can be accessed via SparkFiles.get(fileName).

  --conf, -c PROP=VALUE       Arbitrary Spark configuration property.
  --properties-file FILE      Path to a file from which to load extra properties. If not
                              specified, this will look for conf/spark-defaults.conf.

  --driver-memory MEM         Memory for driver (e.g. 1000M, 2G) (Default: 1024M).
  --driver-java-options       Extra Java options to pass to the driver.
  --driver-library-path       Extra library path entries to pass to the driver.
  --driver-class-path         Extra class path entries to pass to the driver. Note that
                              jars added with --jars are automatically included in the
                              classpath.

  --executor-memory MEM       Memory per executor (e.g. 1000M, 2G) (Default: 1G).

  --proxy-user NAME           User to impersonate when submitting the application.
                              This argument does not work with --principal / --keytab.

  --help, -h                  Show this help message and exit.
  --verbose, -v               Print additional debug output.
  --version,                  Print the version of current Spark.

 Cluster deploy mode only:
  --driver-cores NUM          Number of cores used by the driver, only in cluster mode
                              (Default: 1).

 Spark standalone or Mesos with cluster deploy mode only:
  --supervise                 If given, restarts the driver on failure.
  --kill SUBMISSION_ID        If given, kills the driver specified.
  --status SUBMISSION_ID      If given, requests the status of the driver specified.

 Spark standalone and Mesos only:
  --total-executor-cores NUM  Total cores for all executors.

 Spark standalone and YARN only:
  --executor-cores NUM        Number of cores per executor. (Default: 1 in YARN mode,
```

```
                              or all available cores on the worker in standalone mode)

 YARN-only:
  --queue QUEUE_NAME          The YARN queue to submit to (Default: "default").
  --num-executors NUM         Number of executors to launch (Default: 2).
                              If dynamic allocation is enabled, the initial number of
                              executors will be at least NUM.
  --archives ARCHIVES         Comma separated list of archives to be extracted into the
                              working directory of each executor.
  --principal PRINCIPAL       Principal to be used to login to KDC, while running on
                              secure HDFS.
  --keytab KEYTAB             The full path to the file that contains the keytab for the
                              principal specified above. This keytab will be copied to
                              the node running the Application Master via the Secure
                              Distributed Cache, for renewing the login tickets and the
                              delegation tokens periodically.
```

Spark 程序由谁来调度执行，这是由 Spark 程序提交时的 MASTER_URL 值决定的。上述“spark-submit”命令中，选项“--master MASTER_URL”决定了集群资源调度方式：如果该选项的值以 spark://开头，则使用 Spark 自带的集群资源管理器来调度；如果其值是 yarn，则使用 YARN 来调度。关于选项--master 的具体取值如下所示。

```
--master MASTER_URL         spark://host:port, mesos://host:port, yarn,
                            k8s://https://host:port, or local (Default: local[*]).
```

<MASTER_URL>参数值含义如表 8-7 所示，其中 local[*]为默认值。

表 8-7　<MASTER_URL>参数值含义

<MASTER_URL>参数值	含　义
local	使用 1 个 Worker 线程本地化运行 Spark(完全不并行)
local[*]	使用与逻辑 CPU 个数相同数量的线程来本地化运行 Spark(逻辑 CPU 个数=物理 CPU 个数*每个物理 CPU 包含的 CPU 核数)
local[K]	使用 K 个 Worker 线程本地化运行 Spark(理想情况下，K 应该根据运行机器的 CPU 核数设定)
spark://HOST:PORT	Spark 采用 Standalone 集群模式，连接到指定的 Spark 集群，默认端口是 7077
yarn-client	Spark 采用 YARN 集群模式，以客户端模式连接 YARN 集群，集群的位置可以在 HADOOP_CONF_DIR 环境变量中找到。用户提交作业后，不能关掉 Client，Driver Program 驻留在 Client 中，该模式适合运行交互类型作业，常用于开发测试
yarn-cluster	Spark 采用 YARN 集群模式，以集群模式连接 YARN 集群，集群的位置可以在 HADOOP_CONF_DIR 环境变量中找到。用户提交作业后，可以关掉 Client，作业继续在 YARN 上执行，该模式不适合运行交互类型作业，常用于企业生产环境
mesos://HOST:PORT	Spark 采用 Mesos 集群模式，连接到指定的 Mesos 集群，默认接口是 5050

读者也可以通过“pyspark --help”命令来查看“pyspark”命令的帮助文档，其完整文字版如下所示。该帮助文档中可以看出，其选项参数多数均与“spark-submit”相同。

```
$ ./bin/pyspark --help
Usage: ./bin/pyspark [options]

Options:
  --master MASTER_URL         spark://host:port, mesos://host:port, yarn,
                              k8s://https://host:port, or local (Default: local[*]).
  --deploy-mode DEPLOY_MODE   Whether to launch the driver program locally ("client") or
                              on one of the worker machines inside the cluster ("cluster")
                              (Default: client).
  --class CLASS_NAME          Your application's main class (for Java / Scala apps).
  --name NAME                 A name of your application.
  --jars JARS                 Comma-separated list of jars to include on the driver
                              and executor classpaths.
  --packages                  Comma-separated list of maven coordinates of jars to include
                              on the driver and executor classpaths. Will search the local
                              maven repo, then maven central and any additional remote
                              repositories given by --repositories. The format for the
                              coordinates should be groupId:artifactId:version.
  --exclude-packages          Comma-separated list of groupId:artifactId, to exclude while
                              resolving the dependencies provided in --packages to avoid
                              dependency conflicts.
  --repositories              Comma-separated list of additional remote repositories to
                              search for the maven coordinates given with --packages.
  --py-files PY_FILES         Comma-separated list of .zip, .egg, or .py files to place
                              on the PYTHONPATH for Python apps.
  --files FILES               Comma-separated list of files to be placed in the working
                              directory of each executor. File paths of these files
                              in executors can be accessed via SparkFiles.get(fileName).

  --conf, -c PROP=VALUE       Arbitrary Spark configuration property.
  --properties-file FILE      Path to a file from which to load extra properties. If not
                              specified, this will look for conf/spark-defaults.conf.

  --driver-memory MEM         Memory for driver (e.g. 1000M, 2G) (Default: 1024M).
  --driver-java-options       Extra Java options to pass to the driver.
  --driver-library-path       Extra library path entries to pass to the driver.
  --driver-class-path         Extra class path entries to pass to the driver. Note that
```

```
                              jars added with --jars are automatically included in the
                              classpath.

  --executor-memory MEM       Memory per executor (e.g. 1000M, 2G) (Default: 1G).

  --proxy-user NAME           User to impersonate when submitting the application.
                              This argument does not work with --principal / --keytab.

  --help, -h                  Show this help message and exit.
  --verbose, -v               Print additional debug output.
  --version,                  Print the version of current Spark.

Cluster deploy mode only:
  --driver-cores NUM          Number of cores used by the driver, only in cluster mode
                              (Default: 1).

Spark standalone or Mesos with cluster deploy mode only:
  --supervise                 If given, restarts the driver on failure.
  --kill SUBMISSION_ID        If given, kills the driver specified.
  --status SUBMISSION_ID      If given, requests the status of the driver specified.

Spark standalone and Mesos only:
  --total-executor-cores NUM  Total cores for all executors.

Spark standalone and YARN only:
  --executor-cores NUM        Number of cores per executor. (Default: 1 in YARN mode,
                              or all available cores on the worker in standalone mode)

YARN-only:
  --queue QUEUE_NAME          The YARN queue to submit to (Default: "default").
  --num-executors NUM         Number of executors to launch (Default: 2).
                              If dynamic allocation is enabled, the initial number of
                              executors will be at least NUM.
  --archives ARCHIVES         Comma separated list of archives to be extracted into the
                              working directory of each executor.
  --principal PRINCIPAL       Principal to be used to login to KDC, while running on
                              secure HDFS.
  --keytab KEYTAB             The full path to the file that contains the keytab for the
                              principal specified above. This keytab will be copied to
```

the node running the Application Master via the Secure Distributed Cache, for renewing the login tickets and the delegation tokens periodically.

8.6.3 Spark API

Spark API 是面向 Java、Scala、Python、R、SQL 工程师和分析师的，程序员可以通过这些接口编写 Spark 应用程序的用户层代码 ApplicationBusinessLogic。具体的 API 接口可参考官方文档，各网址如表 8-8 所示。

表 8-8 Spark API 官方参考网址

API Docs	网　址
Spark Scala API (Scaladoc)	https://spark.apache.org/docs/latest/api/scala/org/apache/spark/index.html
Spark Java API (Javadoc)	https://spark.apache.org/docs/latest/api/java/index.html
Spark Python API (Sphinx)	https://spark.apache.org/docs/latest/api/python/index.html
Spark R API (Roxygen2)	https://spark.apache.org/docs/latest/api/R/index.html
Spark SQL, Built-in Functions (MkDocs)	https://spark.apache.org/docs/latest/api/sql/index.html

8.6.4 其他接口

由于篇幅所限，接口 Spark SQL、Spark Streaming、Spark MLlib、Spark GraphX 本书不做介绍，读者可以参考官网 https://spark.apache.org/docs/latest/中的内容。

8.7 综合实战：Spark 集群部署和基本编程

8.7.1 规划 Spark 集群

1. Spark 集群架构规划

本节选用手工方式部署 Spark Standalone 集群模式，同时介绍了 Spark on YARN 集群模式及其实践内容。关于其他第三方集群资源管理器如 Mesos、Kubernetes 下的 Spark 集群部署读者可参考其他资料自行实践，这里不做叙述。

受硬件资源限制，本节所讲的 Spark 集群欲使用三台安装有 Linux 操作系统的虚拟机器，机器名分别为 master、slave1 和 slave2。针对该 Spark 集群硬件系统编者做出如下规划：master 机器充当主节点，部署主服务 Master 进程；slave1 和 slave2 机器充当从节点，部署从服务 Worker 进程；受节点数量限制，编者同时将 master 机器作为向集群提交 Spark 应用程序的客户端进行使用。另外，本章的 Spark 集群直接使用 HDFS 作为分布式底层存储系统，所以也需要搭建好 Hadoop 集群，并启动 HDFS 相关进程。具体部署规划如表 8-9 所示。

表 8-9　Spark Standalone 集群模式部署规划表

主机名	IP 地址	运行服务	软硬件配置
master	192.168.18.130	Master(Spark 主进程) NameNode(HDFS 主进程) SecondaryNameNode(与 NameNode 协同工作)	内存：4 GB CPU：1 个 2 核 硬盘：40 GB 操作系统：CentOS 7.6.1810 Java：Oracle JDK 8u191 Hadoop：Hadoop 2.9.2 Python：Python 3.6.7 Spark：Spark 2.4.7
slave1	192.168.18.131	Worker(Spark 从进程) DataNode(HDFS 从进程)	内存：1 GB CPU：1 个 1 核 硬盘：20 GB 操作系统：CentOS 7.6.1810 Java：Oracle JDK 8u191 Hadoop：Hadoop 2.9.2 Python：Python 3.6.7 Spark：Spark 2.4.7
slave2	192.168.18.132	Worker(Spark 从进程) DataNode(HDFS 从进程)	内存：1 GB CPU：1 个 1 核 硬盘：20 GB 操作系统：CentOS 7.6.1810 Java：Oracle JDK 8u191 Hadoop：Hadoop 2.9.2 Python：Python 3.6.7 Spark：Spark 2.4.7

2. 软件选择

本节部署 Spark 集群所使用各种软件的名称、版本、发布日期及下载地址如表 8-10 所示。

表 8-10　本节部署 Spark 集群使用的软件名称、版本、发布日期及下载地址

软件名称	软件版本	发布日期	下载地址
VMware Workstation Pro	VMware Workstation 14.5.7 Pro for Windows	2017 年 6 月 22 日	https://www.vmware.com/products/workstation-pro.html
CentOS	CentOS 7.6.1810	2018 年 11 月 26 日	https://www.centos.org/download/
Java	Oracle JDK 8u191	2018 年 10 月 16 日	https://www.oracle.com/technetwork/java/javase/downloads/index.html
Hadoop	Hadoop 2.9.2	2018 年 11 月 19 日	https://hadoop.apache.org/releases.html
Python	Python 3.6.7	2018 年 10 月 20 日	https://www.python.org/downloads/source/
Spark	Spark 2.4.7	2020 年 9 月 12 日	https://spark.apache.org/downloads.html

注意，本节采用的 Spark 版本是 2.4.7，组成集群的三个节点的机器名分别为 master、slave1 和 slave2，IP 地址依次为 192.168.18.130、192.168.18.131 和 192.168.18.132，后续内容均在表 8-9 规划基础上完成，读者务必与之对照确认自己的 Spark 版本、机器名等信息。

8.7.2　部署 Spark 集群

本章采用的 Spark 版本是 2.4.7，因此本章的讲解都是针对这个版本进行的。尽管如此，由于 Spark 各个版本在部署和运行方式上的变化不大，因此本章的大部分内容都适用于 Spark 其他版本。

1. 初始软硬件环境准备

(1) 准备三台机器，安装操作系统，编者使用 CentOS 7.6.1810。

(2) 对集群内的每一台机器都要配置静态 IP、修改机器名、添加集群级别域名映射和关闭防火墙。

(3) 对集群内的每一台机器都要安装和配置 Java，且要求是 Java 8 或更高版本，编者使用 Oracle JDK 8u191。

(4) 安装和配置 Linux 集群中各节点间的 SSH 免密登录。

(5) 在 Linux 集群上部署全分布模式 Hadoop 集群(该步骤可选，若 Spark 底层存储采用 HDFS，资源管理器采用 YARN，则需要部署 Hadoop 集群)。

(6) 对集群内每一台机器都要安装和配置 Python3(CentOS 7.6.1810 自带 Python 2.7.5，本章使用 Python3 编写 Spark 应用程序)。

以上步骤(1)～(5)已在本书第 1 章中做过详细介绍，因此此处不再赘述。

接下来以 master 机器为例，详细介绍如何安装和配置 Python3，这里以 Python 3.6.7 为例，需要注意的是，以下步骤必须在集群中所有机器上完成。

(1) 使用命令“which python”查看系统有无安装 Python 及其位置，使用命令“python -V”查看 Python 版本，如图 8-14 所示。由于 CentOS 7.6.1810 自带 Python 2.7.5，所以从图 8-14 中可知，master 机器已经安装和配置好了 Python 2.7.5。

```
[root@master xuluhui]# which python
/usr/bin/python
[root@master xuluhui]# python -V
Python 2.7.5
[root@master xuluhui]# █
```

图 8-14　查看系统有无安装 Python 及其位置

(2) 切换到 root 用户下，安装依赖包。这一步骤要求在计算机联网的情况下进行，然后再依次执行以下命令：

```
[root@master xuluhui]# yum -y groupinstall 'Development tools'
[root@master xuluhui]# yum -y install openssl-devel bzip2-devel expat-devel gdbm-devel readline-devel sqlite-devel
[root@master xuluhui]# yum install libffi-devel -y
```

上述依赖包安装成功后都会有“Complete！”提示信息。

(3) 下载Python3。使用命令“wget https://www.python.org/ftp/python/3.6.7/Python-3.6.7.tgz”，将 Python Linux 安装包下载到相应目录如/home/xuluhui/Downloads 下，需要依次使用的命令如下所示。

```
[root@master xuluhui]# cd /home/xuluhui/Downloads
[root@master Downloads]# wget https://www.python.org/ftp/python/3.6.7/Python-3.6.7.tgz
```

(4) 解压 Python3。使用以下命令将 Python 解压到相应目录如/home/xuluhui/Downloads 下。

```
[root@master Downloads]# tar -zxvf Python-3.6.7.tgz
```

(5) 创建编译安装目录。使用以下命令创建目录/usr/local/python3，Python 3.6.7 将安装到此目录下，当然，读者也可以选择其他目录。

```
[root@master Downloads]# mkdir /usr/local/python3
```

(6) 源码编译和安装。切换到目录/home/xuluhui/Downloads/Python-3.6.7 下，依次执行以下命令进行编译和安装。

```
[root@master Downloads]# cd /home/xuluhui/Downloads/Python-3.6.7
[root@master Python-3.6.7]# ./configure --prefix=/usr/local/python3 --enable-optimizations
[root@master Python-3.6.7]# make && make install
```

其中第二条命令的第一个参数“—prefix”用于指定安装路径。如果不指定安装路径的话，安装过程中可能会出现软件所需要的文件被复制到其他不同目录的情况，从而就会带来需要删除软件和复制软件的麻烦。第二个参数“--enable-optimizations”可以提高 10%～20%代码运行速度。

(7) 使用“ln”命令创建软链接，具体命令如下所示。

```
[root@master Python-3.6.7]# ln -s /usr/local/python3/bin/python3 /usr/bin/python3
```

(8) 验证 Python3，使用命令“python3 -V”测试 Python3 是否安装成功。如图 8-15 所示，Python3 已成功安装。

```
[root@master Python-3.6.7]# python3 -V
Python 3.6.7
[root@master Python-3.6.7]#
```

图 8-15　验证 Python3

2. 获取 Spark

Spark 官方下载地址为 https://spark.apache.org/downloads.html，建议读者到 Spark 官网下载其稳定版。编者采用 2020 年 9 月 12 日发布的稳定版 Spark 2.4.7，安装包名称为“spark-2.4.7-bin-without-hadoop-scala-2.12.tgz”，属于“Hadoop free”版，该版本可应用到任意 Apache Hadoop 版本，例如存放在 master 机器的目录/home/xuluhui/Downloads 下。

3. 主节点上安装 Spark 并设置属主

在 master 机器上，使用 root 用户解压 spark-2.4.7-bin-without-hadoop-scala-2.12.tgz 到安装目录如/usr/local 下，依次使用的命令如下所示。

```
[xuluhui@master ~]$ su root
[root@master xuluhui]# cd /usr/local
```

```
[root@master local]# tar -zxvf /home/xuluhui/Downloads/spark-2.4.7-bin-without-hadoop-scala-2.12.tgz
```

为了在普通用户下使用 Spark 集群，将 Spark 安装目录的属主设置为 Linux 普通用户如 xuluhui，使用以下命令完成。

```
[root@master local]# chown -R xuluhui /usr/local/spark-2.4.7-bin-without-hadoop-scala-2.12
```

当然，由于目录名“spark-2.4.7-bin-without-hadoop-scala-2.12”过长，为了使用方便，读者也可以将此目录重命名为“spark-2.4.7”，可以通过命令“mv spark-2.4.7-bin-without-hadoop-scala-2.12 spark-2.4.7”完成目录名的修改。编者保留了原名，未做目录名修改。

4. 主节点上配置 Spark

Spark 配置文件数量不多，都存放在目录${SPARK_HOME}/conf 下，具体的配置文件如前图 8-10 所示。本节中编者仅修改了 slaves 和 spark-env.sh 两个配置文件。

假设当前目录为“/usr/local/spark-2.4.7-bin-without-hadoop-scala-2.12/conf”，切换到普通用户如 xuluhui 下，在主节点 master 上配置 Spark 的具体过程如下所示。

1) 配置 slaves

配置文件 slaves 用于指定 Spark 集群的从节点。

(1) 使用命令“cp slaves.template slaves”复制模板配置文件 slaves.template 并命名为“slaves”。

(2) 使用命令“vim slaves”编辑配置文件 slaves，将其中的“localhost”替换为如下内容：

```
slave1
slave2
```

上述内容表示当前的 Spark 集群共有两个从节点，这两个从节点的机器名分别为 slave1、slave2。Spark 配置文件中无须指定主节点是哪台机器，这是因为 Spark 默认为执行命令“start-all.sh”的那台机器就是主节点。

2) 配置 spark-env.sh

环境配置文件 spark-env.sh 用于指定 Spark 运行时的各种参数，主要包括 Java 安装路径 JAVA_HOME、Spark 安装路径 SPARK_HOME 等。另外，Spark 集群若要存取 HDFS 文件，必须设置 Spark 使用 HDFS，这就需要配置 Hadoop 集群配置文件位置的 HADOOP_CONF_DIR。

(1) 使用命令“cp spark-env.sh.template spark-env.sh”复制模板配置文件 spark-env.sh.template 并命名为“spark-env.sh”。

(2) 使用命令“vim spark-env.sh”编辑配置文件 spark-env.sh，将以下内容追加到文件最后。

```
export JAVA_HOME=/usr/java/jdk1.8.0_191
export SPARK_HOME=/usr/local/spark-2.4.7-bin-without-hadoop-scala-2.12
export SPARK_MASTER_HOST=master
export SPARK_PID_DIR=${SPARK_HOME}/pids
export PYSPARK_PYTHON=python3
export SPARK_DIST_CLASSPATH=$(/usr/local/hadoop-2.9.2/bin/hadoop classpath)
export HADOOP_CONF_DIR=/usr/local/hadoop-2.9.2/etc/hadoop
```

其中，参数 SPARK_DIST_CLASSPATH 是否需要设置取决于下载的 Spark 是否为带

Hadoop 的版本，由于本章选择下载的是不带 Hadoop 的 Spark 版本，因此必须设置该参数，否则会在启动时出现错误提示信息“A JNI error has occurred, please check your installation and try again”。另外，参数 HADOOP_CONF_DIR 是非必须的，只有 Spark 集群存取 HDFS 文件时才需要配置，由于下文需要读取 HDFS 上的文件，所以此处配置了该参数。

参数 SPARK_PID_DIR 用于指定 Spark 守护进程号的保存位置，默认为目录“/tmp”，由于该文件夹用于存放临时文件，且会被系统自动定时清理，因此将“SPARK_PID_DIR”设置为 Spark 安装目录下的目录 pids，其中目录 pids 会随着 Spark 守护进程的启动而由系统自动创建，无须用户手工创建。若使用目录/tmp 作为 Spark 守护进程号的保存位置，则需要将此目录的写权限赋予普通用户 xuluhui，否则在启动 Spark 集群时会出现“Permission Denied”提示。

5. 同步 Spark 文件至所有从节点并设置属主

切换到 root 用户下，使用“scp”命令将 master 机器中配置好的目录“spark-2.4.7-bin-without-hadoop-scala-2.12”及下属子目录和文件全部拷贝至所有从节点 slave1 和 slave2 上，以 slave1 为例，依次使用的命令如下所示。

```
[root@master conf]# scp -r /usr/local/spark-2.4.7-bin-without-hadoop-scala-2.12 root@slave1:/usr/local/spark-2.4.7-bin-without-hadoop-scala-2.12
[root@master conf]# scp -r /usr/local/spark-2.4.7-bin-without-hadoop-scala-2.12 root@slave2:/usr/local/spark-2.4.7-bin-without-hadoop-scala-2.12
```

然后，依次将所有从节点 slave1、slave2 上的 Spark 安装目录的属主也设置为相应的 Linux 普通用户如 xuluhui，在 slave1 机器上使用以下命令完成。

```
[root@slave1 xuluhui]# chown -R xuluhui /usr/local/spark-2.4.7-bin-without-hadoop-scala-2.12
```

至此，Linux 集群中各个节点的 Spark 均已安装和配置完毕。

8.7.3 启动 Spark 集群

在 master 机器上使用命令“start-all.sh”启动集群，具体效果如图 8-16 所示。

```
[xuluhui@master ~]$ /usr/local/spark-2.4.7-bin-without-hadoop-scala-2.12/sbin/st
art-all.sh
starting org.apache.spark.deploy.master.Master, logging to /usr/local/spark-2.4.
7-bin-without-hadoop-scala-2.12/logs/spark-xuluhui-org.apache.spark.deploy.maste
r.Master-1-master.out
slave1: starting org.apache.spark.deploy.worker.Worker, logging to /usr/local/sp
ark-2.4.7-bin-without-hadoop-scala-2.12/logs/spark-xuluhui-org.apache.spark.depl
oy.worker.Worker-1-slave1.out
slave2: starting org.apache.spark.deploy.worker.Worker, logging to /usr/local/sp
ark-2.4.7-bin-without-hadoop-scala-2.12/logs/spark-xuluhui-org.apache.spark.depl
oy.worker.Worker-1-slave2.out
[xuluhui@master ~]$ 
```

图 8-16　使用命令“start-all.sh”启动 Spark 集群过程

应当注意的是，此命令只能在 master 机器上执行，不可以在其他 slave 机器和客户端机器上执行，脚本默认本机即为 Spark 主节点。

8.7.4　验证 Spark 集群

启动 Spark 集群后，可通过以下三种方法验证 Spark 集群是否成功部署。

1. 验证进程(方法 1)

在 Spark 集群启动后，若集群部署成功，则通过“jps”命令在 master 机器上可以看到 Spark 主进程 Master，在 slave1、slave2 机器上可以看到 Spark 从进程 Worker，具体效果如图 8-17 所示。

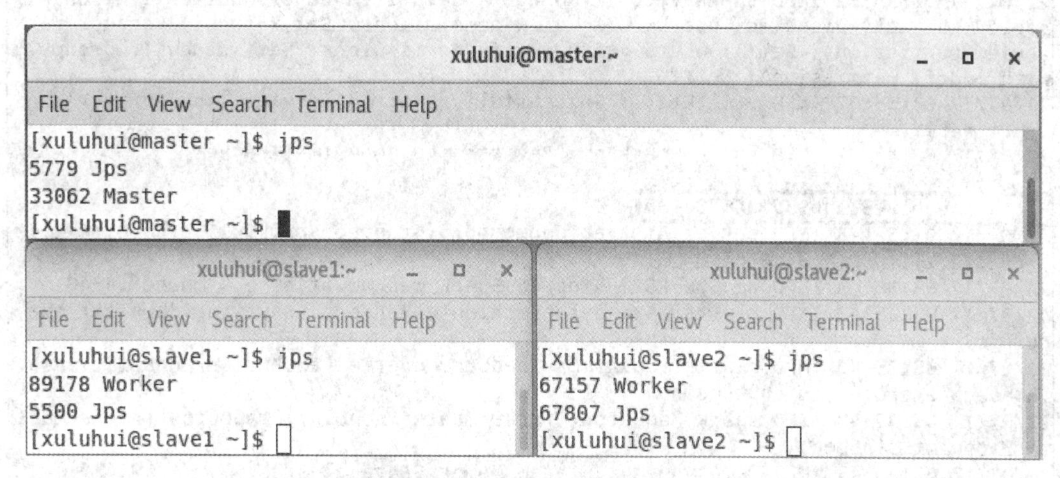

图 8-17　验证 Spark 进程

2. 验证 Spark Web UI(方法 2)

在 Spark 集群启动后，若集群部署成功，则可以通过浏览器输入地址 http://MasterIP:8080 即可看到 Spark Web UI，效果如前文图 8-11 所示。

3. 验证提交 Spark 应用程序(方法 3)

在 Spark 集群启动后，若集群部署成功，则还可以通过 Spark Shell 命令“spark-submit”或“run-example”向 Spark 集群提交 Spark 应用程序。接下来以 Spark 经典实例计算圆周率 SparkPi 为例，介绍 Spark 应用程序的提交、运行和查看结果的详细过程，其 Python 源码位于/usr/local/spark-2.4.7-bin-without-hadoop-scala-2.12/examples/src/main/python/pi.py。

(1) 通过 run-example 提交 SparkPi 到 Spark 集群上运行并通过终端查看运行过程。

提交 SparkPi 到 Spark 集群上运行，使用的 Spark Shell 命令如下所示，其中参数“--master spark://master:7077”指定了 Spark 采用 Standalone 集群模式。

```
[xuluhui@master spark-2.4.7-bin-without-hadoop-scala-2.12]$ ./bin/run-example \
> --master spark://master:7077 \
> SparkPi
```

SparkPi 通过 Spark Standalone 集群模式的运行过程及结果如图 8-18 所示。从图 8-18 中可以看出，其执行结果为“Pi is roughly 3.1469357346786735”，读者也可以多执行几次，每次 Pi 的值都不同。

```
[xuluhui@master spark-2.4.7-bin-without-hadoop-scala-2.12]$ ./bin/run-example \
> --master spark://master:7077 \
> SparkPi
22/07/17 03:35:31 WARN util.NativeCodeLoader: Unable to load native-hadoop libra
ry for your platform... using builtin-java classes where applicable
22/07/17 03:35:32 INFO spark.SparkContext: Running Spark version 2.4.7
22/07/17 03:35:32 INFO spark.SparkContext: Submitted application: Spark Pi
22/07/17 03:35:32 INFO spark.SecurityManager: Changing view acls to: xuluhui
22/07/17 03:35:32 INFO spark.SecurityManager: Changing modify acls to: xuluhui
22/07/17 03:35:32 INFO spark.SecurityManager: Changing view acls groups to:
22/07/17 03:35:32 INFO spark.SecurityManager: Changing modify acls groups to:
22/07/17 03:35:32 INFO spark.SecurityManager: SecurityManager: authentication di
sabled; ui acls disabled; users  with view permissions: Set(xuluhui); groups wit
h view permissions: Set(); users  with modify permissions: Set(xuluhui); groups
with modify permissions: Set()
22/07/17 03:35:32 INFO util.Utils: Successfully started service 'sparkDriver' on
 port 44582.
22/07/17 03:35:32 INFO spark.SparkEnv: Registering MapOutputTracker
```

```
Pi is roughly 3.1469357346786735
22/07/17 03:35:43 INFO server.AbstractConnector: Stopped Spark@42561fba{HTTP/1.1
,[http/1.1]}{0.0.0.0:4040}
22/07/17 03:35:43 INFO ui.SparkUI: Stopped Spark web UI at http://master:4040
22/07/17 03:35:43 INFO cluster.StandaloneSchedulerBackend: Shutting down all exe
cutors
22/07/17 03:35:43 INFO cluster.CoarseGrainedSchedulerBackend$DriverEndpoint: Ask
ing each executor to shut down
22/07/17 03:35:43 INFO spark.MapOutputTrackerMasterEndpoint: MapOutputTrackerMas
terEndpoint stopped!
22/07/17 03:35:43 INFO memory.MemoryStore: MemoryStore cleared
22/07/17 03:35:43 INFO storage.BlockManager: BlockManager stopped
22/07/17 03:35:43 INFO storage.BlockManagerMaster: BlockManagerMaster stopped
22/07/17 03:35:43 INFO scheduler.OutputCommitCoordinator$OutputCommitCoordinator
Endpoint: OutputCommitCoordinator stopped!
22/07/17 03:35:43 INFO spark.SparkContext: Successfully stopped SparkContext
22/07/17 03:35:43 INFO util.ShutdownHookManager: Shutdown hook called
22/07/17 03:35:43 INFO util.ShutdownHookManager: Deleting directory /tmp/spark-9
24b9745-5284-4314-b1e5-e24284b59a28
22/07/17 03:35:43 INFO util.ShutdownHookManager: Deleting directory /tmp/spark-4
808de6c-d464-4e4a-9b58-2474783b4d03
[xuluhui@master spark-2.4.7-bin-without-hadoop-scala-2.12]$
```

图 8-18　SparkPi 通过 Spark Standalone 集群模式的运行过程及结果

当然，读者也可以使用以下命令指定参数“--master yarn --deploy-mode client”，使得 SparkPi 在 Spark on YARN 客户端模式(YARN client)下运行，但需要注意的是，此时 Hadoop 的 HDFS 和 YARN 集群都必须是运行状态。

```
[xuluhui@master spark-2.4.7-bin-without-hadoop-scala-2.12]$ ./bin/run-example \
> --master yarn \
> --deploy-mode client \
> SparkPi
```

SparkPi 通过 Spark on YARN 集群模式的 YARN Client 模式的运行过程及结果如图 8-19 所示。从图 8-19 中可以看出执行结果为“Pi is roughly 3.140755703778519”。

```
[xuluhui@master spark-2.4.7-bin-without-hadoop-scala-2.12]$ ./bin/run-example \
> --master yarn \
> --deploy-mode client \
> SparkPi
22/07/17 04:17:54 WARN util.NativeCodeLoader: Unable to load native-hadoop libra
ry for your platform... using builtin-java classes where applicable
22/07/17 04:17:55 INFO spark.SparkContext: Running Spark version 2.4.7
22/07/17 04:17:55 INFO spark.SparkContext: Submitted application: Spark Pi
22/07/17 04:17:55 INFO spark.SecurityManager: Changing view acls to: xuluhui
22/07/17 04:17:55 INFO spark.SecurityManager: Changing modify acls to: xuluhui
22/07/17 04:17:55 INFO spark.SecurityManager: Changing view acls groups to:
22/07/17 04:17:55 INFO spark.SecurityManager: Changing modify acls groups to:
22/07/17 04:17:55 INFO spark.SecurityManager: SecurityManager: authentication di
sabled; ui acls disabled; users  with view permissions: Set(xuluhui); groups wit
h view permissions: Set(); users  with modify permissions: Set(xuluhui); groups
with modify permissions: Set()
22/07/17 04:17:55 INFO util.Utils: Successfully started service 'sparkDriver' on
 port 46141.
22/07/17 04:17:55 INFO spark.SparkEnv: Registering MapOutputTracker
```

```
Pi is roughly 3.140755703778519
22/07/17 04:18:40 INFO server.AbstractConnector: Stopped Spark@109f5dd8{HTTP/1.1
,[http/1.1]}{0.0.0.0:4040}
22/07/17 04:18:40 INFO ui.SparkUI: Stopped Spark web UI at http://master:4040
22/07/17 04:18:40 INFO cluster.YarnClientSchedulerBackend: Interrupting monitor
thread
22/07/17 04:18:40 INFO cluster.YarnClientSchedulerBackend: Shutting down all exe
cutors
22/07/17 04:18:40 INFO cluster.YarnSchedulerBackend$YarnDriverEndpoint: Asking e
ach executor to shut down
22/07/17 04:18:40 INFO cluster.SchedulerExtensionServices: Stopping SchedulerExt
ensionServices
(serviceOption=None,
 services=List(),
 started=false)
22/07/17 04:18:40 INFO cluster.YarnClientSchedulerBackend: Stopped
22/07/17 04:18:40 INFO spark.MapOutputTrackerMasterEndpoint: MapOutputTrackerMas
terEndpoint stopped!
22/07/17 04:18:40 INFO memory.MemoryStore: MemoryStore cleared
22/07/17 04:18:40 INFO storage.BlockManager: BlockManager stopped
22/07/17 04:18:40 INFO storage.BlockManagerMaster: BlockManagerMaster stopped
22/07/17 04:18:40 INFO scheduler.OutputCommitCoordinator$OutputCommitCoordinator
Endpoint: OutputCommitCoordinator stopped!
22/07/17 04:18:40 INFO spark.SparkContext: Successfully stopped SparkContext
22/07/17 04:18:40 INFO util.ShutdownHookManager: Shutdown hook called
22/07/17 04:18:40 INFO util.ShutdownHookManager: Deleting directory /tmp/spark-8
4687d9f-54dd-43df-b799-343f99d82df4
22/07/17 04:18:40 INFO util.ShutdownHookManager: Deleting directory /tmp/spark-4
9fbacde-0f00-4cb8-95f3-a5e23c971d73
[xuluhui@master spark-2.4.7-bin-without-hadoop-scala-2.12]$
```

图 8-19　SparkPi 通过 Spark on YARN 集群模式的 YARN Client 模式的运行过程及结果

上述 SparkPi 在 Spark on YARN 客户端模式执行过程中有可能出现以下错误提示信息：

```
Failing this attempt.Diagnostics: [2022-07-17 04:10:50.474]Container [pid=10708,containerID=container_1658045390689_0001_02_000001] is running beyond virtual memory limits. Current usage: 98.9 MB of 1 GB physical memory used; 2.2 GB of 2.1 GB virtual memory used. Killing container.
```

该错误信息的意思是 YARN-App 的 Container 需要 2.2 GB 内存，而当前虚拟内存只有

2.1 GB，出现了内存不够用的情况，所以终止(Kill)了Container。SPARK-EXECUTOR-MEMORY默认值为 1 GB(参见示例配置文件 spark-env.sh.template 中# - SPARK_EXECUTOR_MEMORY, Memory per Executor (e.g. 1000M, 2G) (Default: 1G))，即物理内存是1G，YARN默认的虚拟内存和物理内存比例是2.1∶1(如前文所述，本章中master机器的内存4 GB、CPU1个2核，slave1和slave2机器的内存1G、CPU1个1核)，也就是说虚拟内存是2.1 GB，小于需要的内存2.2 GB。

解决方法：把虚拟内存和物理内存比例增大，修改Hadoop集群所有节点的yarn-site.xml文件，在其中增加一个属性配置，具体内容如下所示。

```
<property>
    <name>yarn.nodemanager.vmem-pmem-ratio</name>
    <value>2.5</value>
</property>
```

然后重启YARN集群，这样一来就能有2.5 GB的虚拟内存了，运行时就不会出错了。

同样，读者也可以使用以下命令指定参数“--master yarn --deploy-mode cluster”，使得SparkPi在Spark on YARN集群模式(YARN Cluster)下运行，但需要注意的是，此时Hadoop的HDFS和YARN集群都必须是运行状态。

```
[xuluhui@master spark-2.4.7-bin-without-hadoop-scala-2.12]$ ./bin/run-example \
> --master yarn \
> --deploy-mode cluster \
> SparkPi
```

SparkPi通过Spark on YARN集群模式的YARN Cluster模式的运行过程及结果如图8-20所示。从图8-20中可以看出，使用Spark on YARN集群模式的YARN Cluster模式运行Spark-App时，在终端窗口看不到程序的输出结果。

```
[xuluhui@master spark-2.4.7-bin-without-hadoop-scala-2.12]$ ./bin/run-example \
> --master yarn \
> --deploy-mode cluster \
> SparkPi
22/07/17 04:28:19 WARN util.NativeCodeLoader: Unable to load native-hadoop libra
ry for your platform... using builtin-java classes where applicable
22/07/17 04:28:21 INFO client.RMProxy: Connecting to ResourceManager at master/1
92.168.18.130:8032
22/07/17 04:28:21 INFO yarn.Client: Requesting a new application from cluster wi
th 2 NodeManagers
22/07/17 04:28:21 INFO yarn.Client: Verifying our application has not requested
more than the maximum memory capability of the cluster (8192 MB per container)
22/07/17 04:28:21 INFO yarn.Client: Will allocate AM container, with 1408 MB mem
ory including 384 MB overhead
22/07/17 04:28:21 INFO yarn.Client: Setting up container launch context for our
AM
22/07/17 04:28:21 INFO yarn.Client: Setting up the launch environment for our AM
 container
22/07/17 04:28:21 INFO yarn.Client: Preparing resources for our AM container
```

```
22/07/17 04:28:57 INFO yarn.Client: Application report for application_165804582
8588_0002 (state: RUNNING)
22/07/17 04:28:58 INFO yarn.Client: Application report for application_165804582
8588_0002 (state: FINISHED)
22/07/17 04:28:58 INFO yarn.Client:
         client token: N/A
         diagnostics: N/A
         ApplicationMaster host: slave2
         ApplicationMaster RPC port: 33754
         queue: default
         start time: 1658046508187
         final status: SUCCEEDED
         tracking URL: http://master:8088/proxy/application_1658045828588_0002/
         user: xuluhui
22/07/17 04:28:58 INFO util.ShutdownHookManager: Shutdown hook called
22/07/17 04:28:58 INFO util.ShutdownHookManager: Deleting directory /tmp/spark-f
b26352e-1590-42d8-93f9-0ccf9234f486
22/07/17 04:28:58 INFO util.ShutdownHookManager: Deleting directory /tmp/spark-9
0e02326-6b1e-43e5-b73d-eda4a284e86c
[xuluhui@master spark-2.4.7-bin-without-hadoop-scala-2.12]$ 
```

图 8-20 SparkPi 通过 Spark on YARN 集群模式的 YARN Cluster 模式的运行过程及结果

(2) 通过 Spark Web UI 或 YARN Web UI 查看 SparkPi 运行过程。

若 SparkPi 通过 Spark Standalone 模式运行，则在 SparkPi 运行过程中或运行完毕后可通过 Spark Web UI 即 http://192.168.18.130:8080 查看其运行效果图，图 8-21 为 SparkPi 运行完毕后的效果图。从图 8-21 中可以看出，Spark 应用程序 app-20220717033534-0000 已处于“FINISHED”状态。SparkPi 运行时所用到的 Executor 如图 8-22 所示。

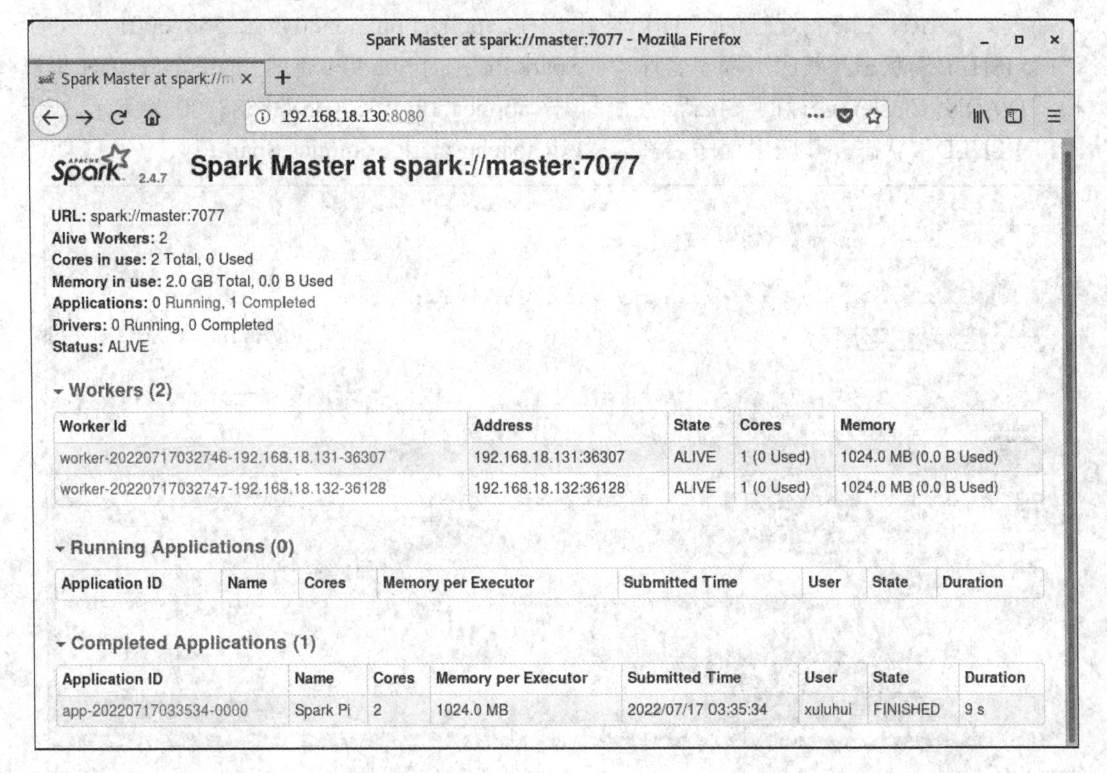

图 8-21 SparkPi 通过 Spark Standalone 模式运行完毕后 Spark Web UI 效果

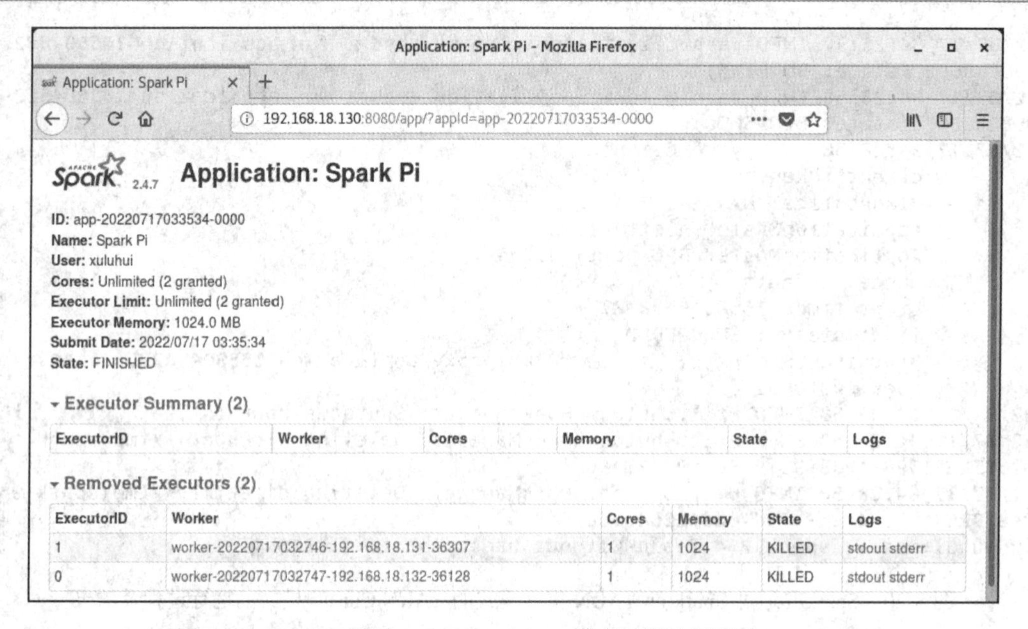

图 8-22　SparkPi 通过 Spark Standalone 模式运行时用到的 Executor

这里需要注意的是，若 Spark-App 通过 Spark on YARN 模式运行，Spark-App 的运行情况将无法通过 Spark Web UI 即 http://192.168.18.130:8080 进行查看，而是要通过 YARN Web UI 即 http://192.168.18.130:8088 进行查看。SparkPi 通过 Spark on YARN 模式运行完毕后，YARN Web UI 效果如图 8-23 所示。从图 8-23 中可以看出，SparkPi 通过 Spark on YARN 客户端模式(YARN Client)运行的 Spark 应用程序 application_1658045828588_0001 已处于“FINISHED”状态，其应用程序名称为“Spark Pi”；而 SparkPi 通过 Spark on YARN 集群模式(YARN Cluster)运行的 Spark 应用程序 application_1658045828588_0002 也已处于“FINISHED”状态，其应用程序名称为“org.apache.spark.examples.SparkPi”。

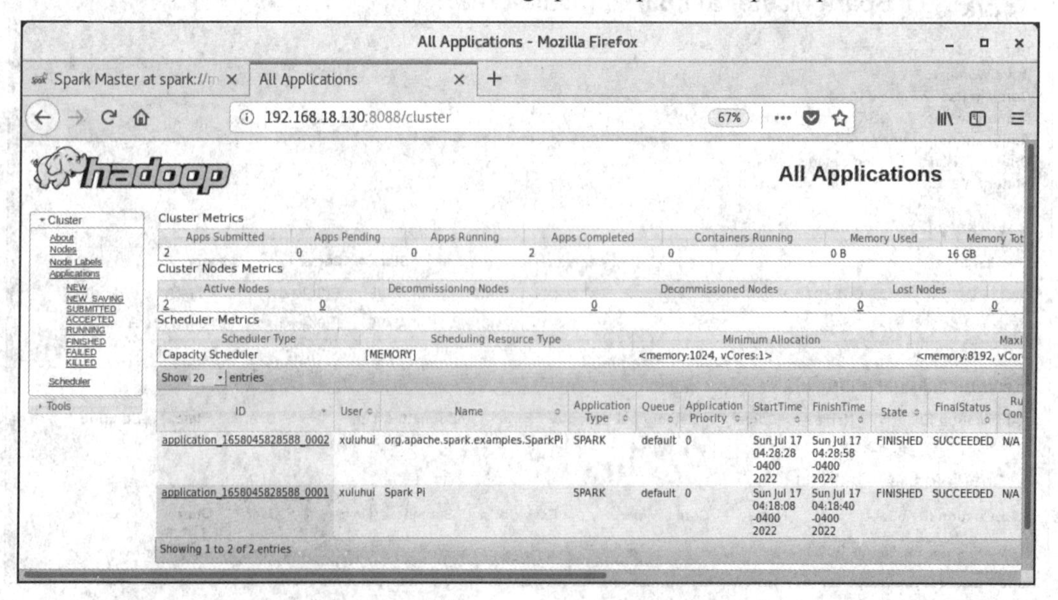

图 8-23　SparkPi 通过 Spark on YARN 模式运行完毕后 YARN Web UI 效果

8.7.5　编写并运行 Spark 应用程序

【案例 8-1】 使用 Spark Shell 命令"pyspark"进行交互式编程，使用 Python 语言编写代码，实现对 HDFS 文件的英文词频统计，并按词频降序排序，最后输出结果。要求通过终端和 Spark Web UI 观察该应用程序的运行过程。

(1) 使用"pyspark"命令连接到 Spark 集群。

在 Linux 终端下输入以下命令启动 pyspark 环境，其中参数"--master spark://master:7077"指定了 Spark 采用 Standalone 集群模式。

```
[xuluhui@master spark-2.4.7-bin-without-hadoop-scala-2.12]$ ./bin/pyspark --master spark://master:7077
```

当然，读者也可以通过指定 pyspark 参数"--master yarn --deploy-mode client"或"--master yarn --deploy-mode cluster"，使得 Spark 应用程序在 Spark on YARN 模式上运行。例如以下命令使得 Spark 应用程序通过 pyspark 在 Spark on YARN 客户端模式(YARN Client)上运行。

```
[xuluhui@master spark-2.4.7-bin-without-hadoop-scala-2.12]$ ./bin/pyspark --master yarn --deploy-mode client
```

例如以下命令使得 Spark 应用程序通过 pyspark 在 Spark on YARN 集群模式(YARN cluster)上运行。

```
[xuluhui@master spark-2.4.7-bin-without-hadoop-scala-2.12]$ ./bin/pyspark --master yarn --deploy-mode cluster
```

这里以 pyspark 的 Spark Standalone 模式为例，启动后会进入 pyspark 交互式执行环境，如图 8-24 所示。从图 8-24 中可以看出，使用的 Python 版本是 3.6.7，这也是上文设置环境变量 PYSPARK_PYTHON 的结果。

```
[xuluhui@master spark-2.4.7-bin-without-hadoop-scala-2.12]$ ./bin/pyspark --mast
er spark://master:7077
Python 3.6.7 (default, Mar  7 2021, 06:41:46)
[GCC 4.8.5 20150623 (Red Hat 4.8.5-44)] on linux
Type "help", "copyright", "credits" or "license" for more information.
22/07/17 04:49:11 WARN util.NativeCodeLoader: Unable to load native-hadoop libra
ry for your platform... using builtin-java classes where applicable
Setting default log level to "WARN".
To adjust logging level use sc.setLogLevel(newLevel). For SparkR, use setLogLeve
l(newLevel).
Welcome to
      ____              __
     / __/__  ___ _____/ /__
    _\ \/ _ \/ _ `/ __/  '_/
   /__ / .__/\_,_/_/ /_/\_\   version 2.4.7
      /_/

Using Python version 3.6.7 (default, Mar  7 2021 06:41:46)
SparkSession available as 'spark'.
>>> 
```

图 8-24　pyspark 交互式执行环境

(2) 使用 Python 进行交互式编程，实现对 HDFS 文件的英文词频统计。

假设 HDFS 目录/InputData 下已有两个文件 file1.txt 和 file2.txt，file1.txt 内容为：

```
Hello Hadoop
Hello HDFS
Hello Xijing University
```

file2.txt 内容为：

```
Hello Spark
Hello Flink
Hello Xijing University
```

在 pyspark 交互式编程环境中输入如图 8-25 所示语句，以实现对 HDFS 两个文件 file1.txt、file2.txt 的英文词频统计。

```
>>> wordRDD = sc.textFile("hdfs://master:9000/InputData/file*.txt")
>>> wordCount = wordRDD.flatMap(lambda x:x.split(" ")).map(lambda x:(x,1)).reduc
eByKey(lambda x,y:x+y).sortBy(lambda x:x[1],False)
>>> wordCount.collect()
[('Hello', 6), ('Xijing', 2), ('University', 2), ('HDFS', 1), ('Spark', 1), ('Fl
ink', 1), ('Hadoop', 1)]
>>> 
```

图 8-25　Python 交互式编程实现对 HDFS 文件的英文词频统计

上述各个语句功能解释如下：

① 第 1 条语句 sc.textFile()，它完成了由 HDFS 文件创建出 RDD 对象 wordRDD，该 WordRDD 共有 6 个字符串元素，分别为“Hello Hadoop”“Hello HDFS”“Hello Xijing University”“Hello Spark”“Hello Flink”和“Hello Xijing University”。

② 第 2 条语句，首先通过 flatMap(lambda x:x.split(" "))将 RDD 对象 wordRDD 中每个元素按空格进行分割，得到中间 RDD1，其共有 14 个元素，分别为“Hello”“Hadoop”“Hello”“HDFS”“Hello”“Xijing”“University”“Hello”“Spark”“Hello”“Flink”“Hello”“Xijing”和“University”；然后通过 map(lambda x:(x,1))将中间 RDD1 转换为键值对(单词,1)形式，得到中间 RDD2，其有 14 个元素，分别为('Hello', 1)、('Hadoop', 1)、('Hello', 1)、('HDFS', 1)、('Hello', 1)、('Xijing', 1)、('University, 1)'、('Hello', 1)、('Spark', 1)、('Hello', 1)、('Flink', 1)、('Hello', 1)、('Xijing', 1)和('University', 1)；接着通过 reduceByKey(lambda x,y:x+y)将中间 RDD2 所有元素按 Key 即单词本身进行分组，然后再对值列表中所有值进行累加操作，得到中间 RDD3，其有 7 个元素，分别为('Hello', 6)、('Hadoop', 1)、('HDFS', 1)、('Xijing', 2)、('University, 2)'、('Spark', 1)和('Flink', 1)；最后通过 sortBy(lambda x:x[1],Flase)将中间 RDD3 所有元素按 x[1]即 Value 也就是频次进行降序排序，得到 RDD 对象 wordCount，其有 7 个元素，依次为('Hello', 6)、('Xijing', 2)、('University', 2)、('HDFS', 1)、('Spark', 1)、('Flink', 1)和('Hadoop', 1)。

③ 第 3 条语句，通过 wordCount.collect()将 RDD 对象 wordCount 中的所有元素以元组形式返回，并显示在终端上。

(3) 通过 Spark Web UI 或 YARN Web UI 查看 PySparkShell 运行过程。

在 Spark Standalone 模式下，读者使用 pyspark 命令在进行 Spark 交互式编程的同时，还可以通过 Spark Web UI 查看 PySparkShell 的运行过程，如图 8-26 所示。从图 8-26 中可以看出，Spark 应用程序 app-20220717044917-0001 正处于“RUNNING”状态。若读者在 pyspark 提示符“>>>”后输入“exit()”命令，则该 Spark 应用程序就会进入“FINISHED”状态。

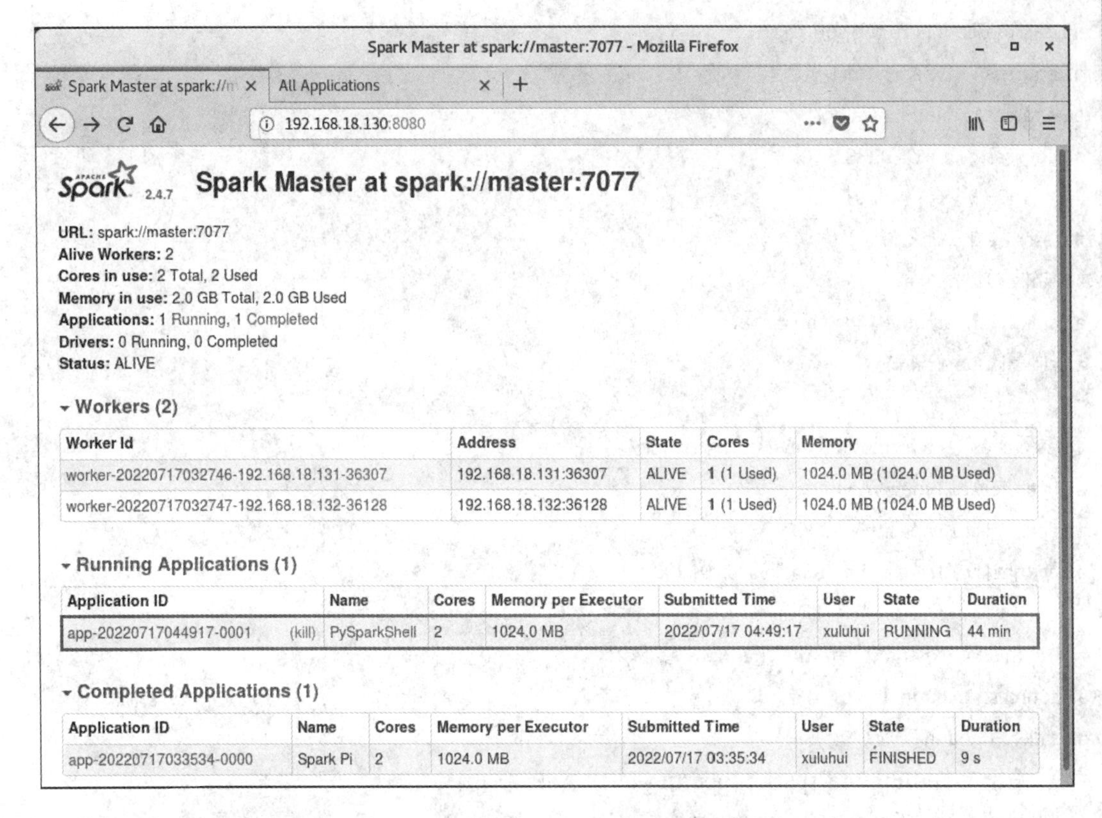

图 8-26　通过 Spark Web UI 查看 PySparkShell 运行过程

同样，读者可以通过命令“pyspark”连接到 Sparkoon YARN 模式上，采用 Python 语言进行 Spark 交互式编程，同时还可以通过 YARN Web UI 查看 PySparkShell 的运行过程，这里不再展示 YARN Web UI 界面。

【案例 8-2】 使用 Python 语言编写 Spark Streaming 独立应用程序，将 Flume 作为 Spark Streaming 输入源，实现对 Flume 消息的实时词频统计。要求从终端上不断给 Flume Source(netcat 类型)发送各种消息，Flume 把消息汇集到 Sink(avro 类型)，再由 Sink 把消息推送给 Spark Streaming。

(1) 创建 Agent 属性文件 flume-to-spark.properties。

依次使用的命令如下所示。

```
[xuluhui@master ~]$ cd /usr/local/flume-1.9.0/conf
[xuluhui@master conf]$ vim ./flume-to-spark.properties
```

文件 flume-to-spark.properties 的具体内容如下所示。

```
#flume-to-spark.properties: A single-node Flume configuration
# Name the components on this agent
a1.sources = r1
a1.sinks = k1
a1.channels = c1
```

```
# Describe/configure the source
a1.sources.r1.type = netcat
a1.sources.r1.bind = localhost
a1.sources.r1.port = 33333

# Describe the sink
a1.sinks.k1.type = avro
a1.sinks.k1.hostname = localhost
a1.sinks.k1.port =44444

# Use a channel which buffers events in memory
a1.channels.c1.type = memory
a1.channels.c1.capacity = 1000000
a1.channels.c1.transactionCapacity = 1000000

# Bind the source and sink to the channel
a1.sources.r1.channels = c1
a1.sinks.k1.channel = c1
```

关于文件 flume-to-spark.properties 的内容说明如下：

① Flume Source 类为 netcat，绑定到 localhost 的 33333 端口，消息可以通过 telnet localhost 33333 发送到 Flume Source。

② Flume Sink 类为 avro，绑定到 localhost 的 44444 端口，Flume Sink 通过 localhost 44444 端口把消息发送出去。而 Spark Streaming 程序始终在监听 44444 端口。

注意：在 44444 端口打开后再启动 Flume agent，否则 sink 的消息无法发送出去，44444 端口由 Spark Streaming 程序打开。

(2) Spark 准备工作。

① 下载 spark-streaming-flume_2.12-2.4.7.jar，其中 2.12 对应 Scala 版本，2.4.7 对应 Spark 版本。下载地址为 https://mvnrepository.com/artifact/org.apache.spark/spark-streaming-flume_2.12/2.4.7。

② 把 jar 文件 spark-streaming-flume_2.12-2.4.7.jar 放到$SPARK_HOME/jars/flume 目录下。例如使用的命令如下所示。

```
[xuluhui@master ~]$ cp ~/Downloads/spark-streaming-flume_2.12-2.4.7.jar
/usr/local/spark-2.4.7-bin-without- hadoop-scala-2.12/jars/flume/
```

③ 修改$SPARK_HOME/conf/spark-env.sh 配置文件中的 SPARK_DIST_CLASSPATH 变量，把 Flume 的相关 jar 包添加到此文件中。例如，当前内容如下所示。

```
export  SPARK_DIST_CLASSPATH=$(/usr/local/hadoop-2.9.2/bin/hadoop  classpath):${SPARK_HOME}/jars/flume/
*:/usr/local/flume-1.9.0/lib/*
```

其中，“:${SPARK_HOME}/jars/flume/*:/usr/local/flume-1.9.0/lib/*”为新增内容。

需要注意的是，下文编写的 Spark Streaming 应用程序若以 Spark 集群模式运行，则本步骤“Spark 准备工作”需要在 Spark 集群中所有节点上一一完成。

(3) 编写 Spark Streaming 应用程序。

例如，在目录$SPARK_HOME/myApp 下新建文件 StreamingFlumeWordCount.py，其参考代码如下：

```
from __future__ import print_function

import sys

from pyspark import SparkContext
from pyspark.streaming import StreamingContext
from pyspark.streaming.flume import FlumeUtils

if __name__ == "__main__":
    if len(sys.argv) != 3:
        print("Usage: FlumeWordCount.py <hostname> <port>", file=sys.stderr)
        sys.exit(-1)

    sc = SparkContext(appName="PythonStreamingFlumeWordCount")
    sc.setLogLevel("ERROR")
    ssc = StreamingContext(sc, 10)

    hostname, port = sys.argv[1:]
    kvs = FlumeUtils.createStream(ssc, hostname, int(port))
    lines = kvs.map(lambda x: x[1])
    counts = lines.flatMap(lambda line: line.split(" ")) \
        .map(lambda word: (word, 1)) \
        .reduceByKey(lambda a, b: a+b)
    counts.pprint()

    ssc.start()
    ssc.awaitTermination()
```

(4) 测试 Spark Streaming 应用程序的运行结果。

① 打开第 1 个终端，启动 Spark Streaming 程序。本案例采用 Spark 本地模式运行，使用的命令如下所示。

```
[xuluhui@master ~]$ cd /usr/local/spark-2.4.7-bin-without-hadoop-scala-2.12
[xuluhui@master spark-2.4.7-bin-without-hadoop-scala-2.12]$ ./bin/spark-submit --driver-class-path /usr/local/spark-2.4.7-bin-without-hadoop-scala-2.12/jars/*:/usr/local/spark-2.4.7-bin-without-hadoop-scala-2.12/jars/flume/* ./myApp/StreamingFlumeWordCount.py localhost 44444
```

② 打开第 2 个终端，启动 Flume Agent。使用的命令如下所示。

```
[xuluhui@master spark-2.4.7-bin-without-hadoop-scala-2.12]$ cd /usr/local/flume-1.9.0
[xuluhui@master flume-1.9.0]$ ./bin/flume-ng agent --conf ./conf --conf-file ./conf/flume-to-spark.properties --name a1 -Dflume.root.logger=INFO,console
```

③ 打开第 3 个终端，使用 telnet 命令连接 33333 端口。使用的命令如下所示。

```
[xuluhui@master ~]$ telnet localhost 33333
```

④ 在第 3 个终端中输入一些单词。输入一行字符串并按回车键，每到达一次流式数据拆分时间(如上述代码定义为 10 s)后，就可以在第 1 个终端上看到当前数据片段的词频统计结果，如图 8-27 所示。

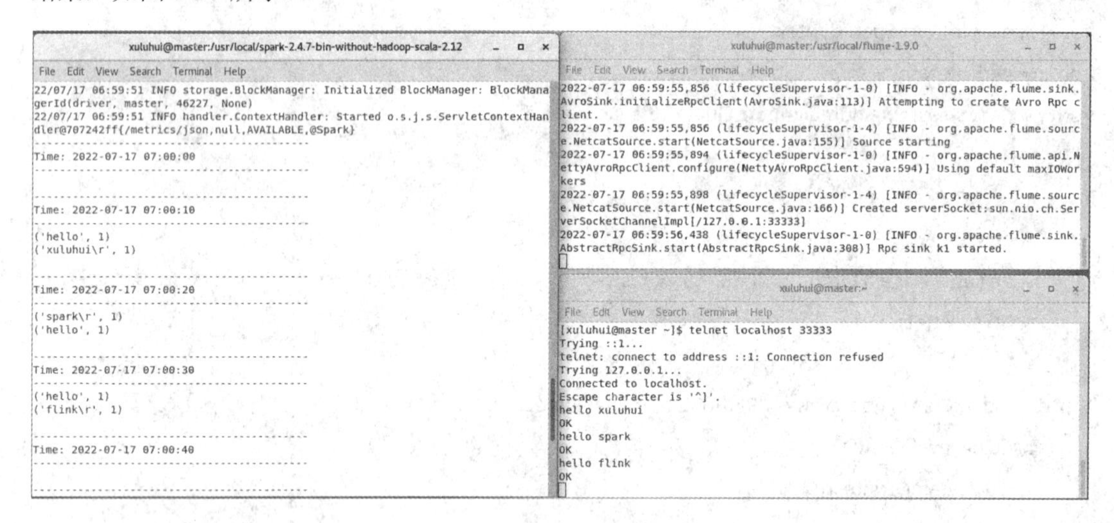

图 8-27　使用 Flume 作为 Spark Streaming 数据源的 Spark Streaming 应用程序测试结果

8.7.6　关闭 Spark 集群

与启动 Spark 集群命令类似，用户可以使用“stop-all.sh”命令关闭整个 Spark 集群，关闭 Spark 集群的具体效果如图 8-28 所示。

```
[xuluhui@master spark-2.4.7-bin-without-hadoop-scala-2.12]$ ./sbin/stop-all.sh
slave1: stopping org.apache.spark.deploy.worker.Worker
slave2: stopping org.apache.spark.deploy.worker.Worker
stopping org.apache.spark.deploy.master.Master
[xuluhui@master spark-2.4.7-bin-without-hadoop-scala-2.12]$
```

图 8-28　使用命令“stop-all.sh”关闭 Spark 集群过程

本 章 小 结

本章简要介绍了 Spark 的功能、来源、特点以及与 Hadoop MapReduce 的对比优势，详细介绍了 Spark 的生态系统、运行架构、RDD 设计思想和操作、运行环境、运行模式、配置文件、Spark Shell 命令等基本知识，最后在上述理论基础上引入综合实战，详细阐述了如何在 Linux 操作系统下部署 Spark 集群，如何使用 Python、Java 或 Scala 进行 RDD 编程、Spark Streaming 编程来实现静态数据的批处理、流式数据的实时处理等实战过程。

Spark 是基于内存计算的大数据并行计算框架，于 2009 年诞生于美国加州大学伯克利分校 AMP 实验室，它在借鉴了 Hadoop MapReduce 优点的同时，很好地解决了其延迟过高的问题，具有运行速度快、易用性、通用性、容错性等特点，更适合迭代计算较多的机器学习运算。Spark 以其结构一体化、功能多元化的优势，逐渐成为当今大数据领域最热门的大数据计算平台。

Spark 生态系统主要包括最基础且最核心的 Spark Core，以及基于 Spark Core 的独立组件：Spark SQL 结构化数据处理框架、Spark Streaming 实时流计算框架、GraphX 图计算框架和 MLlib 机器学习算法库。

Spark 运行架构采用标准的 Master/Slave 架构，Driver 为 Master，负责管理整个集群中作业任务调度，Executor 为 Slave，负责执行任务。其中，集群资源管理器可以是 Spark 自带的资源管理器，也可以是 YARN 或 Mesos 等第三方资源管理框架。

RDD 是 Spark 对数据的核心抽象，它是分布在多个计算节点上可以并行操作的元素集合，每个 RDD 都会被分成多个分区，每个分区可以分布在集群中不同的节点上，从而实现对数据的并行操作。Spark Core 提供了创建和操作 RDD 的多个 API，创建 RDD 有两种方式：一种方式是从文件系统中加载数据创建 RDD 的 textFile()方法，另一种方式是通过并行集合创建 RDD 的 parallelize()方法。RDD 主要支持两种操作：转换操作(Transformation)和行动操作(Action)，例如 map()、filter()等是转换操作，foreach()、collect()等是行动操作。RDD 的转换操作是返回一个新的 RDD 的操作，而行动操作则是向驱动器程序返回结果或把结果写入外部系统的操作，会触发实际的计算。

部署与运行 Spark 所需要的系统环境主要包括操作系统、Java 和 SSH 三部分。另外，若 Spark 采用 HDFS 存储数据，或采用 YARN 管理集群资源，则还需要安装 Hadoop。Spark 支持两种运行模式：本地模式和集群模式。其中，本地模式常用于本地开发测试，包括 Local、Local[*]和 Local[K]；集群模式常用于企业的实际生产环境，根据集群资源管理器的类型主要有 Spark Standalone 模式、Spark on YARN 模式、Spark on Mesos 模式、Spark on Kubernetes 模式等。Spark 配置文件位于目录${SPARK_HOME}/conf 下，其中最重要的配置文件是 slaves 和 spark-env.sh。

针对不同的上层应用，Spark 框架提供了七类统一访问接口，读者应重点掌握 Spark Shell 命令的使用，使用 Scala、Java、Python 等语言进行 RDD、Spark SQL、Spark Streaming、MLlib 等的编程，由于篇幅所限，本章仅介绍了离线批处理的 RDD 编程和在线流处理的 Spark Streaming 编程。

第 9 章　Flink 集群部署与基本编程

学习目标

- 了解 Flink 功能、来源和优势；
- 理解 Flink 技术栈组成及各组件功能；
- 理解 Flink 运行架构；
- 理解 Flink 编程模型，掌握常用的 DataStream API 和 DataSet API；
- 理解 Flink 应用程序结构、批处理和流计算应用程序的编写步骤；
- 理解 Flink 部署要点，包括运行环境、运行模式，配置文件 flink-conf.yaml、masters、workers 等；
- 掌握 Flink Web UI、Flink Shell 常用命令的使用方法，了解 Flink API；
- 熟练掌握在 Linux 环境下部署 Flink Standalone 集群，使用 Python、Java 或 Scala 语言进行 DataSet API 编程和 DataStream API 编程，实现海量数据的批处理、流计算。

9.1　初识 Flink

Apache Flink 是一个开源的、分布式的、高性能的和高可用的大数据计算引擎，具有十分强大的功能，它主要采用 Java 语言编写，实现了 Google Dataflow 流计算模型，同时支持流计算和批处理。

当前，大数据技术正处于快速发展之中，不断有新技术涌现。在 Spark 流行之前，Hadoop 俨然已成为大数据技术的事实标准，在企业中得到了广泛应用，但其本身还存在诸多缺陷，最主要的缺陷是 MapReduce 计算模型延迟过高，无法胜任实时、快速计算的需求，因而只适用离线批处理的应用场景。Spark 在设计上充分吸收和借鉴了 MapReduce 的精髓并加以改进，同时采用了先进的 DAG 执行引擎，以支持循环数据流与内存计算，因此在性能上比 MapReduce 有了大幅度的提升，迅速获得了学界和业界的广泛关注。作为大数据计算平台的后起之秀，Spark 在 2014 年打破了 Hadoop 保持的基准排序纪录，此后逐渐发展成为大数据领域最热门的大数据计算平台之一。但是，Spark 的短板在于无法满足 ms 级别的企业实时数据分析需求，Spark 流计算组件 Spark Streaming 的核心思路是将流数据分解成一系列短小的批处理作业，每个短小的批处理作业都可以使用 Spark Core 进行快速处理。然而 Spark Streaming 在实现高吞吐和容错性的同时，却牺牲了低延迟和实时处理能力，最快只能满足 s 级的实时计算需求，无法满足 ms 级的实时计算需求。由于 Spark Streaming 组件无法满足一些需要更快响应时间的企业应用需求，因此 Spark 社区又推出了 Structured

Streaming。Structured Streaming 是一种基于 Spark SQL 引擎构建的、可扩展且高容错的流处理引擎。Structured Streaming 包括微批处理和持续处理两种处理模型，它在采用微批处理时，最快响应时间需要 100 ms，无法支持 ms 级别响应，而在采用持续处理模型时，可以支持 ms 级别响应，但是只能做到“至少一次”(at least once)一致性，无法做到“精确一次”(exactly once)一致性。因此，市场需要一款能够实现 ms 级别响应并且支持“精确一次”一致性的、高吞吐的、高性能的流计算框架，而 Flink 是当前唯一能够满足上述要求的产品，它正在成为大数据计算领域中流处理的标准。

Flink 起源于柏林工业大学、柏林洪堡大学和哈索·普拉特纳研究所联合开展的一个研究性项目 StratoSphere，该项目早期专注于批计算，后来转向了流计算。2014 年 4 月 StratoSphere 代码被捐赠给 Apache，成为孵化项目。在孵化期间，为了避免与另一个项目重名，StratoSphere 被重新命名为 Flink，同年 12 月，Flink 成为 Apache 顶级项目，开始在开源大数据行业内崭露头角。后来，Flink 团队大部分创始成员离开大学，共同创办了 Data Artisans 公司，该公司于 2019 年 1 月被我国阿里巴巴收购。

目前，Flink 是 Apache 五个最大的大数据项目之一，在越来越多的企业中得到应用。国外的优步、网飞、微软、亚马逊等公司已经开始使用 Flink，国内的阿里巴巴、美团、滴滴等知名 IT 企业都已经开始大规模使用 Flink 作为企业的分布式大数据处理引擎。其中，阿里巴巴于 2016 年正式上线 Flink 搭建的平台，并从“搜索和推荐”这两大场景开始实现，截至目前，阿里巴巴所有业务包括其子公司都采用了基于 Flink 搭建的实时计算平台，服务器规模已经达到数万台，这种规模等级在全球范围内都是屈指可数的，其 Flink 平台内部积累起来的状态数据已经达到 PB 级别规模，每天在平台上处理的数据量已经超过万亿条，在峰值期间可以承担超过 4.72 亿次/s 的访问量，最典型的应用就是阿里巴巴“双 11”大屏。

Flink 具有十分强大的功能，可以支持不同类型的应用程序，世界各地要求严苛的流计算应用都运行在 Flink 上。与 Storm、Spark Streaming 等流计算框架相比，Flink 具有突出的特点，总体而言，其优势包括以下几个方面：

(1) 同时支持高吞吐、低延迟、高性能。Storm 可以做到低延迟，但是无法实现高吞吐；Spark Streaming 可以实现高吞吐，但不具备低延迟；目前只有 Flink 能同时满足以上三个方面需求。

(2) 同时支持流处理和批处理。在 Flink 被推广普及之前，用于批处理和流处理的两套计算引擎是不同的，因此用户通常需要编写两套代码。Flink 不仅擅长流处理，同时也能很好地支持批处理。批处理被视作一种特殊的流处理，因此可以通过一套引擎来处理流数据和批量数据。

(3) 高度灵活的流式窗口。在流计算中，数据流是无限的，无法直接计算，因此 Flink 提出了窗口的概念。一个窗口是若干元素的集合，流计算以窗口为基本单元进行数据处理。窗口可以是时间驱动的，也可以是数据驱动的。Flink 提供了开箱即用的各种窗口，比如滑动窗口、滚动窗口、会话窗口以及非常灵活的自定义窗口。

(4) 支持有状态计算。流计算分为无状态和有状态两种状况，无状态计算观察每个独立的事件，并根据最后一个事件输出结果，Storm 就是无状态计算框架。有状态的计算则会基于多个事件输出结果，正确地实现有状态计算比无状态计算难得多，Flink 就是支持有状态计算的新一代流计算框架。

(5) 具有良好的容错性。Storm 只能实现“至少一次”的容错性，Spark Streaming 虽然可以支持“精确一次”的容错性，但是无法做到 ms 级的实时处理，而 Flink 既实现了“精确一次”的容错性，又可以做到 ms 级的实时处理。

(6) 具有独立的内存管理。Java 本身提供了垃圾回收机制来实现内存管理，但是在大数据面前，JVM 的内存结构和垃圾回收机制往往成为掣肘。Flink 通过序列化和反序列方法，将所有的数据对象抽象成二进制存放在内存中，这样一方面降低了数据存储空间，另一方面能够有效地增加利用内存空间，降低垃圾回收机制带来的性能下降或任务异常风险。

(7) 支持迭代和增量迭代。对某些迭代而言，并不是单次迭代产生的下一次工作集中的每个元素都需要重新参与下一轮迭代，有时只需要重新计算部分数据同时选择性地更新解集，这种形式的迭代就是增量迭代。Flink 的设计思想主要来源于 Hadoop、MPP 数据库和流计算系统等，支持增量迭代计算，具有对迭代进行自动优化的功能。

9.2　Flink 技术栈

Flink 发展愈加成熟，目前已拥有丰富的核心组件栈。如图 9-1 所示，Flink 核心组件栈分为四层：物理部署层、Runtime 核心层、API 和库。

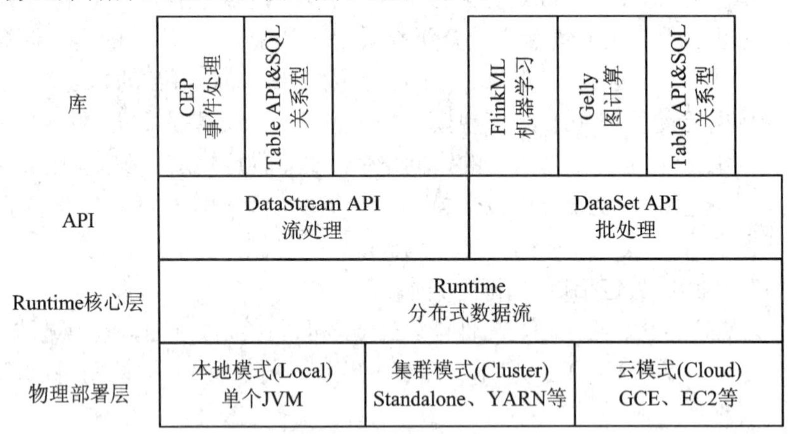

图 9-1　Flink 核心组件栈

1. 物理部署层

Flink 的底层是物理部署层，Flink 可以采用本地模式(Local)运行，也可以采用集群模式(Cluster)运行，如 Standalone 集群模式、YARN 集群模式等，还可以采用云模式(Cloud)运行，如 GCE(谷歌云服务)和 EC2(亚马逊云服务)。

2. Runtime 核心层

Runtime 核心层位于物理部署层的上层，它是 Flink 的核心部分，该层主要负责对上层不同接口提供基础服务。

3. API

API 层提供了两套核心 API：DataStream API(流处理)和 DataSet API(批处理)。

4．库

在核心 API 基础上抽象出不同的应用类型的组件库，如 CEP(基于流处理的事件处理库)、Table API&SQL(既可以基于流处理，也可以基于批处理的关系数据库)、FlinkML(基于批处理的机器学习库)、Gelly(基于批处理的图计算库)等。

这里需要说明的是，Flink 虽然也构建了一个大数据生态系统，功能涵盖流处理、批处理、SQL、图计算和机器学习等，但是，它的强项仍然是流计算，其图计算组件 Gelly 和机器学习组件 FlinkML 并不十分成熟。

9.3　Flink 运行架构

Flink 遵从主从(Master/Slave)架构设计原则，其 Master 为 JobManager，Slave 为 TaskManager。Flink 运行架构如图 9-2 所示。

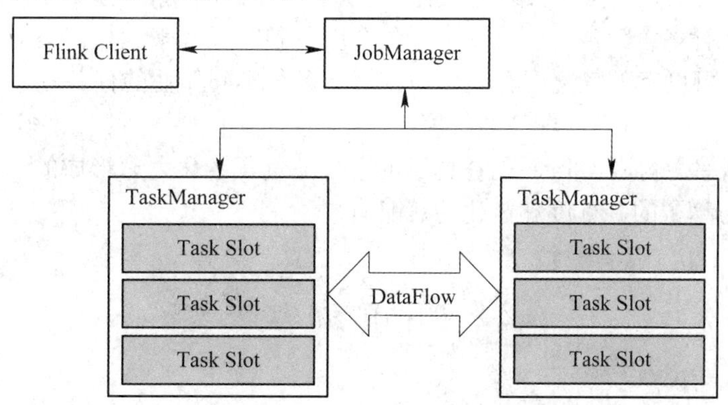

图 9-2　Flink 运行架构

Flink 系统的工作原理为：在执行 Flink 程序时，Flink Client 将任务提交给 JobManager，JobManager 负责协调资源分配和任务执行，它首先要做的是分配所需资源，资源分配完成后，将任务提交给相应的 TaskManager，TaskManager 在接收任务时启动一个线程执行该任务。在任务执行过程中，TaskManager 会向 JobManager 持续报告任务执行的各个状态，例如开始执行、正在进行或已完成。任务执行完成后，其结果将被发送回客户端(JobClient)。

下面介绍 Flink 最重要的两个组件 JobManager 和 TaskManager 的功能。

1．JobManager

JobManager 负责整个 Flink 集群的任务调度以及资源管理，它从客户端中获取提交的应用，然后根据集群中 TaskManager 上 Task Slot 的使用情况，为提交的应用分配相应的 Task Slot 资源，并命令 TaskManager 启动从客户端中获取的应用。为了保证高可用性能，一般会有多个 JobManager 进程同时存在，它们之间也采用主从模式，一个进程被选举为 Leader，其他进程为 Follower。在作业运行期间，只有 Leader 在工作，Follower 是闲置的，一旦 Leader 死亡，就会引发一次选举，产生新的 Leader 继续处理作业。JobManager 除了调度任务，另一个主要工作就是容错，容错主要是依靠检查点机制进行的。

2. TaskManager

TaskManager 相当于整个集群的 Slave 节点，负责具体的任务执行和对应任务在每个节点上的资源申请与管理。客户端通过将编写好的 Flink 应用编译打包并提交到 JobManager，JobManager 会根据已经注册在 JobManager 中 TaskManager 的资源情况，将任务分配给有资源的 TaskManager 节点，然后启动并运行任务。TaskManager 从 JobManager 接收需要部署的任务，然后使用 Slot 资源启动 Task，建立数据接入的网络连接，接收数据并开始数据处理。同时 TaskManager 之间的数据交互都是通过数据流(DataFlow)的方式进行的。

图 9-2 中的 Flink Client 负责接收程序，解析和优化程序的执行计划，然后提交给 JobManager，这里执行的程序优化是将相邻的算子融合，形成“算子链”，以减少任务数量，提高 TaskManager 的资源利用率。

另外，Slot 是 TaskManager 资源粒度的划分，每个 TaskManager 像一个容器一样，包含一个或多个 Slot，每个 Slot 都有自己独立的内存，所有 Slot 都会平均分配 TaskManager 的内存。需要注意的是，Slot 仅划分内存，不涉及 CPU 的划分，即 CPU 是共享使用的。每个 Slot 可以运行多个任务，而且一个任务会以单独的线程来运行。采用 Slot 设计主要有以下三个好处：可以起到隔离内存的作用，防止多个不同作业的任务竞争内存；Slot 的个数就代表了一个 Flink 程序的最高并行度，简化了性能调优的过程；允许多个任务共享 Slot，提升了资源利用率。再者，Task 是在算子的子任务进行链化之后形成的，一个作业中有多少个 Task，它与算子的并行度和链化的策略有关。

9.4 Flink 编程模型

Flink 提供四种级别的抽象来开发流/批处理应用程序，如图 9-3 所示。

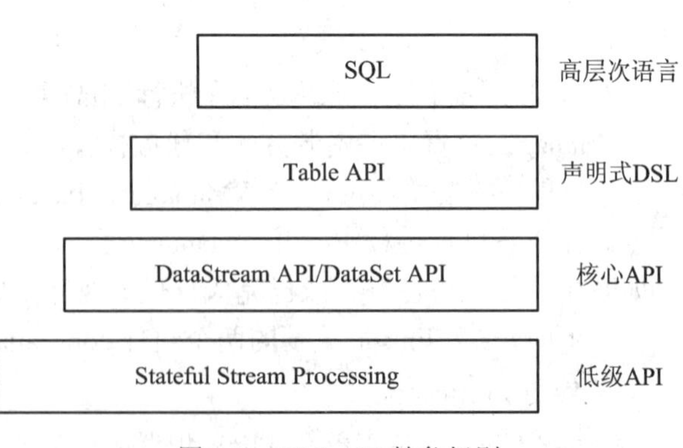

图 9-3　Flink API 抽象级别

(1) 低级 API。最低级的抽象接口是有状态数据流处理接口。这个接口通过过程函数(Process Function)嵌入 DataStream API。该接口允许用户自由地处理来自一个或多个流中的事件，并使用一致的容错状态。另外，用户可以通过注册事件时间并处理回调函数的方法来实现复杂的计算。

(2) 核心 API。实际上，大多数应用并不需要上述低级 API，而是针对核心 API 如 DataStream API(有界/无界数据流)、DataSet API(有界数据集)的编程。核心 API 为数据处理提供了大量的通用模块，包括用户定义的各种变换(Transformations)、连接(Joins)、聚合(Aggregations)、窗口(Windows)、状态(State)等。DataStream API 集成了底层处理函数，可以对一些特定的操作提供更低层次的抽象。DataSet API 为有界数据集提供了一些补充的编程原语，如循环、迭代等。

(3) 声明式 DSL。Table API 是一种以数据表为核心的声明式 DSL，能够动态地修改表

(当处理数据流时)。Table API 是一种扩展的关系模型：Table 有一个附加模式(类似于关系型数据库中的表结构)，且 API 提供了类似操作，如 select、project、join、group by、aggregate 等。Table API 程序定义的是应该执行什么样的逻辑操作，而不是直接准确地指定程序代码运行的具体步骤。尽管 Table API 可以通过自定义函数(UDF)进行扩展，但它在表达能力上仍然不如核心 API，不过它用起来更加简洁(代码量更少)。此外，Table API 程序在执行之前会经过内置优化器的优化。用户可以在表和 DataStream/DataSet 之间无缝切换，以允许程序将 Table API 和 DataStream API/DataSet API 混合使用。

(4) 高层次语言。Flink 提供的最高级接口是 SQL。这个层次的抽象接口在语言和表达能力上与 Table API 非常相似，唯一的区别是高层次语言是通过 SQL 语言实现程序的。SQL 抽象接口和 Table API 交互密切，同时 SQL 查询可以直接在 Table API 定义的表上执行。

接下来重点讲述核心 API：DataStream API 和 DataSet API。

9.4.1 DataStream API

Flink 定义了 DataStream API，可以让用户灵活且高效地编写 Flink 流式应用和批处理应用。DataStream API 主要分为三个部分：数据源模块(DataSource)、数据转换模块(Transformation)和数据输出模块(DataSink)。其中 DataSource 模块定义了数据接入功能，主要是将各种外部数据接入 Flink 系统中，并将接入数据转换成对应的 DataStream 数据集。Transformation 模块定义了对 DataStream 数据集的各种转换操作，比如 map、filter、windows 等操作。DataSink 模块负责把结果数据输出到外部存储介质中，比如文件或 Kafka 等。

1. 数据源模块(DataSource)

DataSource 模块定义了 DataStream API 中的数据输入操作，Flink DataStream 的数据源分为两类：内置数据源和第三方数据源。

1) 内置数据源

(1) 文件数据源。基于文件创建 DataStream 有两种方式：readTextFile 和 readFile。

① readTextFile(path)：通过使用系统默认字符编码逐行读取指定文件来创建 DataStream。

② readFile(fileInputFormat, path)：根据指定的文件输入格式读取一次文件来创建 DataStream。

(2) Socket 数据源。支持从 Socket 端口中接入数据，在 StreamExecutionEnvironment 中调用 socketTextStream()方法。

socketTextStream()：从 Socket 端口中接入数据一般需要提供两个参数，即 IP 地址和端口号。

(3) 集合数据源。Flink 可以直接将 Java 或 Scala 程序中的集合类(collection)转换为 DataStream 数据集，本质上是将本地集合中的数据分发到远端并行执行的节点中。目前 Flink 支持从 Java.util.Collection 和 Java.util.Iterator 转换为 DataStream 数据集。需要注意的是，集合中数据结构的类型必须一致，否则可能会出现数据转换异常。例如：

① fromCollection(Seq)：从 Java.util.Collection 创建 DataStream，所有元素必须属于同一类型。

② fromCollection(Iterator)：从迭代器创建 DataStream。该类指定迭代器返回元素的数

据类型。

③ fromElements(elements: _*)：根据给定的对象序列创建 DataStream。所有对象必须属于同一类型。

④ fromParallelCollection(SplittableIterator)：并行地从迭代器创建 DataStream。该类指定迭代器返回元素的数据类型。

⑤ generateSequence(from, to)：并行生成给定时间间隔内的数字序列。

2) 第三方数据源

在实际应用中，数据源的种类非常多，也比较复杂，内置的数据源很难满足需求，Flink 提供了丰富的第三方数据连接器，可以访问外部数据源。

(1) 数据源连接器。Flink 通过实现 SourceFunction 定义了非常丰富的第三方数据连接器，基本覆盖了大部分的高性能存储介质以及中间件等，其中一部分连接器仅支持读取数据，如 Twiter Streaming API、Netty 等；另外一部分连接器仅支持数据输出(DataSink)，不支持数据输入(DataSource)，如 Apache Cassandra、Elasticsearch、Hadoop FileSystem 等；还有一部分连接器既支持数据输入，又支持数据输出，如 Apache Kafka、Amazon Kinesis、RabbitMQ 等连接器。

(2) 自定义数据源连接器。Flink 中已经实现了大多数主流的数据源连接器，但 Flink 整体架构非常开放，用户可以自定义连接器，以满足不同的数据源的接入需求。可以通过实现 SourceFunction 定义单个线程接入的数据接入器，也可以通过实现 ParallelSourceFunction 接口或继承 RichParalelSourceFuntion 类定义并发数据源接入器。DataSources 定义完成后，可以通过使用 StreamExecutionEnvironment 的 addSource()方法添加数据源，这样就可以将外部系统中的数据转换成 DataStream[T]数据集合，其中 T 类型是 SourceFunction 的返回值类型，然后就可以完成各种流式数据的转换操作了。

2. DataStream 数据转换模块(Transformation)

数据处理的核心是对数据进行各种 Transformation(转换操作)，Flink 流处理数据转换就是将一个或多个 DataStream 转换为新的 DataStream。数据转换模块可以将多个 Transformation 组合成一个复杂的拓扑结构。Flink DataStream 常用的 Transformation 算子如表 9-1 所示。

表 9-1　DataStream 常用 Transformation 算子

Transformation 算子	输入输出类型	说　明
map(func)	DataStream→DataStream	将 DataStream 中的每个元素传递到函数 func 中，并将结果返回为一个新的 DataStream
flatMap(func)	DataStream→DataStream	与 map()类似，但每个输入元素可以映射到 0 到多个输出结果
filter(func)	DataStream→DataStream	筛选出满足函数 func 的元素，并返回一个新的 DataStream
keyBy	DataStream→KeyedStream	根据指定的 Key 将输入 DataStream 转换为 KeyedStream
reduce(func)	KeyedStream→DataStream	将输入的 KeyedStream 通过传入的用户自定义函数 func 滚动地进行数据聚合处理
聚合	KeyedStream→DataStream	根据指定的字段进行聚合操作

3. 数据输出模块(DataSink)

Flink 中将 DataStream 数据输出到外部存储系统的过程定义为 DataSink 操作。Flink DataStream 数据输出类型有两种：基本数据输出和第三方数据输出。基本数据输出包括 writeAsText()/TextOutputFormat、writeAsCsv()/CsvOutputFormatSocket、print()/printToErr()、writeToSocket()等；第三方数据输出包括 Apache Kafka、Apache Cassandra、ElasticSearch、Hadoop FileSystem、RabbitMQ、NIFI 等，通过 addSink()方法完成。

受篇幅所限，最完整权威的 DataStream API 编程指南读者可参阅官网 https://nightlies.apache.org/flink/flink-docs-release-1.11/dev/datastream_api.html 中的内容，需要注意的是，所参阅的内容应与个人采用的 Flink 版本相一致。

9.4.2 DataSet API

跟 DataStream 类似，Flink 也定义了 DataSet API，可以让用户灵活且高效地编写 Flink 批处理应用。DataSet API 也可分为三个部分：DataSource 模块、Transformation 模块以及 DataSink 模块。其中 DataSource 模块定义了数据接入功能，主要是将各种外部数据接入 Flink 系统中，并将接入数据转换成对应的 DataSet 数据集。在 Transformation 模块中定义了对 DataSet 数据集的各种转换操作，比如 map、filter 等操作。最后，将结果数据通过 DataSink 模块写到外部存储介质中，比如将数据输出到文件或 HBase 数据库等。

1. 数据源模块(DataSource)

Flink 面向 DataSet API 的数据源主要包括：文件类数据源、集合类数据源和通用类数据源。

1) 文件类数据源

基于文件创建 DataSet 的方法有：readTextFile(path)、readTextFileWithValue(path)、readCsvFile(path)、readSequenceFile(Key, Value, path)等。

2) 集合类数据源

基于集合创建 DataSet 的方法有：fromCollection(Iterator)、fromElements(elements:_*)、generateSequence(from, to)等。

3) 通用类数据源

DataSet API 提供了通用的数据接口 InputFormat，从而支持接入不同数据源和格式类型的数据。InputFormat 接口主要分为两种类型：一种是基于文件类型的，在 DataSet API 中对应 readFile()方法；另一种是基于通用数据类型接口的，例如读取 RDBMS 或 NoSQL 数据库等，在 DataSet API 中对应 createInput()方法。

2. DataSet 数据转换模块(Transformation)

数据处理的核心是对数据进行各种 Transformation(转换操作)，Flink 批处理数据转换就是将一个或多个 DataSet 转换为一个新的 DataSet。数据转换模块可以将多个转换组合到复杂的程序集中。Flink DataSet 常用的 Transformation 算子多数与 DataStream 的 Transformation 算子相同，此处不再赘述。

3. 数据输出模块(DataSink)

Flink 中将 DataSet 数据输出到外部存储系统的过程定义为 DataSink 操作。Flink DataSet API 中主要提供了三种类型的数据输出：基于文件的输出接口、通用输出接口和客户端输出接口。基于文件的输出接口有 writeAsText()、writeAsCsv()等；通用输出接口指的是可以使用自定义的 OutputFormat 方法来定义与具体存储系统对应的 OutputFormat，例如 JDBCOutputFormat、HadoopOutputFormat 等；DataSet API 提供的 print()方法就是客户端输出接口，需要注意的是，当调用 print()方法把数据集输出到屏幕上后，不能调用 execute()方法，否则会报错。

受篇幅所限，最完整权威的 DataSet API 编程指南读者可参阅官网 https://nightlies.apache.org/flink/flink-docs-release-1.11/dev/batch/中的内容，需要注意的是，所参阅的内容应与个人采用的 Flink 版本相一致。

值得注意的是，DataSet API 会逐渐被弃用，官网建议用 Table API 替代 DataSet API。

9.5 Flink 应用程序编写步骤

一个完整的 Flink 应用程序包括三部分，即数据源(Source)、数据转换(Transformation)和数据输出(Sink)，如图 9-4 所示。

图 9-4　Flink 应用程序结构

9.5.1 Flink 批处理应用程序编写步骤

DataSet 用于 Flink 批处理，用户可以使用 DataSet API 处理批量数据。编写 Flink 批处理应用程序一般包括以下四个步骤：

(1) 建立执行环境。

(2) 创建数据源。

(3) 对数据集指定转换操作。

(4) 输出结果。

例如，下述 Scala 代码段就是一个用于单词词频统计的 Flink 批处理应用程序，数据源为 HDFS 文件。

```
// 第 1 步，建立执行环境
val benv = ExecutionEnvironment.getExecutionEnvironment
// 第 2 步，创建数据源
val lines = bevn.readTextFile("hdfs://master:9000/InputData/file*.txt")
// 第 3 步，对数据集指定转换操作
val wordCount = lines.flatMap(_.spllit(" ")).map((_,1)).groupBy(0).sum(1)
```

```
// 第 4 步，输出结果
wordCount.print()
```

在上述代码段中，Flink 使用 readTextFile()方法直接读取文件数据源，它会逐行读取数据并将其转换成 DataSet 类型的数据集。lines 对象为 org.apache.flink.api.scala.DataSet 类型。

该程序依赖 Flink Scala API，因此，需要首先在项目目录下新建文件 pom.xml，用来声明 Flink 独立应用程序的信息以及与 Flink 的依赖关系，其次需要通过 Maven 进行编译打包。

9.5.2　Flink 流处理应用程序编写步骤

DataStream 用于 Flink 流计算，用户可以使用 DataStream API 处理无界流数据。编写 Flink 流处理应用程序一般包括以下五个步骤：

(1) 建立执行环境。

(2) 创建数据源。

(3) 对数据集指定转换操作。

(4) 指定计算结果输出位置。

(5) 指定名称并触发流计算。

例如，下述 Scala 代码段就是一个用于单词词频统计的 Flink 流处理应用程序，数据源为 Socket 流。

```
// 第 1 步，建立执行环境
val senv = StreamExecutionEnvironment.getExecutionEnvironment
// 第 2 步，创建数据源
val source = sevn.socketTextStream("localhost",9999)
// 第 3 步，对数据集指定转换操作
val dataStream = source.flatMap(_.spllit(" ")).map((_,1)).KeyBy(0).timeWindow(Time.seconds(2), Time.seconds(2)).
sum(1)
// 第 4 步，指定计算结果输出位置
dataStream.print()
// 第 5 步，指定名称并触发流计算
env.execute("Flink Streaming Word Count")
```

在上述代码段中，Flink 通过调用 socketTextStream()方法从 Socket 端口中接入数据，在调用该方法时，一般需要提供两个参数，即 IP 地址和端口，本例中分别为主机名“localhost”、端口号 9999。source 对象为 org.apache.flink.streaming.api.scala.DataStream 类型。

需要注意的是，一定不能忘记第 5 步显式调用 execute()方法，否则前面第 3 步编写的转换操作就不会被真正执行。另外，与上文批处理应用程序相同，需要首先在项目目录下新建文件 pom.xml，用来声明 Flink 独立应用程序的信息以及与 Flink 的依赖关系，其次需要通过 Maven 进行编译打包。

由于篇幅所限，关于 Flink DataStream API 编程指南，读者可参考官网 https://nightlies.apache.org/flink/flink-docs-release-1.11/dev/datastream_api.html 中的内容。

9.6　部署 Flink 要点

9.6.1　Flink 运行环境

部署与运行 Flink 所需要的系统环境，主要包括操作系统、Java 环境和 SSH 三部分。

1. 操作系统

Flink 支持 Windows 和类 UNIX(例如 Linux、Mac OS)操作系统。编者采用的操作系统为 Linux 发行版 CentOS 7。

2. Java 环境

Flink 主要采用 Java 语言编写，因此 Flink 运行需要 Java 环境的支持。每个 Flink 版本对 Java 版本要求不同，例如 Flink 1.11.6 要求 Java 8 及以上。编者采用的 Java 为 Oracle JDK 1.8。

3. SSH

Flink 集群若想运行，其运行平台 Linux 必须安装 SSH，且 sshd 服务必须运行，只有这样，才能使 Flink 集群中的主节点与集群中所有节点建立通信。本书选用的 CentOS 7 自带有 SSH。

另外，若 Flink 采用 HDFS 存储数据，或采用 YARN 管理集群资源，则还需要安装 Hadoop。

9.6.2　Flink 运行模式

目前，Flink 支持三种运行模式：本地模式、集群模式和云模式。其中，集群模式常用于企业的实际生产环境，根据集群资源管理器的类型主要有 Flink Standalone 模式、Flink on YARN 模式、Flink on Mesos 模式、Flink on Kubernetes 模式等。Flink 运行模式有多种，此处介绍常用的三种方式。

1. 本地模式

本地模式是最简单的 Flink 运行模式，只需提前安装好 Java 即可使用，它会启动单个 JVM，主要用于测试、调试代码。

2. Flink Standalone 模式

Flink 可以通过部署与 YARN 架构类似的框架来实现自己的集群模式，该集群模式的架构设计与 HDFS 和 YARN 大同小异，都是由一个主节点和多个从节点组成。在 Flink Standalone 模式中，JobManager 节点为主节点，TaskManager 节点为从节点。

3. Flink on YARN 模式

Flink on YARN 模式就是将 Flink 应用程序运行在 YARN 集群之上的一种运行模式。而 Flink on YARN 的 Job 运行模式可分为以下两类：

(1) 在 YARN 中，初始化一个 Flink 集群，开辟指定的资源，之后提交的 Flink Job 都在此 Flink yarn - session 中，无论提交多少个 Job 都会共用初始化时在 YARN 中申请的资源。

在这种模式下，除非手动停止 Flink 集群，否则 Flink 集群会常驻在 YARN 集群中。

(2) 在 YARN 中，每次提交 Job 都会创建一个新的 Flink 集群，各任务之间相互独立并且方便管理，任务执行完成后该 Flink 集群也会消失。

9.6.3 Flink 配置文件

Flink 配置文件数量不多，都存放在目录${FLINK_HOME}/conf 下，具体的配置文件如图 9-5 所示。

```
[xuluhui@master ~]$ ls /usr/local/flink-1.11.6/conf
flink-conf.yaml              log4j-session.properties  masters
log4j-cli.properties         logback-console.xml       sql-client-defaults.yaml
log4j-console.properties     logback-session.xml       workers
log4j.properties             logback.xml               zoo.cfg
[xuluhui@master ~]$ 
```

图 9-5　Flink 配置文件列表

Flink 配置文件中最重要的是 flink-conf.yaml、masters 和 workers。其中，配置文件 masters 用于指定 Flink 集群的主节点 JobManager；workers 用于指定 Flink 集群的从节点 TaskManager，配置比较简单；配置文件 flink-conf.yaml 是 Flink 的核心配置文件，用于指定 Flink 运行时的各种参数，主要包括基本配置、通用配置、安全配置等，flink-conf.yaml 部分配置参数如表 9-2 所示。其完整参数及说明可查阅网址 https://nightlies.apache.org/flink/flink-docs-release-1.11/ops/config.html 中的内容。

表 9-2　flink-conf.yaml 配置参数(部分)

参数名	说　明	默认值或示例
env.java.home	配置 Java 安装路径	/usr/java/jdk1.8.0_191
jobmanager.rpc.address	JobManager 的 IP 地址或主机名	localhost
jobmanager.memory.flink.size	JobManager 的 Flink 总内存(Total Flink Memory)	1024m
taskmanager.memory.flink.size	TaskManager 的 Flink 总内存(Total Flink Memory)	1024m
taskmanager.numberOfTaskSlots	每个 TaskManager 提供的 TaskSlot 数量	1
parallelism.default	应用程序并行度	1
io.tmp.dirs	Flink 临时数据保存目录	/tmp
high-availability	高可用模式，值必须为“zookeeper”	zookeeper
high-availability.storageDir	JobManager 的元数据持久化保存的位置	hdfs:///flink/ha/
high-availability.zookeeper.quorum	配置独立的 ZooKeeper 集群	master:2181, slave1:2181, slave2:2181
rest.port	Web 运行端口号	8081
historyserver.web.port	基于 Web 的 HistoryServer 的端口号	8082

9.7 Flink 接口

9.7.1 Flink Web UI

Flink Web UI 主要是面向管理员的，从该页面上，管理员可以看到正在执行的和已完成的所有 Flink 应用程序信息，该页面只支持读操作，不支持写操作，它主要包括概览(Overview)、作业(Jobs)、从节点(Task Managers)、主节点(Job Manager)和提交新作业(Submit New Job)五个页面，Flink Web UI 默认地址为 http://JobManagerIP:8081。

1. 概览页面(Overview)

在概览页面中会显示槽(Task Slot)数量、从节点 TaskManager 数量、正在运行作业数量、正在运行作业信息列表等，效果如图 9-6 所示。

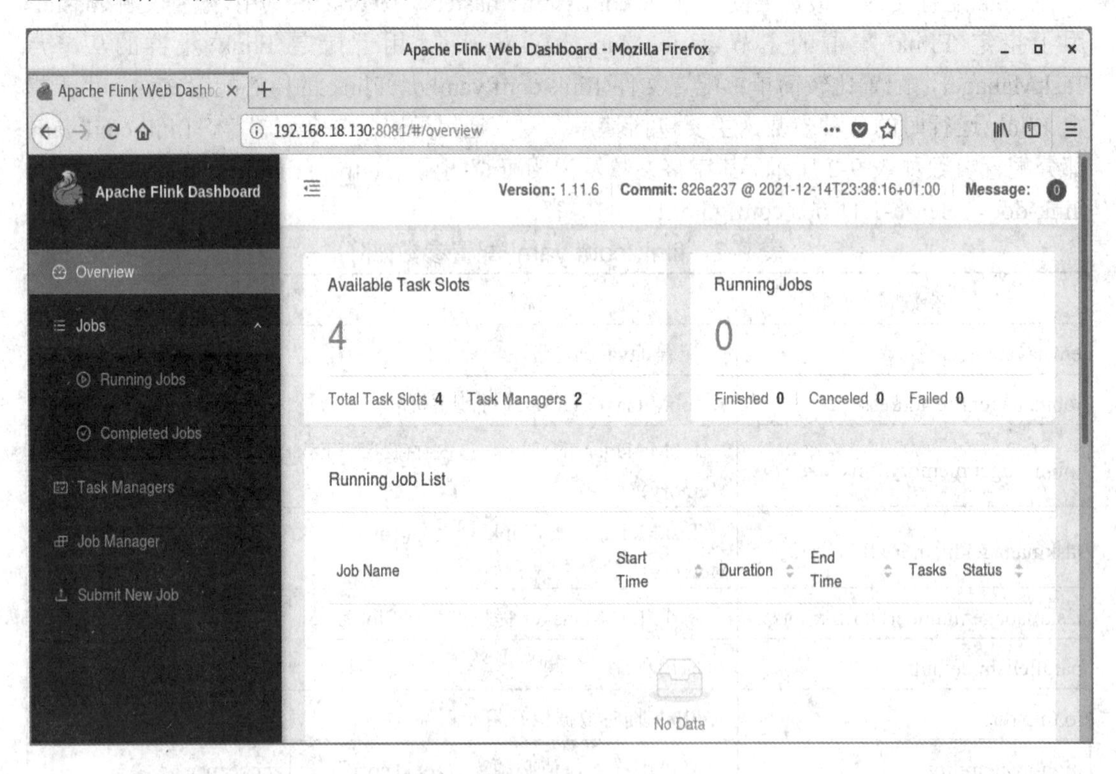

图 9-6 Flink Web UI 的概览页面

2. 作业(Jobs)页面

作业(Jobs)页面分为正在运行作业和已完成作业两个页面。图 9-7 显示了运行完毕的 Flink 示例 Java 程序 WordCount.jar 的状态信息。

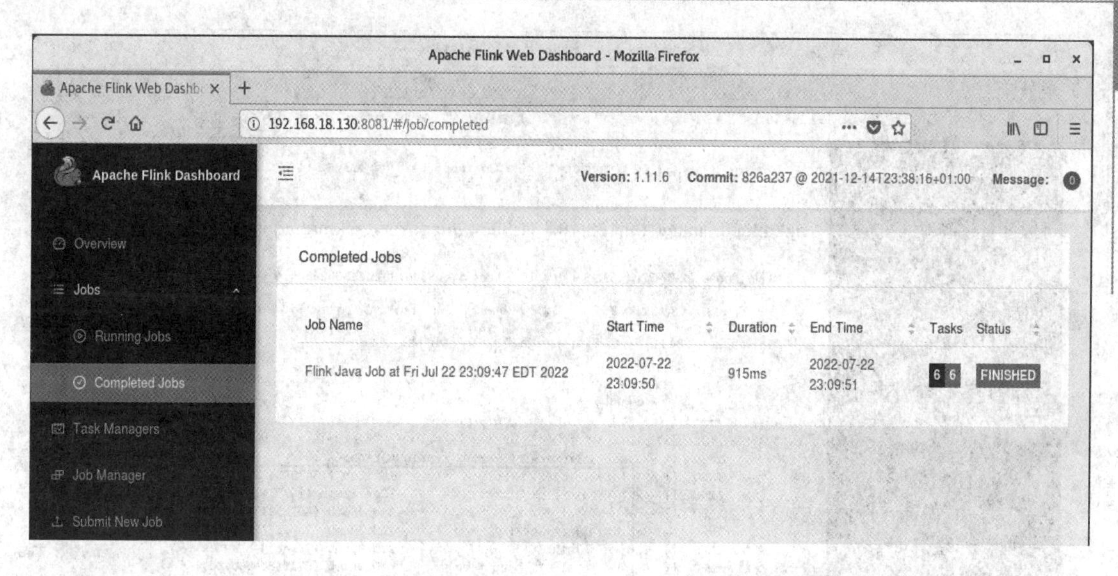

图 9-7　Flink Web UI 作业(Jobs)页面的已完成作业页面

3. 从节点(Task Managers)页面

从节点(Task Managers)的概览页面如图 9-8 所示。从图 9-8 中可以看出，该 Flink 集群有两个 TaskManager，每个 TaskManager 又均有两个 TaskSlot，JVM 堆内存(JVM Heap)大小为 384 MB，Flink 管理内存(Flink Managed Memory)大小为 410 MB。

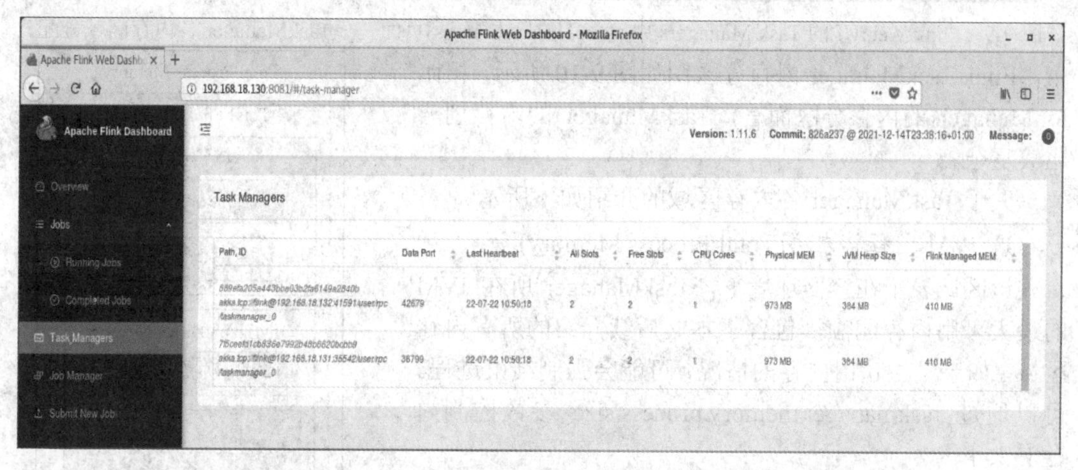

图 9-8　Flink Web UI 的 Task Managers 的概览页面

Task Managers 中节点 slave1 的日志(Logs)页面如图 9-9 所示。从图 9-9 中可以看出 TaskManager 各内存区域的分配大小，9.8.2 节中配置文件 flink-conf.yam 将 TaskManager 的 Flink 总内存(Total Flink Memory)参数“taskmanager.memory.flink.size”设置为 1024MB，Flink 总内存=JVM 堆内存(JVM Heap Memory)+JVM 堆外内存(JVM Off-Heap Memory)，JVM 进程总内存=Flink 总内存(Total Flink Memory)+JVM 元空间(JVM Metaspace)+JVM 运行时开销(JVM Overhead)。

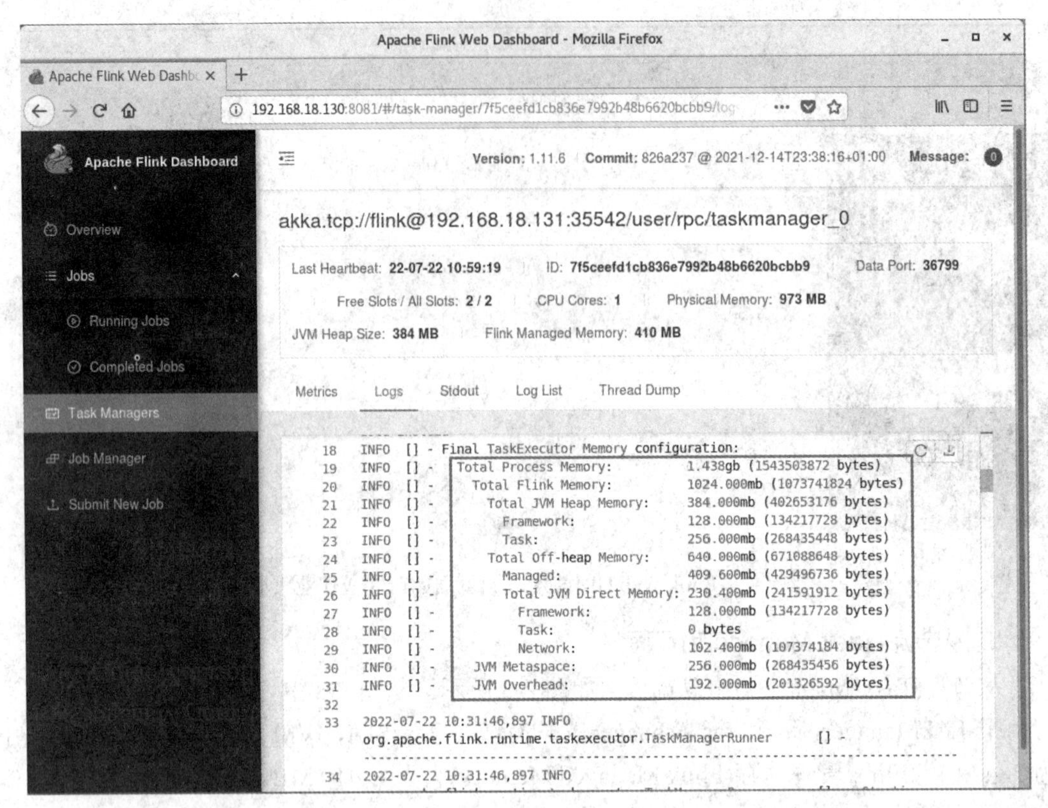

图 9-9　Flink Web UI 的 Task Managers 中 slave1 的日志(Logs)页面——TaskManager 各内存区域分配

Flink TaskManager 内存分区图如图 9-10 所示，相比 JobManager 的内存分区而言，TaskManager 的内存划分比较复杂。

关于 TaskManager 各内存区域的介绍如下所示。

1) JVM 进程总内存(Total Process Memory)

该区域表示在容器环境下，TaskManager 所在 JVM 的最大可用内存配额，包含了本文后续介绍的所有内存区域，如果发生超用内存的情况，可能会强制结束进程。可以通过 taskmanager.memory.process.size 参数控制内存的大小。

如果进程总内存用量超出配额，容器平台通常会直接发送最严格的 SIGKILL 信号(相当于 kill -9)来立即中止 TaskManager，这就可能会造成作业崩溃重启、外部系统资源无法释放等严重后果。因此，在有硬性资源配额检查的容器环境下，一定要妥善设置该参数，在对作业进行充分压力测试后，尽可能预留一部分安全余量，避免 TaskManager 频繁被 KILL 而导致的作业频繁重启。

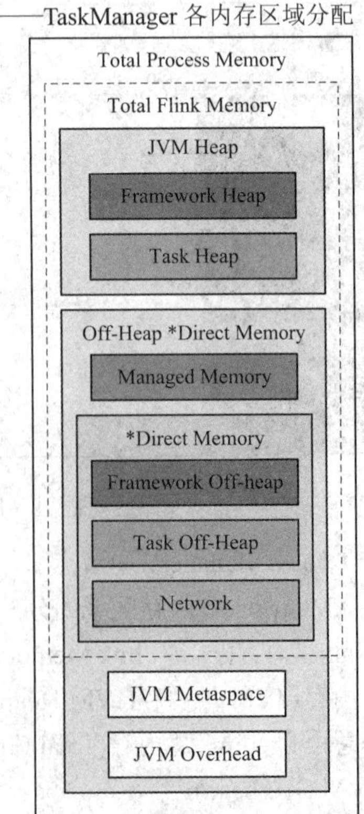

图 9-10　Flink TaskManager 内存分区图

2) Flink 总内存(Total Flink Memory)

该内存区域指的是 Flink 可以控制的内存区域，即上述提到的 JVM 进程总内存减去 Flink 无法控制的 Metaspace(元空间)和 Overhead(运行时开销)区域。Flink 又把这部分内存区域划分为堆内、堆外直接(Direct)、堆外管控(Managed)等不同子区域。

对于没有硬性资源限制的环境，建议使用 taskmanager.memory.flink.size 参数来配置 Flink 总内存的大小，然后 Flink 会根据参数自动计算得到各个子区域的配额。如果作业运行正常，则无须单独调整。

例如，在 4 GB 的进程总内存配置下，JVM 运行时开销占进程总内存的 10%(最多 1 GB)，元空间占 256 MB，堆外直接内存网络缓存占 Flink 总内存的 10%(最多 1 GB)，框架堆和框架堆外各占 128 MB，堆外管控内存占 Flink 总内存的 40%，其他空间留给任务堆，即用户程序代码可以使用的内存空间。

3) JVM 堆内存(JVM Heap Memory)

堆内存是由 JVM 提供给用户程序运行的内存区域，JVM 会按需运行 GC(垃圾回收器)，协助清理失效对象。当任务启动时，ProcessMemoryUtils#generateJvmParametersStr 方法会通过-Xmx、-Xms 参数设置堆内存的最大容量。

Flink 将堆内存从逻辑上划分为“框架堆”和“任务堆”两个子区域，分别通过 taskmanager.memory.framework.heap.size 和 taskmanager.memory.task.heap.size 来指定其大小，框架堆默认是 128 MB，任务堆如果未显式设置其大小，则会通过扣减其他区域配额来计算得到。例如对于 4 GB 的进程总内存，扣除了其他区域后，任务堆可用的只有不到 1.5 GB。

需要注意的是，Flink 自身并不能精确控制框架自身及任务会用多少堆内存，因此上述配置项只提供理论上的计算依据。如果实际用量超出配额，且 JVM 难以回收对象释放空间，则会抛出错误“OutOfMemoryError”，此时 Flink TaskManager 会退出，导致作业崩溃重启。因此对于堆内存的监控是必须要配置的，当堆内存用量超过一定比率，或者 Full GC 时长和次数明显增长时，需要尽快介入并考虑扩容。

4) JVM 堆外内存(JVM Off-Heap Memory)

广义上的堆外内存指的是 JVM 堆之外的内存空间，而这里特指 JVM 进程总内存除了元空间和运行时开销以外的内存区域。因为上述两个区域是由 JVM 自行管理的，Flink 是无法介入的。

(1) 托管内存(Managed Memory)。

默认情况下，托管内存占 40%的 Flink 总内存，导致堆内存可用的量变得相当少。从官方文档和 Flink 源码上来看，托管内存主要有以下三大使用场景：

① 批处理算法，例如排序、HashJoin 等。该算法会从 Flink 的 MemoryManager 请求内存片段(MemorySegment)，而 MemoryManager 则会调用 UNSAFE.allocateMemory 分配堆外内存。

② RocksDB StateBackend，Flink 只会预留一部分内存空间并扣除预算，但是不介入实际内存分配。因此该类型的内存资源被称为 OpaqueMemoryResource，实际的内存分配还是由 JNI 调用的 RocksDB 通过 malloc 函数申请而实现的。

③ PyFlink。与 JNI 类似，PyFlink 在与 Python 进程交互的过程中，也会用到一部分托

管内存。

显然，对于普通的流式 SQL 作业，只有启用了 RocksDB 状态后端，才会大量使用托管内存。因此如果业务场景并未用到 RocksDB，那么可以调小托管内存的相对比例(taskmanager.memory.managed.fraction)或绝对大小(taskmanager.memory.managed.size)，以增大任务堆的空间。

对于 RocksDB 作业，之所以分配了 40%Flink 总内存，是因为 RocksDB 的内存用量确实是个难题。为了避免手动调优的繁杂，Flink 新版内存管理策略默认将 state.backend.rocksdb.memory.managed 参数设为 true，这样就由 Flink 来计算 RocksDB 各部分需要用多少内存，这也是"托管"的含义所在。如果仍然希望精细化手动调整 RocksDB 参数，则需要将上述参数设为 false。

(2) 直接内存(Direct Memory)。

直接内存是 JVM 堆外的一类内存，它提供了相对安全可控但又不受 GC 影响的空间，JVM 参数是-XX:MaxDirectMemorySize.，主要用于以下几个方面：

① 框架自身(taskmanager.memory.framework.off-heap.size 参数，默认 128M，例如 Sort-Merge Shuffle 算法所需的内存)。

② 用户任务(taskmanager.memory.task.off-heap.size 参数，默认设为 0)。

③ Netty 对 Network Buffer 的网络传输(taskmanager.memory.network.fraction 等参数，默认为 0.1，即 10%的 Flink 总内存)。

在生产环境中，如果作业并行度非常大(例如大于 500 甚至 1000)，则需要调大 taskmanager.network.memory.floating-buffers-per-gate(例如从 8 调整到 1000)和 taskmanager.network.memory.buffers-per-channel(例如从 2 调整到 500)，避免 Network Buffer 不足导致作业报错。

5) JVM 元空间(JVM Metaspace)

JVM Metaspace 主要保存了加载的类和方法的元数据，Flink 配置的参数是 taskmanager.memory.jvm-metaspace.size，默认大小为 256 MB，JVM 参数是-XX:MaxMetaspaceSize。

如果用户编写的 Flink 程序中，有大量的动态类加载需求，此时就容易出现元空间用量远超预期，发生 OOM 报错。此时就需要适当调大元空间的大小，或者优化用户程序，及时卸载无用的 Classloader。

6) JVM 运行时开销(JVM Overhead)

除了上述描述的内存区域外，JVM 自己还有一小块"自留地"，用来存放线程栈、编译的代码缓存、JNI 调用的库所分配的内存等，Flink 配置的参数是 taskmanager.memory.jvm-overhead.fraction，默认是 JVM 总内存大小的 10%。

对于旧版本(1.9 及之前)的 Flink，RocksDB 通过 malloc 分配的内存也属于 Overhead 部分，而新版 Flink 把这部分归类到托管内存(Managed)，但由于"FLINK-15532 Enable strict capacity limit for memory usage for RocksDB"问题仍未解决，RocksDB 仍然会少量超用一部分内存。因此在生产环境下，如果 RocksDB 频繁造成内存超用，除了调大 Managed 托管内存外，也可以考虑调大 Overhead 区空间，以留出更多的安全余量。

4. 主节点(Job Manager)页面

主节点分为配置(Configuration)、日志(Logs)、标准输出(Stdout)和日志列表(Log list)四个页面，其中配置标签页如图 9-11 所示。从图 9-11 可以看出上文 flink-conf.yaml 的配置结果。

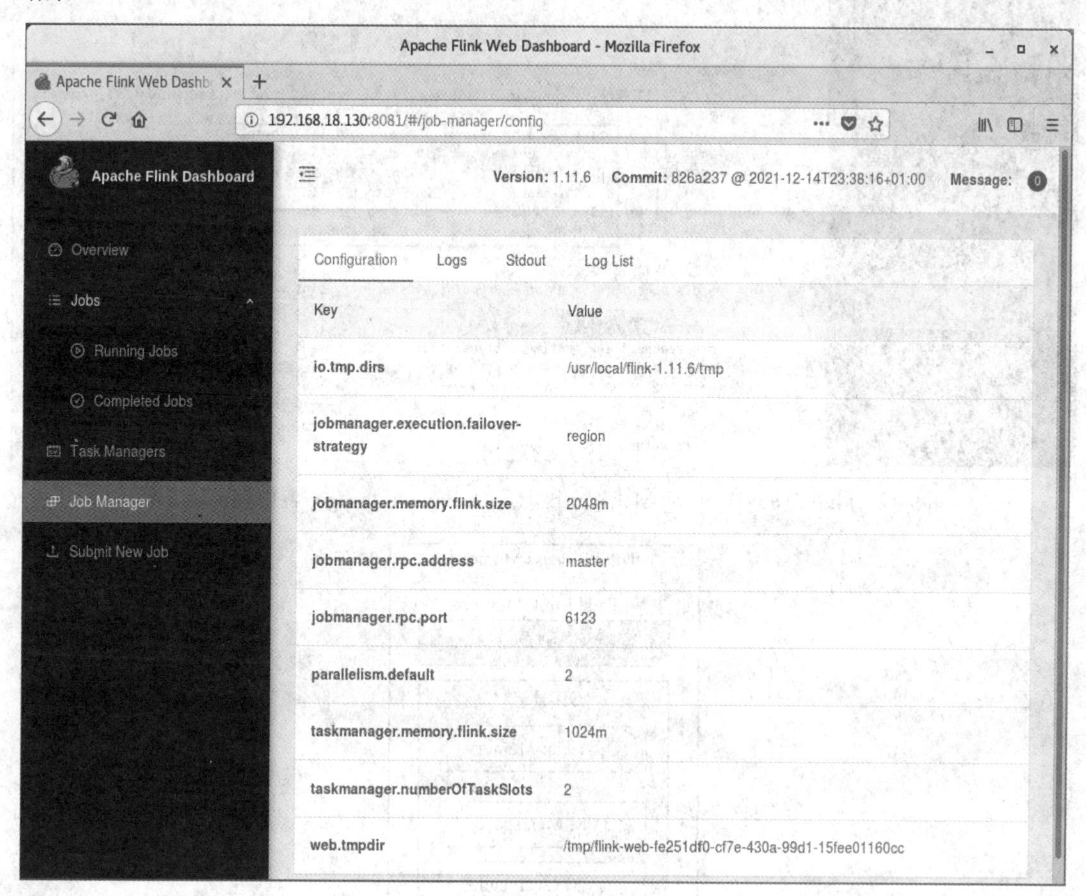

图 9-11　Flink Web UI 的 Job Manager 配置页面

主节点的日志页面显示主节点日志信息，如图 9-12 所示。从图 9-12 中可以看出 JobManager 各内存区域的分配大小，9.8.2 节中配置文件 flink-conf.yam 将 JobManager 的 Flink 总内存参数“jobmanager.memory.flink.size”设置为 2048 MB，Flink 总内存(Total Flink Memory)=JVM 堆内存(JVM Heap Memory)+JVM 堆外内存(JVM Off-Heap Memory)，JVM 进程总内存(Total Process Memory)=Flink 总内存(Total Flink Memory)+JVM 元空间(JVM Metaspace)+JVM 运行时开销(JVM Overhead)。

Flink JobManager 内存分区图如图 9-13 所示。相比 TaskManager 的内存分区而言，JobManager 的内存划分显得相当简单，有 JVM 进程总内存、Flink 总内存、堆内存、堆外内存、JVM 元空间和 JVM 运行时开销，不再区分框架区和用户区，也没有托管内存、网络缓存等其他区域。

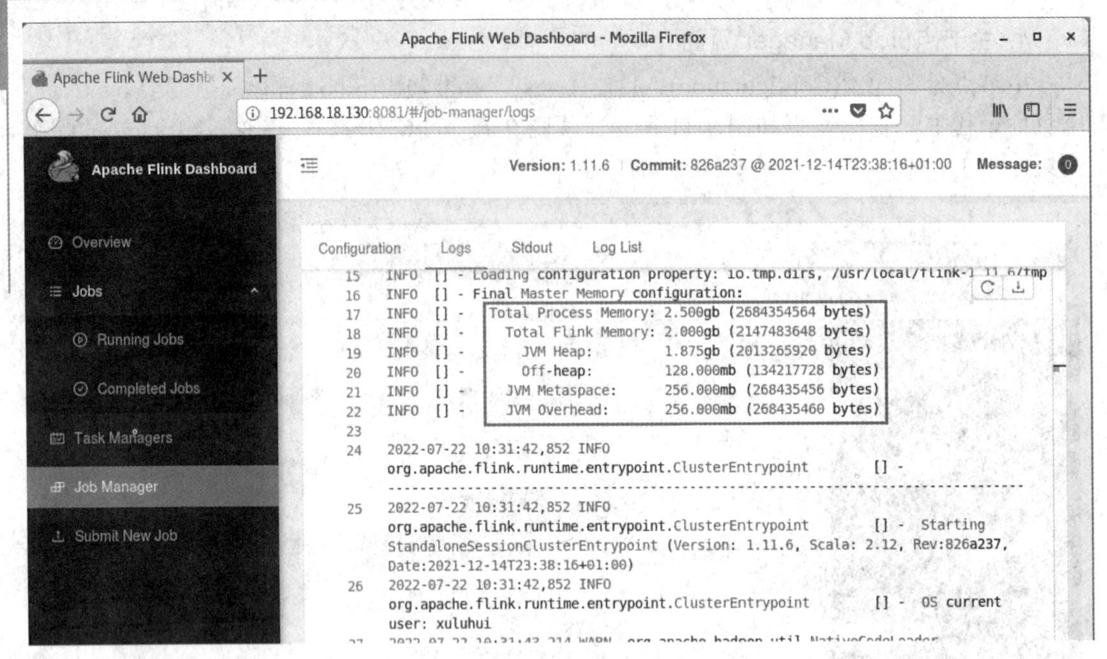

图 9-12　Flink Web UI 的 Job Manager 日志页面——JobManager 各内存区域分配

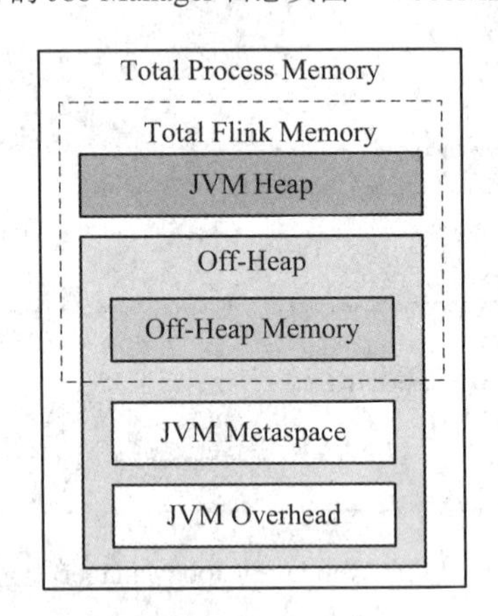

图 9-13　Flink JobManager 内存分区图

关于 JobManager 各内存区域的介绍如下所示。

1) JVM 进程总内存

该区域表示整个 JVM 进程的内存用量，包括其他所有 JobManager 内存区域。它通常用于设定容器环境(YARN、Kubernetes)的资源配额。例如我们设置 Flink 参数 jobmanager.memory.process.size 为 4 GB，那么，如果 JVM 不慎用超了物理内存(RSS、RES 等)，就会面临被强制结束(SIGKILL，相当于 kill -9)的结果。

由于 JobManager 肩负着协调整个作业的重任，还负责与 ZooKeeper 等 HA 服务通信，如果因为资源超用而被直接中止，后果比 TaskManager 更严重，例如之前的最新快照还没来得及确认，就会导致新启动的 JobManager 找不到可用的快照信息，可能造成数据丢失或重复计算的后果。因此在有硬性资源配额检查的容器环境下，需要对作业充分测压后，妥善设置该参数，尽可能预留相当多的安全余量。

2) Flink 总内存

Flink 总内存指的是 JobManager 可以感知并管理的内存区域，即上述提到的 JVM 进程总内存再减去 Flink 无法控制的 Metaspace 和 Overhead 两区域。

可以使用 jobmanager.memory.flink.size 参数来控制 Flink 总内存的阈值，对于非容器环境(例如 Standalone 等部署模式)，可以通过设置这个参数使 Flink 自行计算各个子内存区域的大小。在实际业务场景中，建议 JobManager 的 Flink 总内存不低于 1.5G，以保证作业的稳定性。

3) JVM 堆内存

对于 JobManager 而言，堆内存(JVM 通过-Xmx 和-Xms 参数控制的、可供垃圾回收的内存区域)有如下用途：

(1) Flink 框架自身的开销，例如 RPC 通信、Web UI 缓存、高可用相关的线程等。

(2) 各类新版 Connector 的 SplitEnumerator，用于动态感知和划分数据源的分片。

(3) 在 Session 或 Application 等部署模式下，当用户提交作业时，执行用户程序代码，也可能有内存分配。

(4) Checkpoint 回调函数中的用户代码(CheckpointListener)，用于通知快照完成或失败事件，或执行用户自定义逻辑。

堆内存大小的配置参数是 jobmanager.memory.heap.size。需要特别注意的是，如果配置了该参数，请不要再配置上述提到的 JVM 进程总内存或 Flink 总内存参数，以免配置无效。

在生产环境中经常遇到客户需要通过 MySQL CDC Connector 来访问非常大的表(10 亿条数据)，而 Flink CDC 默认的分块(chunk)大小是 8096 B，这样 SplitEnumerator 就可能产生数十万个分片，导致 JobManager 内存耗尽。针对这个场景，最简单的方法是调大 CREATE TABLE 语句的 WITH 参数中 scan.incremental.snapshot.chunk.size 的值，例如调大至 100 000 B，这样每个分片变大了，总分片数就会大幅减少，JobManager 的堆内存压力也会随之得到释放。但是，当分片变大时，又会面临 TaskManager 的处理压力随之上升的问题。腾讯云流计算 Oceanus 针对上述场景，研发了一个显著缓解在发生超大数据量时 JobManager 堆内存占用的解决方案，相比开源版可以减少约 70%的堆内存占用。

除了 Connector 对 JobManager 造成堆内存压力外，当用户提交 Flink 作业时，如果有额外的长期线程创建(例如通过 Curator 协调多个作业的数据处理范围)，也可能导致提交时的 Classloader 所关联的内存对象无法被回收，最终造成内存泄漏。

4) JVM 堆外内存

JobManager 的堆外内存用量通常不大，分为 JVM 管理的直接内存以及通过 UNSAFE.allocateMemory 分配的原生(Native)内存。

堆外内存的配置参数为 jobmanager.memory.off-heap.size，默认是 128M，用于计算堆内存大小时的扣除量，并不能限制超用。但如果额外配置参数 jobmanager.memory.enable-jvm-direct-memory-limit 为 true，则 Flink 会通过-XX:MaxDirectMemorySize 来严格限制 Direct 区的内存用量。内存一旦真的超用，系统会立刻抛出“OutOfMemoryError: Direct buffer memory”异常信息。

Flink 方面，堆外内存的使用者主要包括 Flink Akka 框架通信，以及用户提交作业时代码(通常很少见)，或者 Checkpoint 回调函数中的用户代码(通常也很少见)。正常情况下，堆外内存出问题的情况非常少。但堆内会时常出现内存耗尽(OutOfMemory，OOM)却又找不到原因的情况，这时就可以尝试启用上述的 limit 限制。

5) JVM 元空间

JVM Metaspace 主要保存了加载的类和方法的元数据，Flink 配置参数为 jobmanager.memory.jvm-metaspace.size，默认大小为 256 MB。

通常无须调整它，除非用户提交 Flink 作业时，用了大量的动态类生成和加载，造成 JVM 报出错误“OutOfMemoryError: Metaspace”。

6) JVM 运行时开销

除了上文描述的堆内、堆外和元空间外，JVM 自身运行时也会有一些内存开销，比如用来存放代码缓存等。Flink 对其的配置参数为 jobmanager.memory.jvm-overhead.fraction，默认为 0.1，即 10%的 JVM 进程总内存；该参数同时也受最小阈值(参数为 jobmanager.memory.jvm-overhead.min，默认为 192 MB)和最大阈值(参数为 jobmanager.memory.jvm-overhead.max，默认为 1 GB)的限制。

9.7.2 Flink Shell

通过 Flink Shell，用户能够向 Flink 集群提交 Flink 应用程序、查看正在运行的 Flink 应用程序情况；还可以通过 Scala Shell 接口使用 Scala 语言进行交互式编程。Flink Shell 命令位于$FLINK_HOME/bin 目录下，如图 9-14 所示。

```
[xuluhui@master flink-1.11.6]$ ls bin
bash-java-utils.jar   kubernetes-session.sh    start-scala-shell.sh
config.sh             mesos-appmaster-job.sh   start-zookeeper-quorum.sh
find-flink-home.sh    mesos-appmaster.sh       stop-cluster.sh
flink                 mesos-jobmanager.sh      stop-zookeeper-quorum.sh
flink-console.sh      mesos-taskmanager.sh     taskmanager.sh
flink-daemon.sh       pyflink-shell.sh         yarn-session.sh
historyserver.sh      sql-client.sh            zookeeper.sh
jobmanager.sh         standalone-job.sh
kubernetes-entry.sh   start-cluster.sh
[xuluhui@master flink-1.11.6]$ 
```

图 9-14　Flink Shell 命令

几个常用的 Flink Shell 命令的功能说明如表 9-3 所示。

表 9-3　几个常用的 Flink Shell 命令的功能说明

Flink Shell 命令	功　能
start-cluster.sh	启动 Flink 集群
stop-cluster.sh	关闭 Flink 集群
start-scala-shell.sh	启动 Scala Shell，使用 Scala 语言进行交互式的 Flink 编程
flink	向 Flink 集群提交 Flink 应用程序，查看正在运行的 Flink 应用程序情况等

表 9-3 中，“start-scala-shell.sh”脚本可以启动 Scala Shell，用户可以使用 Scala 语言进行 Flink 交互式编程，即用户输入一条语句，Scala Shell 会立即执行该命令并返回结果，这

就使得“Scala REPL”可以即时查看中间结果并对程序进行修改，提升程序开发效率，因此 Scala Shell 主要用于开发调试 Flink 程序。目前，Flink 提供了三种 Scala Shell 模式：Local、Remote Cluster 和 YARN Cluster，例如以 Local 模式启动 Scala Shell 的命令如下所示。

```
[xuluhui@master flink-1.11.6]$ ./bin/start-scala-shell.sh local
```

Flink 也提供了 Python Shell，即使用 Python 语言进行 Flink 交互式编程，读者可以首先通过命令“$ python -m pip install apache-flink”安装 PyFlink，然后再通过命令“$ pyflink-shell.sh local”启动 Python Shell。

表 9-3 中，“flink”命令用于运行、查看、停止 Flink 应用程序等，读者可以通过“./bin/flink --help”命令查看其完整帮助文档，其语法格式如下所示。

```
flink <ACTION> [OPTIONS] [ARGUMENTS]
```

对“flink”命令的使用方法简述如下：

(1) flink run [OPTIONS] <jar-file> <arguments>：编译和运行 Flink 程序。

(2) flink info [OPTIONS] <jar-file> <arguments>：显示 Flink 程序的优化执行计划。

(3) flink list [OPTIONS]：显示正在运行或调度的 Flink 程序情况。

(4) flink stop [OPTIONS] <Job ID>：正常停止 Flink 程序，同时还会创建一个保存点以便再次开始。正常停止正在运行的 Flink 流作业的方式，仅适用于 source 实现了 StoppableFunction 接口的作业。

(5) flink cancel [OPTIONS] <Job ID>：取消 Flink 程序，非正常停止作业，相应作业的状态将从“正在运行”转换为“已取消”，任何计算都将停止。

(6) flink savepoint [OPTIONS] <Job ID> [<target directory>]：为给定作业创建或释放保存点。

例如，下述命令用于运行 Flink 样例程序 WordCount.jar。

```
[xuluhui@master flink-1.11.6]$ ./bin/flink run ./examples/batch/WordCount.jar
```

例如，下述命令用于以 JSON 格式显示 Flink 样例程序 WordCount.jar 的执行计划，如图 9-15 所示。

```
[xuluhui@master flink-1.11.6]$ ./bin/flink info ./examples/batch/WordCount.jar
----------------------- Execution Plan -----------------------
{
        "nodes": [

        {
                "id": 4,
                "type": "source",
                "pact": "Data Source",
                "contents": "at getDefaultTextLineDataSet(WordCountData.java:70)
 (org.apache.flink.api.java.io.CollectionInputFormat)",
                "parallelism": "1",
                "global_properties": [
                        { "name": "Partitioning", "value": "RANDOM_PARTITIONED"
},
                        { "name": "Partitioning Order", "value": "(none)" },
                        { "name": "Uniqueness", "value": "not unique" }
                ],
                "local_properties": [
                        { "name": "Order", "value": "(none)" },
                        { "name": "Grouping", "value": "not grouped" },
                        { "name": "Uniqueness", "value": "not unique" }
```

图 9-15　“flink info”命令示例

再如，下述命令用于显示正在运行或调度的 Flink 程序情况，如图 9-16 所示。从图 9-16 中可以看出，Flink Java 作业“02a3ff6c0a2c3e69b0ba9d5e37309567”正处于运行(RUNNING)中。

```
[xuluhui@master flink-1.11.6]$ ./bin/flink list
Waiting for response...
------------------ Running/Restarting Jobs -------------------
22.07.2022 12:09:09 : 02a3ff6c0a2c3e69b0ba9d5e37309567 : Flink Java Job at Fri J
ul 22 12:09:06 EDT 2022 (RUNNING)
--------------------------------------------------------------
No scheduled jobs.
```

图 9-16 “flink list”命令示例

9.7.3 Flink API

Flink API 是面向 Java、Scala、Python 等的编程语言，开发者可以通过这些接口编写 Flink 应用程序。具体的 API 接口可参考官方文档，以 Flink 1.11.6 版本为例，各网址如表 9-4 所示。

表 9-4 Spark API 官方参考网址

API Docs	网 址
Flink Java API(Javadocs)	https://ci.apache.org/projects/flink/flink-docs-release-1.11/api/java
Flink Scala API(Scaladocs)	https://ci.apache.org/projects/flink/flink-docs-release-1.11/api/scala/
Flink Python API(Pythondocs)	https://nightlies.apache.org/flink/flink-docs-release-1.11/api/python/

9.8 综合实战：Flink Standalone 集群部署和基本编程

9.8.1 规划 Flink Standalone 集群

1. Flink Standalone 集群架构规划

本节选用 Flink Standalone 集群模式，关于第三方集群资源管理器如 YARN、Mesos 和 Kubernetes 下的 Flink 集群部署，读者可参考其他资料自行实践，这里不做叙述。

受所用硬件资源限制，本节的 Flink 集群欲使用三台安装有 Linux 操作系统的虚拟机器，机器名分别为 master、slave1 和 slave2。编者做出如下规划：master 机器充当主节点，部署主服务 JobManager 进程；slave1 和 slave2 机器充当从节点，部署从服务 TaskManager 进程；受节点数量限制，编者同时将 master 机器作为向集群提交 Flink 应用程序的客户端使用。另外，本节的 Flink 集群直接使用 HDFS 作为分布式底层存储系统，所以也需要搭建好 Hadoop 集群，并启动 HDFS 相关进程。具体部署规划如表 9-5 所示。

表 9-5　Flink Standalone 集群模式部署规划表

主机名	IP 地址	运行服务	软硬件配置
master	192.168.18.130	NameNode(HDFS 主进程) SecondaryNameNode(与 NameNode 协同工作) JobManager(Flink 主进程)	内存：4 GB CPU：1 个 2 核 硬盘：40 GB 操作系统：CentOS 7.6.1810 Java：Oracle JDK 8u191 Hadoop：Hadoop 2.9.2 Scala：Scala 2.12 Flink：Flink 1.11.6
slave1	192.168.18.131	DataNode(HDFS 从进程) TaskManager(Flink 从进程)	内存：1 GB CPU：1 个 1 核 硬盘：20 GB 操作系统：CentOS 7.6.1810 Java：Oracle JDK 8u191 Hadoop：Hadoop 2.9.2 Scala：Scala 2.12 Flink：Flink 1.11.6
slave2	192.168.18.132	DataNode(HDFS 从进程) TaskManager(Flink 从进程)	内存：1 GB CPU：1 个 1 核 硬盘：20 GB 操作系统：CentOS 7.6.1810 Java：Oracle JDK 8u191 Hadoop：Hadoop 2.9.2 Scala：Scala 2.12 Flink：Flink 1.11.6

2. 软件选择

本节部署 Flink 集群所使用各种软件的名称、版本、发布日期及下载网址如表 9-6 所示。

表 9-6　本节部署 Flink 集群使用的软件名称、版本、发布日期及下载网址

软件名称	软件版本	发布日期	下载网址
VMware Workstation Pro	VMware Workstation 14.5.7 Pro for Windows	2017 年 6 月 22 日	https://www.vmware.com/products/workstation-pro.html
CentOS	CentOS 7.6.1810	2018 年 11 月 26 日	https://www.centos.org/download/
Java	Oracle JDK 8u191	2018 年 10 月 16 日	https://www.oracle.com/technetwork/java/javase/downloads/index.html
Hadoop	Hadoop 2.9.2	2018 年 11 月 19 日	https://hadoop.apache.org/releases.html
Flink	Apache Flink 1.11.6 for Scala 2.12	2021 年 12 月 16 日	https://flink.apache.org/downloads.html

注意，本节采用的Flink版本是1.11.6，三个节点的机器名分别为master、slave1和slave2，IP 地址依次为 192.168.18.130、192.168.18.131 和 192.168.18.132，后续内容均在表 9-5 规划基础上完成，读者务必与之对照确认自己的 Flink 版本、机器名等信息。

9.8.2 部署 Flink Standalone 集群

本节采用的 Flink 版本是 1.11.6，因此本章的讲解都是针对这个版本进行的。尽管如此，由于Flink各个版本在部署和运行方式上的变化不大，因此本节的大部分内容都适用于Flink其他版本。

1. 初始软硬件环境准备

(1) 准备三台机器，安装操作系统，编者使用 CentOS 7.6.1810。

(2) 对集群内每一台机器，配置静态 IP、修改机器名、添加集群级别域名映射、关闭防火墙。

(3) 对集群内每一台机器，安装和配置 Java，要求 Java 8 或更高版本，编者使用 Oracle JDK 8u191。

(4) 安装和配置 Linux 集群中各节点间的 SSH 免密登录。

(5) 在 Linux 集群上部署全分布模式 Hadoop 集群(可选，若 Flink 底层存储采用 HDFS，或资源管理器采用 YARN，则需要部署 Hadoop 集群)。

以上步骤已在本书第 1 章中做过详细介绍，此处不再赘述。

2. 获取 Flink

Flink 官方下载地址为 https://flink.apache.org/downloads.html，建议读者到官网下载稳定版。编者采用 2021 年 12 月 16 日发布的稳定版 Apache Flink 1.11.6 for Scala 2.12，安装包名称为“flink-1.11.6-bin-scala_2.12.tgz”，可存放在 master 机器的目录/home/xuluhui/Downloads 下。

3. 主节点上安装 Flink 并设置属主

在 master 机器上，使用 root 用户解压 flink-1.11.6-bin-scala_2.12.tgz 到相应的安装目录如/usr/local 下，依次使用的命令如下所示。

```
[xuluhui@master ~]$ su root
[root@master xuluhui]# cd /usr/local
[root@master local]# tar -zxvf /home/xuluhui/Downloads/flink-1.11.6-bin-scala_2.12.tgz
```

为了在普通用户下使用 Flink 集群，将 Flink 安装目录的属主设置为相应的 Linux 普通用户如 xuluhui，使用以下命令完成。

```
[root@master local]# chown -R xuluhui /usr/local/flink-1.11.6
```

4. 主节点上配置 Flink

Flink 配置文件数量不多，都存放在目录${FLINK_HOME}/conf 下，具体的配置文件如前文图 8-10 所示。这里编者仅修改 flink-conf.yaml、masters 和 workers 共三个配置文件，以部署 Flink Standalone 集群。

假设当前目录为“/usr/local/flink-1.11.6”，切换到相应的普通用户如 xuluhui 下，在主节点 master 上配置 Spark 的具体过程如下所示。

1) 修改文件 flink-conf.yaml

使用命令"vim conf/flink-conf.yaml"编辑配置文件 flink-conf.yaml，编者具体修改内容如下所示。

```
# 修改 JobManager 的 IP 地址或主机名，按上文规划，本案例将机器名为"master"节点作为 Flink 主节点，因此将原始值"localhost"修改为"master"
jobmanager.rpc.address: master
# 注释掉以下 2 行
# jobmanager.memory.process.size: 1600m
# taskmanager.memory.process.size: 1600m
# 删除以下行的注释，并将值设置为 1024m
taskmanager.memory.flink.size: 1024m
# 增加 1 行，设置 jobmanager.memory.flink.size 值为 2048m
jobmanager.memory.flink.size: 2048m
# 修改每个 TaskManager 提供的 TaskSlot 数量，本案例将原始值"1"修改为"2"
taskmanager.numberOfTaskSlots: 2
# 设置并行度，本案例将原始值"1"修改为"2"
parallelism.default: 2
# 设置 Flink 临时数据保存目录，本案例增加参数"io.tmp.dirs"，并将其值设置为"/usr/local/flink-1.11.6/tmp"
io.tmp.dirs: /usr/local/flink-1.11.6/tmp
```

读者需要注意的是，flink-conf.yaml 文件中参数和值中间的冒号":"后必须加上一个空格，否则会出错。

在上述参数中，参数 io.tmp.dirs 用于指定 Flink 临时数据保存目录，该参数默认值为"/tmp"，由于该文件夹用于存放临时文件，系统会定时自动清理，因此这里将"io.tmp.dirs"设置为"/usr/local/flink-1.11.6/tmp"，其中目录 tmp 不会被自动创建，而是需要手工创建。

2) 修改文件 masters

使用命令"vim conf/masters"编辑配置文件 masters，按上文规划，指定 Flink 集群的主节点为机器"master"，Web 端口号为"8081"。将原始内容"localhost:8081"替换为如下内容：

```
master:8081
```

3) 修改文件 slaves

使用命令"vim conf/workers"编辑配置文件 workers，按上文规划，指定 Flink 集群的从节点为机器"slave1""slave2"，要求一行一个主机名，将原始内容"localhost"替换为如下内容：

```
slave1
slave2
```

5. 创建 tmp 目录

在上一步的修改文件 flink-conf.yaml 中，设置了 Flink 临时数据保存目录"/usr/local/flink-1.11.6/tmp"，Flink 不会自动创建该目录，需要手工创建，使用以下命令完成。

```
[xuluhui@master flink-1.11.6]$ mkdir tmp
```

6. 配置与 Hadoop 集成

如果 Flink 要与 Hadoop 一起使用，例如在 YARN 上运行 Flink、Flink 连接到 HDFS、Flink 连接到 HBase 等，就需要配置 Flink 与 Hadoop 集成所需的相关参数。在 Flink 1.11 版本前，用户可通过下载 Flink 对应 Hadoop 版本的 shaded 包，例如“flink-shaded-hadoop-2-uber-2.8.3-10.0.jar”，并将其放在${FLINK_HOME}/lib 目录下解压。但是从 Flink 1.11 版本开始，Flink 项目不再支持 flink-shaded-hadoop-2-uber 发行版，官网建议通过“HADOOP_CLASSPATH”提供 Hadoop 依赖关系。编者采用下载 flink-shaded-hadoop-2-uber-2.8.3-10.0.jar，并将其放在${FLINK_HOME}/lib 目录下解决此问题，下载链接为 https://repo.maven.apache.org/maven2/org/apache/flink/flink-shaded-hadoop-2-uber/2.8.3-10.0/flink-shaded-hadoop-2-uber-2.8.3-10.0.jar。

7. 同步 Flink 安装文件至所有从节点并设置属主

与 Hadoop 集群相同，由于 Flink 集群所有节点配置相同，因此将 master 机器上已经安装且配置好的 Flink 安装文件全部同步到所有从节点中。切换到 root 用户下，使用“scp”命令将 master 机器中目录“/usr/local/flink-1.11.6”及其子目录和文件全部拷贝至所有从节点 slave1 和 slave2 上。需要注意的是，应按照提示输入“root@slave1's password:”和“root@slave2's password:”的密码，依次使用的命令如下所示。

```
[root@master flink-1.11.6]# scp -r /usr/local/flink-1.11.6 root@slave1:/usr/local/flink-1.11.6
[root@master flink-1.11.6]# scp -r /usr/local/flink-1.11.6 root@slave2:/usr/local/flink-1.11.6
```

然后，依次将所有从节点 slave1、slave2 上的 Flink 安装目录的属主也设置为相应的 Linux 普通用户如 xuluhui，在 slave1 机器上使用以下命令完成。

```
[root@slave1 xuluhui]# chown -R xuluhui /usr/local/flink-1.11.6
```

至此，Linux 集群中各个节点的 Flink 均已安装和配置完毕。

9.8.3　启动 Flink Standalone 集群

在 master 机器上使用命令“start-cluster.sh”启动 Flink 集群，具体效果如图 9-17 所示。

```
[xuluhui@master flink-1.11.6]$ ./bin/start-cluster.sh
Starting cluster.
Starting standalonesession daemon on host master.
Starting taskexecutor daemon on host slave1.
Starting taskexecutor daemon on host slave2.
[xuluhui@master flink-1.11.6]$
```

图 9-17　使用命令“start-cluster.sh”启动 Flink 集群过程

应当注意的是，此命令只能在 master 机器上执行，不可以在其他 slave 机器和客户端机器上执行。

9.8.4　验证 Flink Standalone 集群

启动 Flink 集群后，可通过以下三种方法验证 Flink 集群是否成功部署。

1. 验证进程(方法 1)

在 Flink 集群启动后，若集群部署成功，则通过“jps”命令在 master 机器上可以看到

Flink 主进程“StandaloneSessionClusterEntrypoint”，在 slave1、slave2 机器上可以看到 Flink 从进程“TaskManagerRunner”，具体效果如图 9-18 所示。

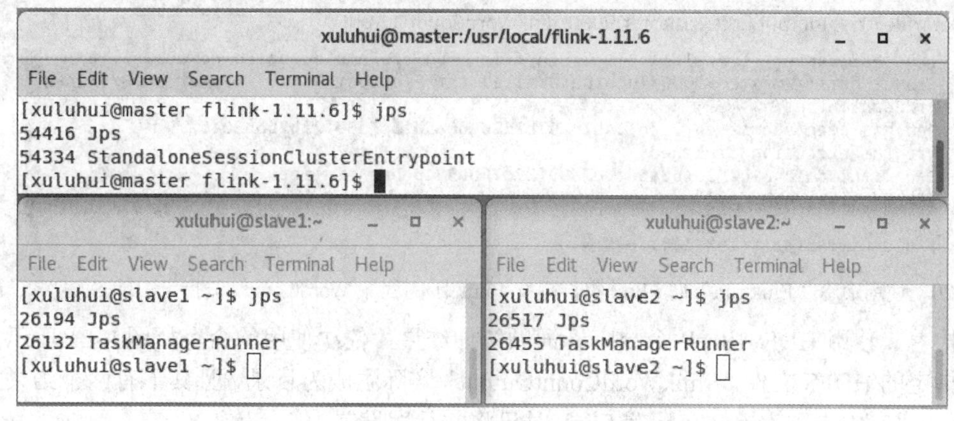

图 9-18　验证 Spark 进程

2. 验证 Flink Web UI(方法 2)

在 Flink 集群启动后，若集群部署成功，可以通过浏览器输入地址 http://MasterIP:8081 即可看到 Flink Web UI，效果如前文图 9-6 所示。

3. 验证提交 Flink 样例程序(方法 3)

在 Flink 集群启动后，若集群部署成功，还可以通过 Flink Shell 命令“flink run”向 Flink 集群提交 Flink 应用程序。接下来以 Flink 样例程序 WordCount 为例，介绍 Flink 应用程序的提交、运行和查看结果的详细过程，WordCount 的 jar 包位于目录/usr/local/flink-1.11.6/examples/batch/WordCount.jar 下。

(1) 不指定输入、输出文件，使用的命令如下所示，运行过程及结果如图 9-19 所示。

```
[xuluhui@master flink-1.11.6]$ ./bin/flink run ./examples/batch/WordCount.jar
```

```
[xuluhui@master flink-1.11.6]$ ./bin/flink run ./examples/batch/WordCount.jar
Executing WordCount example with default input data set.
Use --input to specify file input.
Printing result to stdout. Use --output to specify output path.
Job has been submitted with JobID 02a3ff6c0a2c3e69b0ba9d5e37309567
Program execution finished
Job with JobID 02a3ff6c0a2c3e69b0ba9d5e37309567 has finished.
Job Runtime: 2983 ms
Accumulator Results:
- 39278c7756ed19d214d9edbe8a3e7945 (java.util.ArrayList) [170 elements]


(action,1)
(after,1)
(against,1)
(and,12)
(arms,1)
(arrows,1)
(awry,1)
(ay,1)
(bare,1)
```

图 9-19　使用命令“flink run”向 Flink 集群提交 Flink 示例程序 WordCount.jar(不指定输入、输出)

(2) 指定输入、输出文件，此处为 HDFS 文件，使用的命令如下所示。其中输入 HDFS 文件“/InputData/file1.txt”已存在，文件内容与【案例 2-1】相同，且输出 HDFS 文件

"/flinkWordCountOutput"不存在，运行过程及结果如图 9-20 所示。

```
[xuluhui@master flink-1.11.6]$ ./bin/flink run ./examples/batch/WordCount.jar --input hdfs://master:9000/InputData/file1.txt --output hdfs://master:9000/flinkWordCountOutput
```

```
[xuluhui@master flink-1.11.6]$ ./bin/flink run ./examples/batch/WordCount.jar -
-input hdfs://master:9000/InputData/file1.txt --output hdfs://master:9000/flinkW
ordCountOutput
Job has been submitted with JobID 81b253dc68a5df3c7a09f32b75bb3646
Program execution finished
Job with JobID 81b253dc68a5df3c7a09f32b75bb3646 has finished.
Job Runtime: 6535 ms

[xuluhui@master flink-1.11.6]$
```

图 9-20　使用命令"flink run"向 Flink 集群提交 Flink 示例程序 WordCount.jar(指定 HDFS 输入、输出)

接着，使用 HDFS Shell 命令查看词频统计结果，依次使用的命令如图 9-21 所示。之所以指定的 HDFS 文件"/flinkWordCountOutput"实际生成为目录，且其下有两个结果文件"1"和"2"，是因为上文在配置 Flink 时已将并行度设置为 2。

```
[xuluhui@master flink-1.11.6]$ hadoop fs -ls /flinkWordCountOutput
Found 2 items
-rw-r--r--   3 xuluhui supergroup         20 2022-07-22 12:19 /flinkWordCountOut
put/1
-rw-r--r--   3 xuluhui supergroup         26 2022-07-22 12:19 /flinkWordCountOut
put/2
[xuluhui@master flink-1.11.6]$ hadoop fs -cat /flinkWordCountOutput/1
hdfs 1
university 1
[xuluhui@master flink-1.11.6]$ hadoop fs -cat /flinkWordCountOutput/2
hadoop 1
hello 3
xijing 1
[xuluhui@master flink-1.11.6]$
```

图 9-21　HDFS Shell 命令查看 Flink 示例程序 WordCount.jar 运行结果

前图 9-2 中 Flink 作业"81b253dc68a5df3c7a09f32b75bb3646"执行过程情况可以通过 Flink Web UI 查看，如图 9-22 所示。从图 9-22 中可以看出，其 DataSource 模块、Transformation 模块、DataSink 模块并行度为 2，各占用两个 Task Slot，共计使用六个 Task Slot。

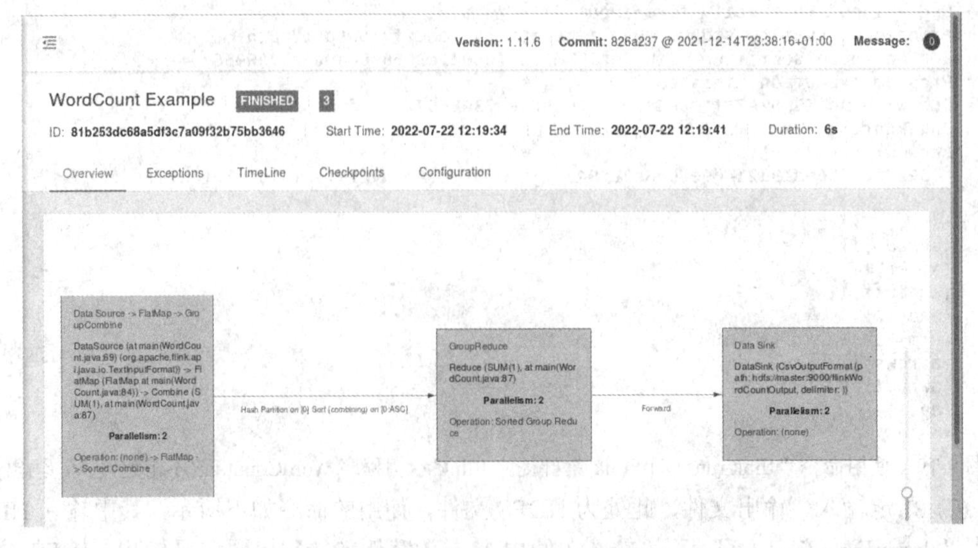

图 9-22　Flink 示例程序 WordCount.jar(指定 HDFS 输入、输出)的 Web UI 运行概览页面

当然，我们也可以通过选项参数“--parallelism”将并行度设置为 1，使用的命令如下所示。此时输出 HDFS“/flinkWordCountOutput2”不是目录而是文件，运行过程及结果如图 9-23 所示。

```
[xuluhui@master flink-1.11.6]$ ./bin/flink run --parallelism 1 ./examples/batch/WordCount.jar --input hdfs://master:9000/InputData/file1.txt --output hdfs://master:9000/flinkWordCountOutput2
```

```
[xuluhui@master flink-1.11.6]$ ./bin/flink run --parallelism 1 ./examples/batch/
WordCount.jar  --input hdfs://master:9000/InputData/file1.txt --output hdfs://ma
ster:9000/flinkWordCountOutput2
Job has been submitted with JobID 1fec654bde93b05efd2790e1b311707d
Program execution finished
Job with JobID 1fec654bde93b05efd2790e1b311707d has finished.
Job Runtime: 2244 ms

[xuluhui@master flink-1.11.6]$ hadoop fs -cat /flinkWordCountOutput2
hadoop 1
hdfs 1
hello 3
university 1
xijing 1
[xuluhui@master flink-1.11.6]$
```

图 9-23　Flink 示例程序 WordCount.jar(指定 HDFS 输入、输出)指定选项参数“--parallelism 1”运行过程及结果

上述 Flink 作业“1fec654bde93b05efd2790e1b311707d”执行过程情况可以通过 Flink Web UI 查看，如图 9-24 所示。从图 9-24 中可以看出，其 DataSource 模块、Transformation 模块、DataSink 模块并行度为 1，各占用一个 Task Slot，共计使用三个 Task Slot。

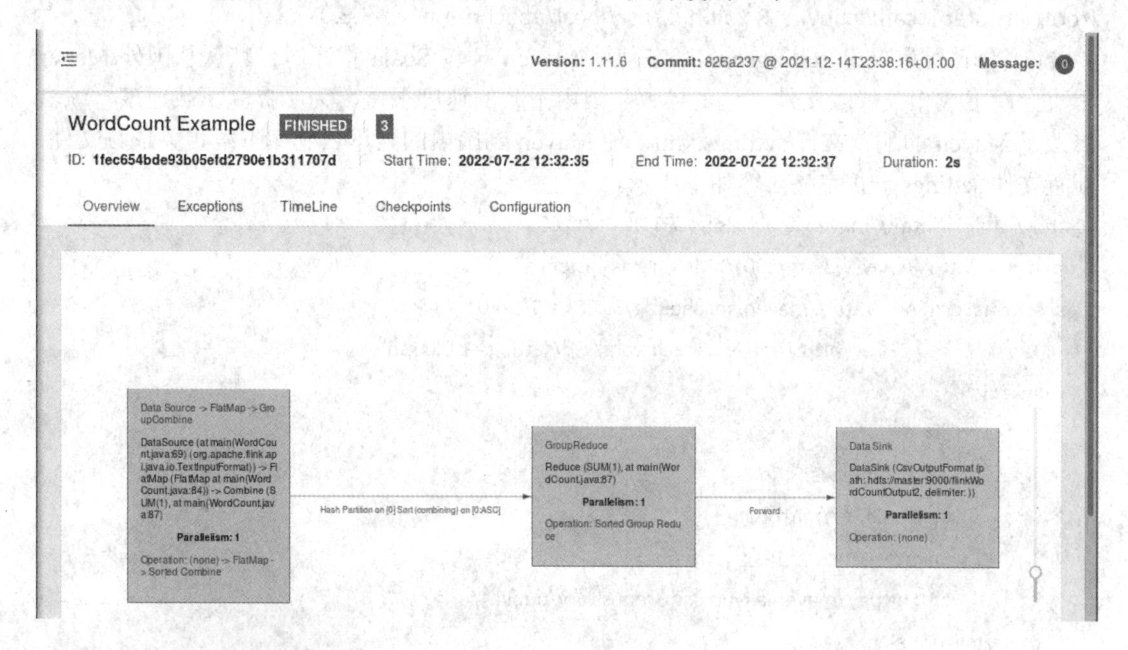

图 9-24　Flink 示例程序 WordCount.jar(指定 HDFS 输入、输出)指定选项参数“--parallelism 1”的 Web UI 运行概览页面

Flink 示例程序 WordCount.jar 设置并行度为 1 和 2 运行完毕后 Flink Web UI 效果对比如图 9-25 所示。

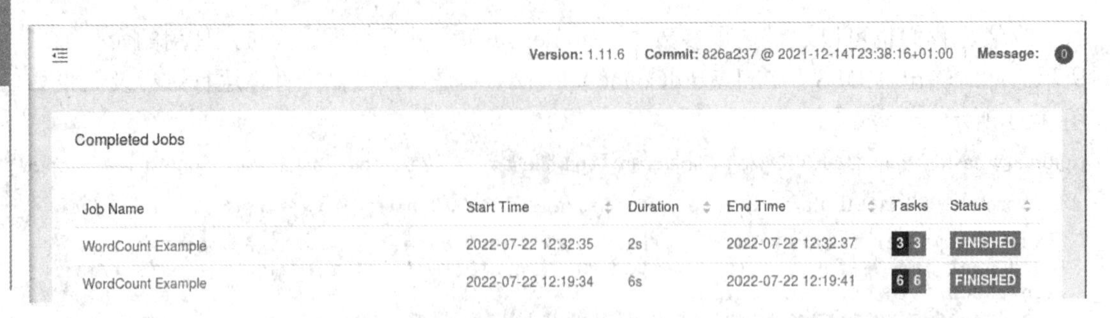

图 9-25 Flink 示例程序 WordCount.jar 设置并行度为 1 和 2 运行完毕后 Flink Web UI 效果

9.8.5 开发 Flink 独立应用程序

本节介绍如何开发 Flink 独立应用程序，借助文本编辑器 vim，使用 Scala 语言编写 Flink 程序，然后使用 Maven 编译打包程序，最后使用“flink run”命令运行 Flink 程序。

CentOS 7 中没有自带安装 Maven，需要手工安装 Maven，步骤如下所示。

(1) 下载 Maven。读者可以访问 Maven 官网 https://downloads.apache.org/maven 下载安装文件，编者下载的是文件 apache-maven-3.6.3-bin.tar.gz。

(2) 安装 Maven。将 Maven 安装到/usr/local 目录下，依次使用的命令如下所示。

```
[root@master xuluhui]# cd /usr/local
[root@master local]# tar -zxvf /home/xuluhui/Downloads/apache-maven-3.6.3-bin.tar.gz
[root@master local]# chown -R xuluhui /usr/local/apache-maven-3.6.3
```

(3) 修改配置文件 settings.xml。在使用 Maven 打包 Scala 程序时，默认从国外 Maven 中央仓库下载相关依赖文件，这就导致从国内下载的速度很慢，为了提高下载速度，编者修改了 Maven 的配置文件 settings.xml，使 Maven 到国内的阿里云仓库下载相关依赖文件，配置文件 settings.xml 完整内容如下所示。

```
<settings xmlns="http://maven.apache.org/SETTINGS/1.0.0"
  xmlns:xsi="http://www.w3.org/2001/XMLSchema-instance"
  xsi:schemaLocation="http://maven.apache.org/SETTINGS/1.0.0
                          http://maven.apache.org/xsd/settings-1.0.0.xsd">
    <mirrors>
        <mirror>
            <id>aliyunmaven</id>
            <mirrorOf>*</mirrorOf>
            <name>阿里云公共仓库</name>
            <url>https://maven.aliyun.com/repository/public</url>
        </mirror>
        <mirror>
            <id>aliyunmaven</id>
            <mirrorOf>*</mirrorOf>
            <name>阿里云谷歌仓库</name>
```

```
            <url>https://maven.aliyun.com/repository/google</url>
        </mirror>
        <mirror>
            <id>aliyunmaven</id>
            <mirrorOf>*</mirrorOf>
            <name>阿里云阿帕奇仓库</name>
            <url>https://maven.aliyun.com/repository/apache-snapshots</url>
        </mirror>
        <mirror>
            <id>aliyunmaven</id>
            <mirrorOf>*</mirrorOf>
            <name>阿里云 spring 仓库</name>
            <url>https://maven.aliyun.com/repository/spring</url>
        </mirror>
        <mirror>
            <id>aliyunmaven</id>
            <mirrorOf>*</mirrorOf>
            <name>阿里云 spring 插件仓库</name>
            <url>https://maven.aliyun.com/repository/spring-plugin</url>
        </mirror>
    </mirrors>
</settings>
```

【案例 9-1】 使用 DataSet API，并采用 Scala 语言编写 Flink 批处理程序，实现对内容为英文字符的 HDFS 文件的数据读取，统计单词词频，并将处理结果输出到 HDFS 文件中。

(1) 编写代码。

首先，创建 Flink 应用程序目录/usr/local/flink-1.11.6/flinkBatchWordCount/src/main/scala，在 Linux 终端中使用如下命令完成。

```
[xuluhui@master flink-1.11.6]$ mkdir -p ./flinkBatchWordCount/src/main/scala
```

其次，使用 vim 编辑器在./flinkBatchWordCount/src/main/scala 目录下新建代码文件 flinkBatchWordCount.scala，源代码如下所示。

```
package com.xijing.flink

import org.apache.flink.api.scala._

object flinkBatchWordCount {
    def main(args: Array[String]): Unit = {

        //第 1 步：建立执行环境
        val env = ExecutionEnvironment.getExecutionEnvironment
```

```
        //第 2 步：创建数据源
        val text = env.readTextFile("hdfs://master:9000/InputData/file1.txt")

        //第 3 步：对数据集指定转换操作
        val counts = text.flatMap { _.toLowerCase.split(" ") }
            .map { (_, 1) }
            .groupBy(0)
            .sum(1)

        // 第 4 步：输出结果
        counts.writeAsText("hdfs://master:9000/flinkBatchWordCountOutput")

        // 当 DataSet 数据输出为文件时，必须调用 execute()方法，否则无法将数据集输出到文件
        env.execute()
    }
}
```

最后，编写 pom.xml 文件，用来声明该独立应用程序的信息以及与 Flink 的依赖关系。由于该程序依赖 Flink Scala API，因此需要通过 Maven 进行编译打包，在应用程序根目录./flinkBatchWordCount 下新建文件 pom.xml，具体内容如下所示。由于本案例使用 HDFS 文件作为数据源 DataSource 和数据输出 DataSink，故需要在文件 pom.xml 中添加与访问 HDFS 相关的依赖包 hadoop-common 和 hadoop-client。

```
<project>
    <groupId>com.xijing.flink</groupId>
    <artifactId>flinkBatchWordCount</artifactId>
    <modelVersion>4.0.0</modelVersion>
    <name>flinkBatchWordCount</name>
    <packaging>jar</packaging>
    <version>1.0</version>
    <repositories>
        <repository>
            <id>alimaven</id>
            <name>aliyun maven</name>
            <url>http://maven.aliyun.com/nexus/content/groups/public/</url>
        </repository>
    </repositories>
    <dependencies>
        <dependency>
            <groupId>org.apache.flink</groupId>
```

```
            <artifactId>flink-scala_2.12</artifactId>
            <version>1.11.6</version>
        </dependency>
        <dependency>
            <groupId>org.apache.flink</groupId>
            <artifactId>flink-streaming-scala_2.12</artifactId>
            <version>1.11.6</version>
        </dependency>
        <dependency>
            <groupId>org.apache.flink</groupId>
            <artifactId>flink-clients_2.12</artifactId>
            <version>1.11.6</version>
        </dependency>
        <dependency>
            <groupId>org.apache.hadoop</groupId>
            <artifactId>hadoop-common</artifactId>
            <version>2.9.2</version>
        </dependency>
        <dependency>
            <groupId>org.apache.hadoop</groupId>
            <artifactId>hadoop-client</artifactId>
            <version>2.9.2</version>
        </dependency>
    </dependencies>
    <build>
        <plugins>
            <plugin>
                <groupId>net.alchim31.maven</groupId>
                <artifactId>scala-maven-plugin</artifactId>
                <version>3.4.6</version>
                <executions>
                    <execution>
                        <goals>
                            <goal>compile</goal>
                        </goals>
                    </execution>
                </executions>
            </plugin>
            <plugin>
```

```
                <groupId>org.apache.maven.plugins</groupId>
                <artifactId>maven-assembly-plugin</artifactId>
                <version>3.0.0</version>
                <configuration>
                    <descriptorRefs>
                        <descriptorRef>jar-with-dependencies</descriptorRef>
                    </descriptorRefs>
                </configuration>
                <executions>
                    <execution>
                        <id>make-assembly</id>
                        <phase>package</phase>
                        <goals>
                            <goal>single</goal>
                        </goals>
                    </execution>
                </executions>
            </plugin>
        </plugins>
    </build>
</project>
```

(2) 使用 Maven 编译打包程序。

切换到 Flink 应用程序根目录下，使用“mvn package”命令将整个应用程序打包成 jar 包，由于需要下载相关依赖包，因此要求计算机保持联网状态。另外，首次运行打包命令时，Maven 会自动下载依赖包，需要消耗几分钟时间。依次使用的命令如下所示，打包过程及结果(部分)如图 9-26 所示。若屏幕返回的信息中包含“BUILD SUCCESS”，则说明生成 jar 包成功。

```
[xuluhui@master flink-1.11.6]$ cd flinkBatchWordCount
[xuluhui@master flinkBatchWordCount]$ /usr/local/apache-maven-3.6.3/bin/mvn package
```

```
[xuluhui@master flinkBatchWordCount]$ /usr/local/apache-maven-3.6.3/bin/mvn pack
age
[INFO] Scanning for projects...
[INFO]
[INFO] ---------------< com.xijing.flink:flinkBatchWordCount >----------------
[INFO] Building flinkBatchWordCount 1.0
[INFO] --------------------------------[ jar ]--------------------------------
Downloading from aliyunmaven: https://maven.aliyun.com/repository/public/org/apa
che/hadoop/hadoop-common/2.9.2/hadoop-common-2.9.2.pom
Downloaded from aliyunmaven: https://maven.aliyun.com/repository/public/org/apac
he/hadoop/hadoop-common/2.9.2/hadoop-common-2.9.2.pom (35 kB at 29 kB/s)
Downloading from aliyunmaven: https://maven.aliyun.com/repository/public/org/apa
```

```
[INFO] Building jar: /usr/local/flink-1.11.6/flinkBatchWordCount/target/flinkBat
chWordCount-1.0-jar-with-dependencies.jar
[INFO] ------------------------------------------------------------------------
[INFO] BUILD SUCCESS
[INFO] ------------------------------------------------------------------------
[INFO] Total time:  01:30 min
[INFO] Finished at: 2022-07-22T23:04:01-04:00
[INFO] ------------------------------------------------------------------------
```

图 9-26 使用命令“mvn package”打包过程及结果(部分)

经过上述编译并打包成功后，会在 target 子目录生成两个 jar 包：flinkBatchWordCount-1.0.jar 和 flinkBatchWordCount-1.0-jar-with-dependencies.jar。其中 flinkBatchWordCount-1.0.jar 不包含相关依赖 jar 包，而 flinkBatchWordCount-1.0-jar-with-dependencies.jar 则包含了运行这个 Flink 程序所需要的所有相关依赖 jar 包。

(3) 通过 flink run 命令运行程序。

由于是在当前实验环境下运行该程序，因此不需要依赖外部 jar 包，使用“flink run”命令将 flinkBatchWordCount-1.0.jar 提交到 Flink 集群中运行，具体命令如下所示，运行过程如图 9-27 所示。

```
[xuluhui@master flinkBatchWordCount]$ /usr/local/flink-1.11.6/bin/flink run --class com.xijing.flink.flinkBatchWordCount./target/flinkBatchWordCount-1.0.jar
```

```
[xuluhui@master flinkBatchWordCount]$ /usr/local/flink-1.11.6/bin/flink run --cl
ass com.xijing.flink.flinkBatchWordCount ./target/flinkBatchWordCount-1.0.jar
Job has been submitted with JobID 48d018cc3d90fe727f25705934194e61
Program execution finished
Job with JobID 48d018cc3d90fe727f25705934194e61 has finished.
Job Runtime: 915 ms

[xuluhui@master flinkBatchWordCount]$
```

图 9-27 使用命令“flink run”集群运行 Flink 应用程序 flinkBatchWordCount-1.0.jar

由于本案例中 DataSet 的数据输出为 HDFS 文件，因此可以使用 HDFS Shell 命令查看数据输出到 HDFS 文件的结果，如图 9-28 所示。

```
[xuluhui@master flinkBatchWordCount]$ hadoop fs -ls /flinkBatchWordCountOutput
Found 2 items
-rw-r--r--   3 xuluhui supergroup         24 2022-07-22 23:09 /flinkBatchWordCou
ntOutput/1
-rw-r--r--   3 xuluhui supergroup         32 2022-07-22 23:09 /flinkBatchWordCou
ntOutput/2
[xuluhui@master flinkBatchWordCount]$ hadoop fs -cat /flinkBatchWordCountOutput/
1
(hdfs,1)
(university,1)
[xuluhui@master flinkBatchWordCount]$ hadoop fs -cat /flinkBatchWordCountOutput/
2
(hadoop,1)
(hello,3)
(xijing,1)
[xuluhui@master flinkBatchWordCount]$
```

图 9-28 HDFS Shell 命令查看 flinkBatchWordCount-1.0.jar 运行结果

还可以使用 Flink Web UI 查看该程序的运行情况等信息，如图 9-29 所示。

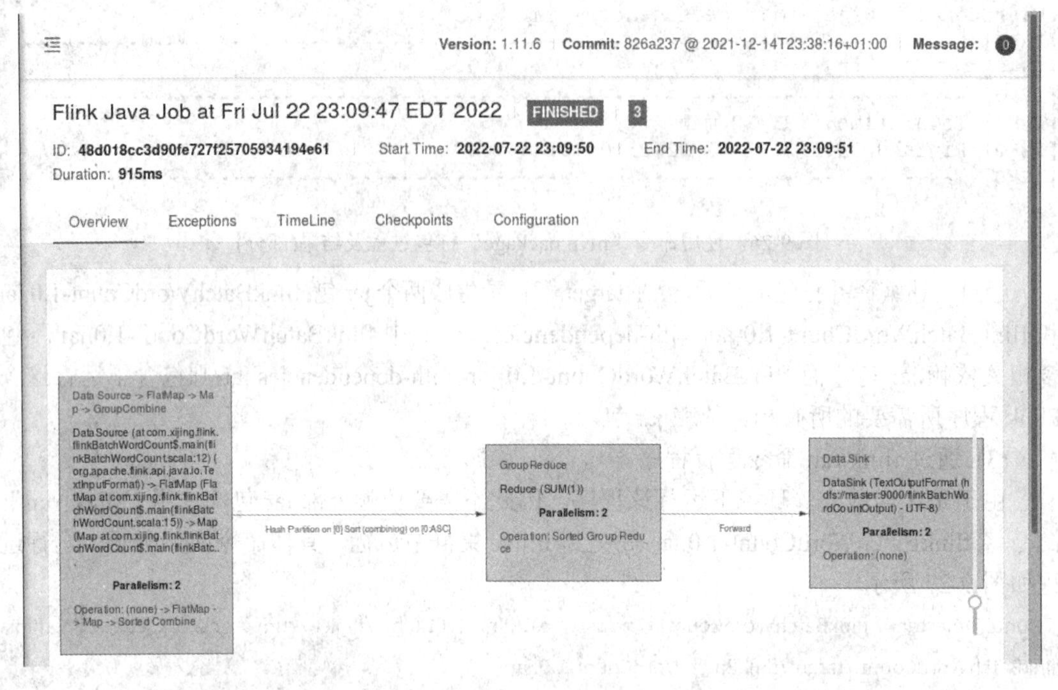

图 9-29　Flink Web UI 查看 flinkBatchWordCount-1.0.jar 运行情况

【案例 9-2】使用 DataStream API，采用 Scala 语言，编写 Flink 流处理程序，采用 Socket 数据源，由 Socket 服务器端不断向客户端 Flink 流处理程序发送数据流(内容为英文字符)，使统计单词词频，要求使用滚动窗口实现且窗口大小为 5 s(即每隔 5 s 对数据流进行一次切分)，并将处理结果输出到终端上。

本案例实现过程与案例 9-1 相同。

(1) 编写代码。

首先，创建 Flink 应用程序目录/usr/local/flink-1.11.6/flinkStreamWordCount/src/main/scala，在 Linux 终端上使用如下命令完成。

```
[xuluhui@master flink-1.11.6]$ mkdir -p ./flinkStreamWordCount/src/main/scala
```

其次，使用 vim 编辑器在./flinkStreamWordCount/src/main/scala 目录下新建代码文件 flinkStreamWordCount.scala，源代码如下所示。

```
package com.xijing.flink

import org.apache.flink.streaming.api.scala._
import org.apache.flink.streaming.api.scala.StreamExecutionEnvironment
import org.apache.flink.streaming.api.windowing.time.Time

object flinkStreamWordCount {
  def main(args: Array[String]): Unit = {
```

```
        //第 1 步：建立执行环境
        val senv = StreamExecutionEnvironment.getExecutionEnvironment

        //第 2 步：创建数据源
        val text = senv.socketTextStream("localhost", 9999)

        //第 3 步：对数据集指定转换操作
        val counts = text.flatMap { _.toLowerCase.split(" ") }
            .map { (_, 1) }
            .keyBy(0)
            .timeWindow(Time.seconds(5))
            .sum(1)

        // 第 4 步：指定计算结果输出位置
        counts.print()

        // 第 5 步：指定名称并触发流计算
        senv.execute("Flink Streaming Word Count")
    }
}
```

最后，在应用程序根目录./flinkStreamWordCount 下新建文件 pom.xml，具体内容如下所示。它与案例 9-1 的 pom.xml 相比，由于未使用 HDFS，故不需要添加与访问 HDFS 相关的依赖包。

```
<project>
    <groupId>com.xijing.flink</groupId>
    <artifactId>flinkStreamWordCount</artifactId>
    <modelVersion>4.0.0</modelVersion>
    <name>flinkStreamWordCount</name>
    <packaging>jar</packaging>
    <version>1.0</version>
    <repositories>
        <repository>
            <id>alimaven</id>
            <name>aliyun maven</name>
            <url>http://maven.aliyun.com/nexus/content/groups/public/</url>
        </repository>
    </repositories>
    <dependencies>
        <dependency>
```

```
            <groupId>org.apache.flink</groupId>
            <artifactId>flink-scala_2.12</artifactId>
            <version>1.11.6</version>
        </dependency>
        <dependency>
            <groupId>org.apache.flink</groupId>
            <artifactId>flink-streaming-scala_2.12</artifactId>
            <version>1.11.6</version>
        </dependency>
        <dependency>
            <groupId>org.apache.flink</groupId>
            <artifactId>flink-clients_2.12</artifactId>
            <version>1.11.6</version>
        </dependency>
    </dependencies>
    <build>
        <plugins>
            <plugin>
                <groupId>net.alchim31.maven</groupId>
                <artifactId>scala-maven-plugin</artifactId>
                <version>3.4.6</version>
                <executions>
                    <execution>
                        <goals>
                            <goal>compile</goal>
                        </goals>
                    </execution>
                </executions>
            </plugin>
            <plugin>
                <groupId>org.apache.maven.plugins</groupId>
                <artifactId>maven-assembly-plugin</artifactId>
                <version>3.0.0</version>
                <configuration>
                    <descriptorRefs>
                        <descriptorRef>jar-with-dependencies</descriptorRef>
                    </descriptorRefs>
                </configuration>
                <executions>
```

```
                <execution>
                    <id>make-assembly</id>
                    <phase>package</phase>
                    <goals>
                        <goal>single</goal>
                    </goals>
                </execution>
            </executions>
        </plugin>
    </plugins>
  </build>
</project>
```

(2) 使用 Maven 编译打包程序。

切换到 Flink 应用程序根目录下，使用“mvn package”命令将整个应用程序打包成 jar 包，依次使用的命令如下所示。当屏幕返回的信息中包含“BUILD SUCCESS”，说明已成功生成 jar 包。

```
[xuluhui@master flink-1.11.6]$ cd flinkStreamWordCount
[xuluhui@master flinkStreamWordCount]$ /usr/local/apache-maven-3.6.3/bin/mvn package
```

经过上述编译打包成功以后，会在 target 子目录下生成两个 jar 包：flinkStreamWordCount-1.0.jar 和 flinkStreamWordCount-1.0-jar-with-dependencies.jar。

(3) 通过 flink run 命令运行程序。

首先，打开第 1 个 Linux 终端，启动一个 Socket 服务器端，让该服务器端接收客户端 flinkStreamWordCount 程序的请求，并向客户端不断发送数据流。可以使用如下 nc 命令生成一个 Socket 服务器端。

```
[xuluhui@master ~]$ nc -lk 9999
```

在上述 nc 命令中，参数-l 表示启动监听模式，也就是作为 Socket 服务器端，nc 会监听本机 localhost 的 9999 号端口，只要监听到来自客户端的连接请求，就会与客户端建立连接通道，把数据发送给客户端；参数-k 表示多次监听，而不是监听一次。

其次，打开第 2 个 Linux 终端，使用“flink run”命令将 flinkStreamWordCount-1.0.jar 提交到 Flink 中运行，作为 Socket 客户端，具体命令如下所示。其中选项参数“--target local”表示本地模式运行。

```
[xuluhui@master flinkStreamWordCount]$ /usr/local/flink-1.11.6/bin/flink run --target local --class com.xijing.flink.flinkStreamWordCount ./target/flinkStreamWordCount-1.0.jar
```

最后，切换到第 1 个终端“NC 窗口”，在该窗口下每隔大约 5s 输入一些英文字符，每输入一行后按 Enter 键。编者输入的内容如下所示。

```
Hello Hadoop
Hello Spark
Hello Flink
```

此时，可以在第 2 个终端中查看到词频统计结果，每隔 5 s 进行一次流计算，计算这

5s 内的词频结果，如图 9-30 所示。

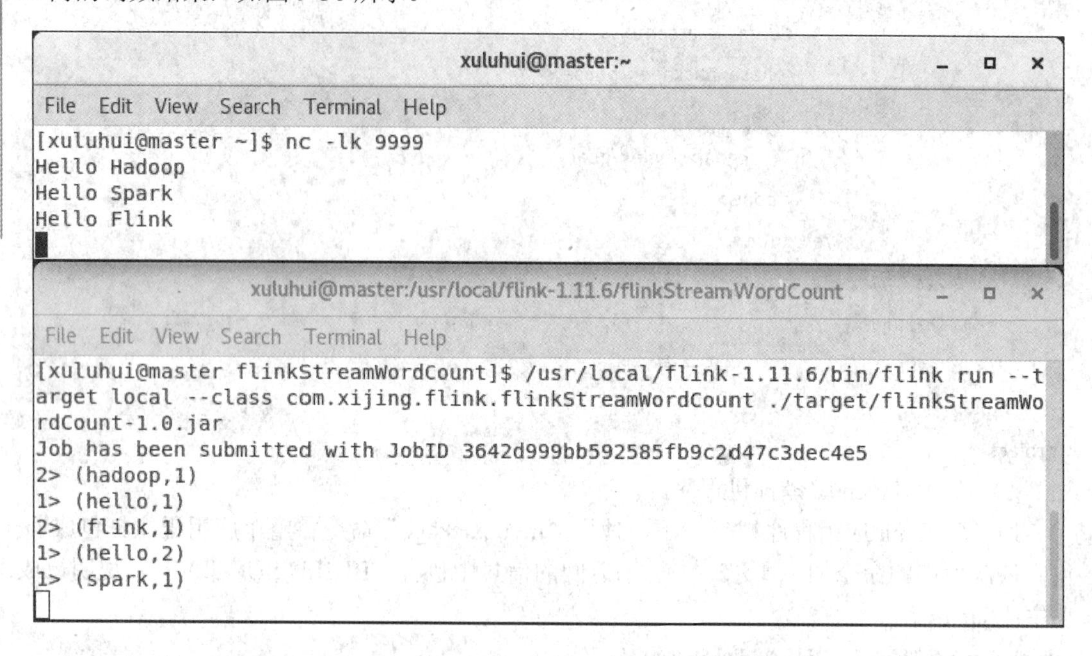

图 9-30　使用命令“flink run”本地运行 Flink 应用程序 flinkStreamWordCount-1.0.jar

需要注意的是，本地模式运行的 Flink 应用程序无法通过 Flink Web UI 查看该程序的运行情况等信息。

9.8.6　关闭 Flink Standalone 集群

与启动 Flink 集群命令类似，用户可以使用“stop-cluster.sh”命令关闭整个 Flink 集群，关闭 Flink 集群的具体效果如图 9-31 所示。

```
[xuluhui@master flink-1.11.6]$ ./bin/stop-cluster.sh
Stopping taskexecutor daemon (pid: 26132) on host slave1.
Stopping taskexecutor daemon (pid: 26455) on host slave2.
Stopping standalonesession daemon (pid: 54334) on host master.
[xuluhui@master flink-1.11.6]$
```

图 9-31　使用命令“stop-cluster.sh”关闭 Flink 集群过程

本 章 小 结

本章简要介绍了 Flink 功能、来源，以及与其他流计算框架 Storm、Spark Streaming 的对比优势；详细介绍了 Flink 的技术栈、运行架构、DataStream|DataSet API 编程模型、应用程序编写步骤、运行环境、运行模式、配置文件、Flink Shell 命令等基本原理知识；最后在上述理论基础上引入综合实战，详细阐述了如何在 Linux 操作系统下部署 Flink Standalone 集群，使用 Scala 语言进行 DataSet API 和 DataStream API 编程，实现海量数据

的批处理、流处理等实战过程。

Apache Flink 是一个开源的、分布式的、高性能的和高可用的大数据计算引擎，具有十分强大的功能。主要采用 Java 语言编写，实现了 Google Dataflow 流计算模型，同时支持流计算和批处理。Flink 起源于研究性项目 StratoSphere，与 Storm、Spark Streaming 相比，Flink 具有的优势包括：同时支持高吞吐、低延迟、高性能，同时支持流处理和批处理，还支持状态计算，既实现了“精确一次”的容错性，又可以做到 ms 级的实时处理等。

Flink 目前已拥有丰富的核心组件栈，分为四层：物理部署层、Runtime 核心层、API 和库。其中，DataStream API(流处理)和 DataSet API(批处理)是两套核心 API，在核心 API 基础上抽象出不同的应用类型的组件库，如 CEP、Table API&SQL、FlinkML、Gelly 等，但其图计算组件 Gelly 和机器学习组件 FlinkML 并不十分成熟。

Flink 遵从主从架构设计原则，其 Master 为 JobManager，Slave 为 TaskManager。JobManager 负责整个 Flink 集群任务的调度以及资源的管理，TaskManager 负责具体的任务执行和对应任务在每个节点上的资源申请与管理。

Flink 提供四种级别的抽象来开发流/批处理应用程序，包括低级 API、核心 API、声明式 DSL 即 Table API 和高层次语言 SQL。其中，核心 API 的 DataStream API 和 DataSet API 是重点。Flink 应用程序包括数据源(Source)、数据转换(Transformation)和数据输出(Sink)三部分，批处理应用程序编写步骤包括建立执行环境、创建数据源、对数据集指定转换操作和输出结果四个步骤，而流处理应用程序的编写步骤多了第 5 步“指定名称并触发流计算”。

部署与运行 Flink 所需要的系统环境主要包括操作系统、Java 和 SSH 三部分，另外，若 Flink 采用 HDFS 存储数据，或采用 YARN 管理集群资源，则还需要安装 Hadoop。Flink 支持三种运行模式：本地模式、集群模式和云模式。其中，集群模式常用于企业的实际生产环境，根据集群资源管理器的类型主要有 Flink Standalone 模式、Flink on YARN 模式、Flink on Mesos 模式、Flink on Kubernetes 模式等。Flink 配置文件位于目录${FLINK_HOME}/conf 下，最重要的配置文件是 flink-conf.yaml、masters 和 workers。

Flink 提供了多种统一访问接口，如 Flink Web UI、Flink Shell、Flink API 等，读者应重点掌握 Flink Shell 命令“flink run”的使用方法，熟练使用 Python、Java 或 Scala 语言进行 DataSet API 和 DataStream API 编程等，实现海量数据的批处理、流计算。

参 考 文 献

[1] WHITE T. Hadoop 权威指南：大数据的存储与分析[M]. 4 版. 王海，等译. 北京：清华大学出版社，2017.

[2] CHAMBERS B，ZAHARIA M. Spark 权威指南[M]. 张岩峰，等译. 北京：中国电力出版社，2020.

[3] HUESKE F，KALAVRI V. 基于 Apache Flink 的流处理[M]. 崔星灿，译. 北京：中国电力出版社，2019.

[4] CAPRIOLO E，WAMPLER D，RUTHERGLEN J. Hive 编程指南[M]. 曹坤，译. 北京：人民邮电出版社，2013.

[5] 林子雨. 大数据技术原理与应用[M]. 3 版. 北京：人民邮电出版社，2021.

[6] 林子雨，郑海山，赖永炫. Spark 编程基础(Python 版)[M]. 北京：人民邮电出版社，2020.

[7] 林子雨，陶继平. Flink 编程基础(Scala 版)[M]. 北京：清华大学出版社，2021.

[8] 杨俊. 实战大数据(Hadoop+Spark+Flink)：从平台构建到交互式数据分析(离线/实时)[M]. 北京：机械工业出版社，2022.

[9] 蔡斌. Hadoop 技术内幕：深入解析 Hadoop Common 和 HDFS 架构设计与实现原理[M]. 北京：机械工业出版社，2013.

[10] 董西成. Hadoop 技术内幕：深入解析 MapReduce 架构设计与实现原理[M]. 北京：机械工业出版社，2013.

[11] 倪超. 从 Paxos 到 ZooKeeper：分布式一致性原理与实践[M]. 北京：电子工业出版社，2015.

[12] Apache Hadoop[EB/OL]. https://hadoop.apache.org/.

[13] Apache ZooKeeper[EB/OL]. https://zookeeper.apache.org/releases.html

[14] Apache Hive[EB/OL]. https://hive.apache.org/

[15] Apache Spark[EB/OL]. https://spark.apache.org/

[16] Apache Flume[EB/OL]. https://flume.apache.org/

[17] Apache Kafka[EB/OL]. https://kafka.apache.org/

[18] Apache Flink[EB/OL]. https://flink.apache.org/